内容简介

　　本书针对我国目前驴业发展形势需要而编写。全书共分10章，从介绍中国养驴业概况开始，对驴种的来源、生物学特性和生态地理分布、驴和骡的外貌结构、驴的品种、驴种形成因素进行了系统分析，对驴的选育、饲养管理、生产性能、规模养驴和中国的驴文化进行了详细介绍。本书内容丰富，资料翔实，实用性强。作者紧密结合生产实践，在自身研究成果基础上，注重吸收国内外驴产业最新研究成果，既体现了我国目前驴业生产环节所需的知识和技术，又反映了驴产业相关学科的最新研究进展。

　　本书可满足驴业生产者和养驴爱好者的技术需求，也可供农业农村管理部门干部、农业研究院（所）研究人员和大专院校师生阅读。

中国驴业

Chinese donkey industry

庞有志 杨 再 洪子燕 编著

中国农业出版社

北 京

图书在版编目（CIP）数据

中国驴业 / 庞有志，杨再，洪子燕编著. —北京：
中国农业出版社，2021.9
ISBN 978-7-109-29141-6

Ⅰ.①中…　Ⅱ.①庞…②杨…③洪…　Ⅲ.①驴—养殖业—产业发展—研究—中国　Ⅳ.①F326.33

中国版本图书馆 CIP 数据核字（2022）第 027478 号

中国农业出版社出版
地址：北京市朝阳区麦子店街 18 号楼
邮编：100125
责任编辑：周晓艳　　文字编辑：耿韶磊
版式设计：杨　婧　　责任校对：沙凯霖
印刷：北京通州皇家印刷厂
版次：2022 年 3 月第 1 版
印次：2022 年 3 月北京第 1 次印刷
发行：新华书店北京发行所
开本：700mm×1000mm　1/16
印张：17.75　　插页：2
字数：370 千字
定价：88.00 元

　　庞有志，博士，河南科技大学二级教授，硕士研究生导师。1984年毕业于洛阳农业高等专科学校畜牧专业，毕业后留校任教；1991年中国人民解放军兽医大学动物生产专业硕士研究生毕业；2006年获中国农业大学兽医专业博士学位。河南省学术和技术带头人，河南省高层次人才，河南省重点学科畜牧学学科带头人，河南省动物遗传育种岗位首席科普专家。先后获得省部级二等奖3项、三等奖3项及河南省畜禽种业发展突出贡献奖，获授权发明专利8项，制定河南省地方标准1个，出版著作6部，发表学术论文150余篇。

杨再，河南科技大学教授。1954年7月毕业于北京农学院畜牧系，先后任教于北京农业大学、山东农学院、河南农学院、洛阳农业高等专科学校、河南科技大学，是洛阳农业高等专科学校的创始人之一。长期从事养马学、家畜生态学科的教学、科研工作，曾发现并命名"淮阳驴"。是我国家畜生态学学科的创始人之一。2009年获中国畜牧兽医学会颁发的"新中国60周年畜牧兽医科技杰出人物贡献奖"。

洪子燕，河南科技大学教授，全国高等农林专科教材委员会委员，洛阳农业高等专科学校的创始人之一。1959年7月毕业于山东农学院畜牧系，先后任教于河南农学院、洛阳农业高等专科学校、河南科技大学，长期从事家畜解剖、家畜生理、家畜生态学科的教学、科研工作，曾获"河南省教育战线巾帼奉献标兵"称号。

我国是传统养驴大国。随着社会经济发展和科技进步，驴役用地位逐步下降。2009—2018 年，10 年间我国驴存栏量下降 53.12%。2018 年，我国驴存栏量 253.28 万头。与此同时，我国驴业发展正在发生结构性转变，呈现新的发展趋势，即驴的功能与作用正在由役用向肉用、药用、乳用、保健及生物制品开发等多用途的"活体经济"转变；驴的养殖模式正在由以个体户饲养为主向以规模化饲养为主转变；我国驴的分布正在由以自然的地理生态分布为主逐步向以功能性驴产品为主导的产业化经营和区域化布局为主转变。为适应我国驴业发展形势，积极为新兴的驴业发展做出贡献，庞有志与两位导师决定通力合作编写《中国驴业》一书。

襄助的导师杨再，从 1957 年开始从事驴的研究，他协助沙凤苞、于宗贤教授完成《山东潍坊一带马、驴、骡调查报告》，首次提出德州大驴的存在。1958 年，河南省开展地方优良畜禽品种调查，杨再首次发现淮阳驴，在淮阳县畜牧局鼎力支持下，进行了初步调查。20 世纪 80 年代，家畜生态学科兴起，杨再和宁夏农业大学苏学轼教授共同倡议开展马（驴）的生态学研究，在中国农业科学院

畜牧研究所所长郑丕留先生全力支持下，创办了《家畜生态》杂志，筹备了中国畜牧兽医学会家畜生态学分会，组织大学教材《家畜生态学》的出版。此外，郑丕留先生在他的专著《中国家畜品种及其生态特征》中，选用了杨再撰写的"驴的品种（或类群）"（农业出版社，1985）；在他出版的《中国家畜品种》中，约请杨再担任副主编，撰写第4章、第10章、第11章（农业出版社，1992）。

襄助的另一位导师洪子燕，毕生从事家畜生理、解剖的教学、科研工作，进行过大量基础理论研究，是全国高等农林专科基础课程教材委员会委员、《家畜生理学》副主编。在国内较早开展驴的牙齿年龄鉴定和驴的肉品质分析，与杨再教授共同提出我国驴的生态地理分布和驴种定位分类方法。

作者庞有志主要从事动物遗传育种的教学与科研工作，对驴的研究确实不多。但是受两位导师的学术教诲和感染，特别是看到两位导师的《六十年的畜牧经》一书，了解到两位老先生一生对马、驴有较深的研究并取得了可喜成果，有很多学术思想、经验和技术值得学习和传承。近几年，庞有志先后调研了10多个规模化驴场，参加了第四届、第五届、第六届、第七届中国驴业发展大会，看到了我国驴业的发展形势和驴业养殖技术需求，更加坚定了与两位导师合作完成《中国驴业》一书的信心。

本书经过作者认真编排，结构上不同于教科书，不强调理论上的系统性；内容上也有别于一般的养殖技术书籍，不是每个技术环节都面面俱到，而是注重结合我国驴业生产实践，注重作者自身的研究成果和经验总结，注重吸收国内外驴业最新研究成果。本书具有以下几个特点：

（1）从研究世界养驴业起源出发，首次提出"古西域一带驴"的分布范围，并描述其体型外貌和生活习性；首次描绘出"古西域一带驴"进入内地的"路线图"。

（2）对全国驴种的生理常数进行检测，首次阐明家畜的地理生态、繁殖生态和种群生态。

（3）对27个品种（品种群），将中国驴按出生地自然条件概分为三大类。

（4）首次把繁殖性能纳入生产性能来讨论，而不是把它列入繁殖技术来讨论。

（5）"中国的驴文化"独立成章，也颇有新意。

本书所引用的文献资料均在文中给予标注，并在书后附有相应的参考文献，在此一并向各位文献的提供者表示衷心的感谢，同时感谢中国农业出版社的编辑老师为本书出版付出的辛劳。

由于作者水平有限，书中难免有不妥之处，敬请读者批评指正。

编　者

2020 年 12 月 12 日

目录
Contents

前言

中国养驴业概况

中国是世界上养驴历史悠久的国家之一。根据古文献记载，我国的新疆、内蒙古、甘肃等地，很早就开始饲养驴，并用驴与马杂交繁殖了骡。2011年，在陕西蓝田新街遗址（仰韶文化晚期与龙山文化早期，距今4350—3950年）发现了一具完整的驴骨。据此估计，中国养驴历史在4 200年以上。

一、1949年以前的养驴业概况

1. 夏商西周 殷商时期，今属我国新疆、甘肃、内蒙古、宁夏等地的先民，早在3 500年前就已经能够繁殖饲养驴和骡，而且已将驴这种"奇畜"和"騄騠"作为贡品献于商王朝。

2. 春秋战国 春秋时期，在民族交流融合的过程中，驴和骡零星进入中原地区。史载，卫灵公就偏爱这种动物，喜欢乘驴车出行，当时驴还仅仅是个别王公贵族的玩偶。战国时期，地处西陲的秦国在与戎狄等游牧民族的往来中，难免从北方牧区获得少量驴，驴的引种尚不普遍。

3. 秦代 秦始皇统一中国以后，由于开拓了疆域，促进了内地与西北的交往，使西北地区的驴、骡更易进入内地，从而促进了内地的驴、骡业发展。不过驴、骡的发展十分有限，驴还是作为珍贵动物来看待。汉代初，陆贾在《新语》中将毛驴与琥珀、珊瑚、翠玉并列为宝，可见其名贵程度。

4. 汉代 公元前139年和公元前119年，汉武帝两次派遣张骞出使西域，开辟丝绸之路，建立了东西间贸易往来与农牧物产交流的通途。之后，成群结队的西域胡商运载大量精良畜种进入中国贸易，驴和我国北部、西北部的其他"奇畜"才大规模进入黄河中下游流域。西汉中期以前，驴主要集中于关中地区，仅为王公贵族所享有，作为王公贵戚的宠物，较多地出现在离宫别苑中。西汉中后期，驴逐渐传播至民间，不过因其数量尚不多、价格高昂，所以多为富裕人家所拥有。东汉时期，驴走出皇宫深宅，来到民间农舍，逐渐在华北平原普及，给劳动人民拉犁、挽车、耕地、拉磨、碾场等，成为普通百姓家的常

见牲畜。如《后汉书·张楷传》："家贫无以为业，常乘驴车至县卖药，足给食者，辄还乡里"。"家贫"之户也养有驴了。

5. 三国两晋南北朝　　三国鼎立之际，驴传入江南地区。孙吴建兴年间，吴将诸葛恪率部抵制魏军，缴获魏军车辆、牛马驴骡各数千。南北朝时，驴在江南地区基本普及。匈奴、鲜卑等游牧民族在中原建立政权后，畜养驴非常普遍。在河南洛阳北魏侯掌墓、山东济南东八里洼北朝壁画墓、河北磁县东魏茹茹公主墓、陕西咸阳西魏侯义墓出土的陶驴，皆背负褡裢或长囊，说明驴已是人们基本的出行工具。这一时期，中原地区的流民为逃避战乱，多乘车马南迁至长江流域，促使驴在江南地区迅速推广。两晋南北朝时，由于战争连绵不绝，人口发生较大的流动，北方一带又先后被几个少数民族所占领。但在经历长达二三百年民族大融合的基础上，驴骡业以及整个畜牧业还是有很大发展的。驴、骡作为军用役畜，在军事上起着很重要的作用。在民用上，驴、骡除仍作乘骑、运输外，由于当时连年战争，耕畜奇缺，出现了耕田以驴代牛的情况。在驴骡的管理上已有专门的机构，北齐时在中央设立"太仆寺"，掌管马政和牧政，以后各代多沿用此设置，其中掌管驼、骡、驴、牛的称驼牛司。

6. 隋代　　驴骡业有较大的发展，国家也设有专门管理驴、骡的官职，并设师都督及尉。《隋书·食货志》记载：为西征，诏征关中富人计其资产出驴，往伊吾（今哈密）、河源（今青海兴海东南）、且末（今新疆且末南）运粮，多者至数百头。可见当时驴、骡业发展是相当好的。从隋代开始，在太仆寺中设立兽医博士，用于培养高级兽医人员，当时已有兽医博士120人。

7. 唐代　　驴传播到云贵地区成为常畜，此时驴已遍及全国。驴在军事、驿传、民众出行及商运、体娱方面都发挥了重要作用，涉及国家制度管理及民众日常生活，"诗人骑驴"已成为一种特有的文化现象。唐代的官制基本上承袭隋代并有所完善。在中央仍设立有专司驴、骡、牛、驼的机构。为规范官营养马业，唐代正式建立了马事法律制度，促进了养驴业发展。在国家经营的马场中，有一定数量的驴、骡。唐朝设置了二十几个军马总踢（坊）和100余个军马分场（监），共喂养了几十万匹军马，以及牛、羊、驴、骡、骆驼等家畜。为便于经营管理督促、检查，规定了各种家畜的饲养定额，也就是家畜饲养标准。

8. 北宋　　唐代以后，经五代十国，直到宋代。驴进入东北地区。国家马政不昌，官府重视驴骡的饲养，推动了驴的传播，军营饲养的驴数量能达万头，市井中使用驴的现象非常普遍。早在宋代初就成立了牧驴业的管理机构车营致远务，"掌饲驴、牛以驾车乘"，仅饲养驴、牛的役卒就达4 412人。管理和牧养驴、骡的机构，除车营致远务外，还有致远坊和兵曹，仅致远坊就有兵校1 624人，官方牧驴业相当兴盛（张显运，2008）。除中央外，部队中也饲养了数量众多的驴。宋代的车营致远务在放牧时，牧人令驴群环绕马群，并以"记"旗代表驴群，"异"旗代表马群，易于分辨。宋代北方驴业发展较快，南方民间养驴尚不普遍。当时南北各地农村中的定期集市上，驴、骡都可以在集市上交易。首都开封以及洛阳、扬州、成都都是当时全国较大的集市处。开封民间一般家庭都要养驴，有的甚至养数十头驴。北宋画家张择端《清明上河图》即反映了汴梁城驴、骡运输的繁忙景象。宋代诗文中驴仍然是一种屡见不鲜的役畜。在宋代人们已用驴皮来制作阿胶，并对驴肝、驴乳、驴脂等副产品的药用价值进行了开发。

除宋代以外，当时北方的辽、金、西夏等，原本都是游牧民族，对畜牧业都很重视，加之北方有适宜畜牧的自然地理条件，因之驴、骡得到较好的发展。如驴作为交通工具在金代人们日常出行骑乘、驮运物品和牵引车辆等方面发挥了重要作用，在金、宋重要的交通驿道上，驴为输送金、宋史臣做出了重要贡献。

9. 元代 元代逐渐完善了养马的官制，设立了太仆寺、尚乘寺、群牧都转运司、买马制度等马政体系。太仆寺统领全国 14 个国家牧场，和买马就是按规定马价由官家征收马匹。游牧民族入主中原，驴、骡等牲畜的喂养更普遍。元代为了防范汉民谋反，采取了很严厉的"括马"政策，把民间所有马匹搜刮一空，并禁止民间养马。此举在一定程度上间接刺激了驴、骡业发展。元代驴、骡的用途进一步多元化，除用于驾车、乘骑、农耕、肉食以外，还用于旋磨、车水、牵船等。

10. 明代 与以往各代相比，明代马政规模更大，并一改元代时的"禁马"政策，为"官督民牧"的"丁马法"。按"丁马法"规定，江南民间每 5 户养马 1 匹，江北育马适宜之地，则家养 1 匹，而每养 15 匹母马要养 1 匹公马。然而由于人口、牧地的关系，这种限制在一定程度上制约了驴、骡业发展，不过驴、骡仍是民间相当重要的役畜之一。驴群管理延续了自唐代流传下来的责任追踪制，即管理驴群的官员对驴的损失负有连带责任。

11. 清代 由于清代继元代以后又一次实行严厉的禁止民间养马政策，致使民间养马业大大衰退。然而，我国驴、骡业却仍有较大发展。据《林县志·牧畜记》记载："县属牲畜马骡驴牛皆有，山中不通车辇，致远负重，碾磨耕田，以代人力，重有赖焉"。《阜宁县新志》载："明清之际，县境畜驴最多，各镇均设驴市。"黑龙江、辽宁、吉林、河北、北京、山东、河南、陕西、甘肃、安徽、湖北、福建、云南各省份的物产中皆有驴的存在。充分说明了当时全国各地驴、骡业发展的盛况。

12. 民国时期 鉴于马匹在军事和农业上仍有很重要的作用，因此当时的政府仍较重视马政建设。而对于驴、骡则并未采取有力的发展措施。如果说这

一时期的驴、骡业有所发展，那也是民间由于种种需要而自发畜养的结果。《牟平县志》："按本县农田所需，以骡驴为多，牛次之，马则罕见。"据1937年统计，当时全国22个省（未包括东北三省、新疆及西藏等）饲养驴9 018 009头，骡3 624 000头，是同期马匹数的几倍。后由于抗日战争及解放战争的影响，驴、骡业的发展不仅停滞并有所倒退。

二、1949年以后的驴业发展

1949年以后，由于党和政府采取了许多有力措施恢复马、驴、骡业的生产，使我国的驴、骡业很快得到了恢复和发展。中国养驴的数量从1949年的949.4万头，减少到2018年的253.28万头，中间经过了大起大落，大致可分为6个阶段（杨怀伟，2019）。

1. 第1阶段，快速发展期　1949—1955年，从949.4万头，到1955年的1 240.2万头，增长30.6％。1952年，农业部拟订全国畜牧增产计划。其中指出：在全国范围内，仍以增殖耕畜为主，根据地区条件，在东北以马为主，华北有马的发展马，无马的发展牛、驴，西北尚须发展马、牛。到第1个五年计划的最后一年，驴比1949年约增加14.4％。这一阶段，国家逐渐进入和平发展环境，土地改革，小农经济得到较大发展。这一时期养驴数量始终在养马数量之上。养驴主要是提供运输、耕作劳力。养驴起点低、花费少、起步快，小农经济投入积极性高。除了自然淘汰，驴的存栏数量只增不减，快速储备。

2. 第2阶段，快速收缩期　1956—1965年，从1956年初的1 240.2万头，减少到1965年的743.8万头。三年困难时期，驴的数量降至645.4万头（1962年）。1963年，马属家畜内部结构发生了一个特征性变化，马的数量第1次超过驴的数量。这一阶段，驴的数量下降与全国小农经济效应的减退、农业合作化以及人民公社发展是紧密相连的，集体经济对于驴的需要明显比小农经济低。三年困难时期，数以百万计的驴成为食品，弥补粮食的短缺，耕驴、役驴、车驴等食用驴，提前淘汰出栏宰杀，驴存栏量锐减。

3. 第3阶段，恢复发展期　1966—1976年，"文化大革命"上半时期，从1966年初的743.8万头，逐渐增加到1971年的851.3万头。"文化大革命"下半时期，逐渐减少到1976年的776.6万头。恢复发展期，总的增加4.4％。这一阶段，马、驴、骡合计一直在增加，从1 680.6万头增加到了2 274万头，马、驴、骡分别占47％～50％、44％～34％、9％～16％，这一结构可解读为"快马加鞭，懒驴不少"。

4. 第4阶段，持久发展期　改革开放后，国家经济发展逐步进入正轨，养驴业持续"正向"发展，直至承载力顶点，形成以"一谷一峰"为特征的发展曲线。1979年又出现1个谷底，达747.3万头。1990年又出现1个高峰，达1 119.8万头。这一阶段，全国性养驴的小农经济效应起了很大作用。这一阶段，土地承包、包产到户和土地改革对养驴业的需要是一致的。1988年，马属家畜存栏数量达到顶峰2 695.8万头。这一时期，还出现了一个"马骡换驴"现象。马、驴、骡比例分别为39.10%、41.0%、19.91%，接近2∶2∶1。从1988年开始，驴的数量再一次超过马的数量，一直持续到2008年。1989年以后，我国农业机械化迅速发展，社会运输，尤其是农业动力从畜力向机械化转化，马属家畜开始减少，2 695.8万头是我国马属家畜存栏高峰，1985—1995年一直为2 600万头，其中驴的存栏量维持在1 000万头以上。这一时期，我国养驴业蓬勃发展。

5. 第5阶段，持续下降期 1991—2016年，养驴的小农经济效应继续萎缩减退。1991年之后，养驴业持续"负增长"，持久而漫长。2000年驴总存栏量为922.73万头，居世界第1，马、驴、骡存栏量合计2 252.34万头。2016年，驴总存栏量为259.26万头，已退出了世界前3名，马、驴、骡存栏量合计降至694.97万头，马属家畜内部结构也在发生变化。2009年，驴的数量再一次降低到马的数量之下，马、驴、骡比例分别为43%、41%、17%，马多驴少的结构一直持续到现在。

6. 第6阶段，反弹期 2017年至目前，养驴的小农经济效应继续萎缩减退。2017年开始，大力发展肉驴养殖，驴存栏量为267.78万头，增长率为3.29%。2018年，驴存栏量为253.28万头，较2017年下降5.41%。2016—2018年，驴存栏量连续3年维持在260万头左右，驴在从役用向肉、皮、乳等商用中逐渐向其价值平衡点移动。《全国草食畜牧业发展规划（2016—2020）》提出"坚持市场导向，因地制宜发展兔、鹅、绒毛用羊，马、驴等特色草食畜产品，满足肉用、毛用、药用、骑乘等多用途特色需求，积极推进优势区域产业发展，支持贫困片区依托特色产业精准扶贫脱困"。养驴业将出现反弹期，并将在农民脱贫致富奔小康路上进入养驴业发展新时代。

三、中国驴业未来发展

历史上驴一直作为农家的帮手，被用于驮、挽、磨、碾、车水等"小型劳作"。在机械化、电气化、信息化进程中，其原有的功能正在减弱，甚至消失，但在山区、高原、边境，驴仍服务于农家的生产和生活。近年来，养驴业正由辅助动力向产肉、产皮、产奶的方向转化，驴产品产销两旺，饲养经济效益显著。随着人们对驴皮、驴肉、驴奶的需求增大，以及游乐伴侣、竞技休闲的尝试，可以预见中国驴业正走向药用、保健用、食、饮料等综合利用的道路。

驴的皮用在我国人民生活中地位格外突出。阿胶与人参、鹿茸并称中药滋补"三宝",受到妇女和海外华侨的欢迎,"把毛驴当药材养",使养驴成为一项热门产业。山东东阿股份有限公司与当地政府合作,在山东聊城、内蒙古东部、辽宁西部开展以养驴为突破口的"精准扶贫"。2017年,在山东东阿国际驴业技术交流会上,16个国家和地区的企业家、学者一起,共同商讨建立了驴产业技术创新战略联盟,设立了国际驴产业技术创新专项基金。这些措施必将推动我国养驴业的发展。

当前,一方面农村人口向城镇转移,养驴的农民少了,提供驴产品的原料也少了;另一方面人们对阿胶的需求有增无减,价格越来越高。我国每年生产阿胶的驴皮需要量为300万～400万张,目前国内宰驴所能提供的数量只占总需求量的很小一部分。当前解决的方法是每年从国外进口驴皮和活驴,仅2017年乌鲁木齐海关统计进口活驴1.65万头。继而向非洲求售,尼日利亚报纸惊呼"中国商人满世界找驴"。

我国驴产业地域发展不均,养驴主要在东北、华北和西北地区,并且集中在边远山区、丘陵地带和少数民族聚集地,但驴肉消费却主要在北京、天津、河北、山东、河南等东部地区以及南方的大中城市,国内年生产优质鲜驴肉量远远低于市场消费量。

发展养驴业是推进农业供给侧结构性改革的客观要求,是推进农业绿色发展的有效途径,是促进农民增收带动贫困地区农民发展的重要抓手。农业农村部按照畜牧业转型升级的总体要求,提出"稳生猪,促牛羊,兴奶业,大力发展特色畜牧业"的工作思路,在2016年出台的《全国草食畜牧业发展规划》(2016—2020年)及《全国畜禽遗传资源保护和利用"十三五"规划》中,把驴业列入特色产业,并把驴定位为中国特色家畜种质资源。2017年,国家将驴纳入标准化规模养殖序列,农业农村部会同国家发展改革委员会等部门联合印发《特色农产品优势区建设规划纲要》,明确要求创建特色驴的特优区;2018年和2019年,农业农村部又分别启动驴遗传资源改良计划和驴特色产业调查研究;2018年,农业农村部印发《关于大力实施乡村振兴战略加快推进农业转型升级的意见》,要求加强保护驴在内的特色农产品优势区建设及政策支持力度。随着各级政府关注度持续提高,自2015年中央发布关于打赢脱贫攻坚战的决定以来,全国有12个省份的20个市县出台了34个针对驴产业发展的扶持政策。探索"三产融合""龙头带动""村集体经济""小规模大群体""带孕母驴""种养结合""租驴挤奶"等多种扶贫模式,并在山东、辽宁、内蒙古、甘肃、宁夏等地实施。"小毛驴大产业"已惠及数万贫困人口,这些政策和典型模式为推动全国驴业健康发展提供了政策保障,起到了示范引领的作用。

在加快实施乡村振兴战略步伐和推进农业农村经济高质量发展的大背景下，作为畜牧业和农业可持续发展的重要组成部分的驴产业，已由扮演发展农业主要或辅助动力转变成为产业扶贫、精准扶贫的重要手段。驴养殖主要集中于我国中西部地区，而中西部地区又是我国贫困人口的主要集中地，驴扶贫非常适合我国中西部贫困地区"三农"发展的特点和产业扶贫的需求，是一种产业式的、可持续发展的良性模式，良性高效地发展驴业足以让当地群众脱贫致富。目前，驴业是唯一没有国际竞争的畜牧业，随着国家产业结构的调整，新旧动能转换趋势一定会驱动驴养殖企业迅速发展，同时催生活驴交易、驴肉餐饮、活体循环开发和专业驴粮等产业发展，产业发展体系和商业模式逐渐成熟。"转型升级和价值再造"是驴业发展的纲领，是驴业现代化的根本出路。"统筹规划，综合利用，理论创新，技术创新"是发展驴业的主要抓手。目前，驴业不仅要从传统役用泛泛地转型为一般皮、肉、乳用，更要提升理念，综合利用，进行深入研究，从理论技术上全面挖掘它们的有益价值，给驴产品赋予全新的意义，这正是我们驴业科技工作者的光荣任务。

今后一个时期，我国驴业发展必须认真贯彻中央关于高质量发展和农业供给侧结构性改革的决策部署，坚持市场导向和绿色发展，以区域资源禀赋和产业比较优势为基础，以加快转变生产方式为主线，发展适度规模标准化养殖，完善标准体系，强化科技支撑、加强品牌建设，提高养驴业的供给质量和市场竞争力。力争把驴业做成现代畜牧业发展的特色优势产业和带动农民增收致富的大产业。

第一章

驴种析源

驴在动物学分类上属于哺乳纲（Mammalia）、奇蹄目（Perissodactlya）、马科（Equidae）、马属（*Equus*）、驴亚属（*Asinus*）。有关驴的起源进化，在更新世以前，还没有古生物学的确切证据表明已能区别马、驴和斑马，化石上的结构特征也无法将它们鉴别为不同的种，实际上马、驴和斑马是包含在马属内3个不同的亚属。但从三门马起，特别到洪积期，化石野驴已出现于中国许多地方，与化石野马伴生。这些野驴化石，有学者称其为骞驴（*Equus hemionus* Pallus）。至今，在中国西北草原和青藏高原生存的野驴是否是化石野驴的遗种，它们与现代家驴的进化关系，还有不同的认识。

一、野生驴种及其分布

驴由距今6 000万—7 000万年前第三纪出现的"骡节目"一类动物进化而来。世界上的野驴分为亚洲野驴（*E. hemionus*）、非洲野驴（*E. africanus*）和西藏野驴（*E. kiang*）3个种。

1. 亚洲野驴 主要分布于阿拉伯、叙利亚、印度及我国西部的沙漠地带和干旱草原等亚洲内陆。亚洲野驴在我国又称骞驴，也有资料称骞驴是亚洲野驴的一个亚种。亚洲野驴四肢较短，头短而宽（长41～53.5cm），耳长而尖（长18.5～27cm），颈背具短鬃（长约10cm），尾较粗而先端被长毛（尾长40～56cm，毛长25～60cm）。体型比马小，但大于家驴；体长198～244cm，体重200～260kg，肩高110～140cm。四肢粗短，肌腱发达，蹄比马小而大于家驴，质坚光滑。亚洲野驴现存有4个野生亚种：①蒙古野驴（*E. hemionus hemionus*），又称戈壁野驴，蒙古野驴比较集中地分布于亚洲中部，中国与蒙古毗邻的广袤地域，中亚细亚的土库曼斯坦中南部与伊朗、阿富汗接壤的狭小地区。②土库曼库兰驴（*E. hemionus kulan*），分布在土库曼斯坦境内。③印度野驴（*E. hemionus khur*），现分布于印度古吉拉特邦的盐渍化沙漠、草原及丛林地带。目前，野外种群数量已达4 000头左右，仅次于蒙古野驴。④奥纳格尔驴（*E. hemionus onager*），又称伊朗驴，分布于印度、伊朗、土库曼斯坦、阿富汗及塔吉克斯坦，并与土库曼库兰驴南部分布区相连。分布于叙利亚的叙利亚野驴（*E. h. hemippus*）1927年已灭绝。过去的一些文献将土库曼库兰驴称为蒙古野驴，现在认为两者是不同的野生亚种。

亚洲野驴的分布区域为93°—119°E，41°—51°N，即西起哈密盆地，东至大兴安岭，包括内蒙古东南部、甘肃省西部、内蒙古东北部、青海省和西藏的广大地带。20世纪，亚洲野驴的分布，西界至少可以抵达准噶尔盆地的最西沿——甘家湖，它与普氏野马（*E. ferus prezwalskii*）的分布显然是同域的。近半个世纪，随着人类经济活动的增加，亚洲野驴的分布范围已大大缩小，被压缩到原始分布区的中部偏西的狭窄地带，生存在这里的驴，称为蒙古野驴（现今新疆阿尔金山自然保护区有其繁群），另有一部分进入海拔为3 800～5 000m的高原亚寒带开阔草甸和寒冻半荒漠、荒漠地带，生存在这里的称为西藏野驴（新疆阿尔金山自然保护区内有其繁群），现已独立成种，俄罗斯里加动物园正从事西藏野驴恢复工作。

亚洲野驴一部分栖息于地势开阔、植被稀疏的荒漠地带，年均气温5℃左右，1月最低气温-30℃以下，7月最高气温在50℃以上，冬季寒冷少雪，夏季干燥炎热，年降水量多在200mm以下，年蒸发量最高达2 000mm以上，是以沙丘为主的沙性荒漠、砾石荒漠和盐生荒漠平原所构成的荒漠。另一部分野驴栖息在海拔3 800～5 000m的高原亚寒带草甸上。年均气温-1.9℃，1月最低气温-41.2℃，7月最高气温22.6℃。冬、春季严寒，雨雪稀少，干燥多风；夏、秋季温凉湿润，昼夜温差大，年降水量400mm，全年分布不均。土壤主要分布有隐域性的泥炭沼泽、地带性的高山及亚高山草甸上。

野驴有迁移性，无固定的栖息地，过着游移的生活。夏季喜欢在水草丰盛的地段活动，冬季迁往避风和向阳的丘原山谷，有时为追随优良的环境而做长距离的水平迁移。有群居性，常结成小群活动，冬季则结成较大的群。由于它们栖息于开阔的环境，故视觉、听觉和嗅觉都较敏锐，常能在500m内发觉异物，300m以内则全速急驰，其奔驰力强。逃逸时，公驴在前，幼驴居中，母驴在后。生性较野，不易靠近，胆小怕惊，不怕风霜、日晒，耐严寒。繁殖季节在每年8—9月，交配季节偶斗激烈。公驴求偶时声似马嘶，但较短促而嘶哑。母驴配驴妊娠期360d，1胎1驹，幼驴4岁达性成熟。

野驴食物以禾本科、莎草科和百合科植物为主，常食的有针茅、苔草、香草、早熟禾、芨芨草、野葱、红景天和蒿草等，耐饥性强，可数日不食，饱食之后，白天多在距水源不远处活动或憩息。傍晚返回较高而僻静的丘原深处过夜，清晨到有水源的地方活动饮水，夏天还常到宽谷河流或沼泽中洗浴。

野驴每年5—7月换毛，毛色分布不同，鼻端呈乳白色，额黄色，耳背浅

棕色，耳内白色，颈背侧、肩、背、腰呈黄棕褐色，背中央至尾有 1 条深棕色背纹，颈腹侧、胸、体侧、腹下为白色带沙，与其背纹有明显的分界线，该线略靠腹侧下部，鬃毛色较深，臀部的被毛背侧沙褐色，腹侧近白色。尾毛背侧呈深棕色，腹侧为沙色。前后蹄冠均有一暗色环。冬毛较深，毛呈灰褐色，腹侧较浅，但与背侧毛色的分界线减弱，不十分明显。

2. 非洲野驴 又称驵驴，现已认为是现代家驴的祖先，分布在非洲东北部的埃塞俄比亚、厄立特力亚和索马里等荒漠及其他干旱地区。苏丹、埃及和利比亚等地的野生种已灭绝。其毛色为青色和铁青色，鹰膀、背线及四肢斑马纹明显，耳长，尾毛较多。非洲野驴包括家驴（*E. asinus*）的 1 个驯化亚种和努比亚驴（*E. africanus*）（图 1-1）、索马里驴（*E. somaliensis*）（图 1-2）2 个野生亚种。努比亚野驴为家驴的直接祖先，远在 6 000 年前的新石器时代的后期就开始驯化成家驴，分布于非洲尼罗河上游、埃塞俄比亚高原南部的努比亚沙漠地区，现已濒临灭绝。索马里驴分布于努比亚沙漠的东南及埃塞俄比亚高原的东南和索马里西部，同样已处于灭绝边缘。

图 1-1 努比亚驴

（资料来源：Redaet 等，2019）

图 1-2 索马里驴

（资料来源：Hou 等，2019）

3. 西藏野驴 又称康驴（*E. hemionus kiang*），曾被认为是亚洲野驴的一个亚种，现已独立成种。西藏野驴分布于青藏高原及其毗邻地域，在国外仅见于尼泊尔、科什米尔及印度的锡金。

二、我国的野生驴种

我国境内野驴包括蒙古野驴和西藏野驴，前者分布于蒙新区，后者分布在青藏区。

1. 蒙古野驴 蒙古野驴在我国分布于内蒙古、甘肃、新疆 3 个省、自治区的 14 个县（旗），面积约 $14 \times 10^{14} \mathrm{km}^2$，介于 40°20′—46°40′N、85°40′—107°30′E，有漫长的边界线与蒙古国毗邻，在动物地理区划上属蒙新区西部荒漠亚区。分布区域为典型的温带大陆性气候，气温冷热各趋其极。降水少，蒸发量远远超过降水量，气候极端干燥，风沙危害严重。植被结构单纯。因自然环境条件极为恶劣，尽管栖息地域和活动范围广泛，但其种群繁衍缓慢。蒙古野驴外形似骡，体长可达260cm，肩高约120cm，尾长80cm左右，体重约250kg。吻部稍细长，耳长而尖。尾细长，尖端毛较长，棕黄色。四肢刚劲有力，蹄比马小但略大于家驴。颈背具短鬃，颈的背侧、肩部、背部为浅黄棕色，背中央有1条棕褐色的背线延伸至尾基部，颈下、胸部、体侧、腹部黄白色，与背侧毛色无明显分界线。

由于蒙古野驴分布区的自然环境条件十分恶劣，食物资源匮乏及乱捕滥猎的影响，尽管栖息地域和活动范围广阔，然而种群繁衍却很缓慢。种群数量依然很小，全世界蒙古野驴数量为6 000～6 500头，在我国境内估计总数量不超过2 000头（高行宜等，1989）。国际上已将该种列入濒危物种，国际间严禁或控制进出口贸易，蒙古野驴在我国属于珍稀濒危动物（图1-3）。

2. 西藏野驴 在我国分布区域涉及西藏、青海、新疆、甘肃和四川等地的30个县（市），介于27°48′—39°27′N，78°40′—103°00′E。西藏野驴主要分布在30°—36°N、80°—92°E，面积约70×10⁴km²（郑生武等，2000）。该区域高寒，年平均气温低于0℃，许多地方全年或几乎全年都有冰霜。高原空气稀薄而干燥，太阳辐射强烈。境内河流纵横，湖泊众多。植被以高寒草甸草原和高寒荒漠草原为主。西藏野驴外形与蒙古野驴相似，比蒙古野驴个子大，肩高达1.5m。头部较短，耳较长，能够灵活转动；吻部圆钝，颜色偏黑。全身被毛以红棕色为主，耳尖、背线、鬃毛、尾部末端被毛颜色深，吻端上方、颈下、胸部、腹部、四肢等处被毛污白色，与躯干两侧颜色界线分明。目前在我国西藏地区经常有西藏野驴出没（图1-4）。西藏野驴在青藏高原的数量近9万头（郑生武等，2000）。

图1-3 蒙古野驴

（资料来源：韩国才，2017）

图1-4 我国西藏野驴群

（资料来源：杨沐）

三、家驴的起源与驯化

科学已经证实，驴起源于非洲野驴。早在新石器时代，在非洲就已经形成

驴的亚属。到青铜器时代野驴已经被驯化成家驴。据记载，6 000 年前驴在非洲的东北部开始驯养、家化。驴起源于尼罗河流域的埃塞俄比亚、索马利、苏丹、埃及、阿拉伯、土耳其和伊朗、阿富汗等地，向东蔓延到印度和中国，向西传至意大利、西班牙和法国等。3 500 年前，驴经西亚、中亚引入我国新疆天山以南和甘肃等地。殷商至两汉时期，驴从西部少数民族地区不断向中原内地传播。唐代、宋代时期，驴作为役畜已经遍布中原。

野驴及其驯养成的家驴进入古西域一带后，文献上称之为"古西域一带驴"，它们游移于古西域一带，由于它们长期生活在年均温 11.7℃，年降水量 61.3mm 的干燥炎热的环境下，因此它们平均体高仅 100～105cm，体质干燥结实，结构匀称，短小精悍。头显粗重，耳长（占头长的 48%）且厚，利于散热，颈细，鬐甲低平，脊腰平直，胸深不宽，四肢细而坚实，蹄小而质硬。

古西域一带驴在粗放的放牧管理条件下，抗病力强，吃苦耐劳，抗御恶劣气候的能力强。据对 17 头母驴测定，平均体温 37.7℃，呼吸 16.4 次/min，脉搏 47.5 次/min。冬季毛长 4.59cm，浓密，不畏严寒。毛色以灰、黑为主。

长期以来，关于我国家驴的祖先有两种观点，一种认为我国家驴来自非洲野驴；另一种则认为来自亚洲野驴。认为我国家驴来源于亚洲野驴，主要基于以下原因：一是我国的骞驴分布如此之广，历史悠久，我国家驴即使不是由我国骞驴驯化而来，但受其影响肯定也较大。况且，目前我国家驴品种、类型很多，显然不能用起源于非洲野驴这单一说法来解释。二是在我国西北草原和青藏高原目前依然还生存着野驴，中国现有驴种应是这些野驴在几千年前驯化而来的。三是因为亚洲野驴的驯化中心伊朗、阿富汗与中国的新疆相邻，青海、西藏和内蒙古又都是亚洲野驴重要的分布区，中国家驴在皮毛颜色及其他外部特征上与亚洲野驴十分相似。但是，越来越多的证据证明，亚洲野驴不是现代家驴的祖先，家驴的祖先是非洲野驴。主要基于以下事实。

（1）联合国粮食及农业组织（FAO）2007 年发布的《世界粮食与农业动物遗传资源状况》报告，根据家驴与非洲野驴线粒体 DNA 对比，肯定非洲野驴是家驴的始祖。

（2）相关考古学研究证实，非洲东北部在 6 000 年之前已驯化了驴，该地域可能是家驴的起源中心。现代的分子生物学证据进一步证实，世界各地的现代家驴起源于非洲野驴的 2 个支系：努比亚驴和索马里驴（Rossel S 等，2008；Beja - Pereira A 等，2004；Xia 等，2019）。

（3）国内多个学者通过对家驴 mtDNA - loop 部分序列分析，发现我国家驴有 2 个母系来源，即起源于非洲野驴的努比亚驴和索马里驴，亚洲野驴不是中国家驴的母系祖先（雷初朝等，2005；葛庆兰等，2007；卢长吉等，2008；刘建斌等，2010；王全喜等，2012；张云生等，2009）。有研究者检测了中国

5 个家驴品种 mtDNA *Cytb* 基因遗传多样性，从另一个方面也验证了中国家驴的非洲母系起源。

（4）染色体组型分析表明，亚洲野驴的核型 $2n=56$，常染色体中 M 型（中央着丝粒）18 对，SM 型（亚中央着丝粒）4 对，A 型（端着丝粒）5 对，X 是大型中央着丝粒染色体，Y 是小的端着丝粒染色体，染色体基本臂数（NF）为 102。非洲努比亚驴的核型 $2n=62$，30 对常染色体中，M 型 19 对，A 型 11 对，X 染色体为 SM 型，Y 染色体为 A 型；染色体基本臂数为 102（村松晋，1988）。现代家驴的核型与非洲野驴接近，与亚洲野驴差异很大。亚洲野驴和家驴染色体核型存在的较大差异，使得亚洲野驴和家驴之间可能形成了生殖隔离，它们之间难以交配，或产下的后代没有生殖能力。

四、我国家驴的分类

我国是养驴大国，驴品种资源丰富，其中 24 个地方品种收录于《中国畜禽遗传资源志 马驴驼志》（2011）。古西域一带驴进入中国以后，在不同生态环境和社会经济条件下发生分化。由于各地的自然条件、生态条件和社会经济条件不同，在长期的自然选择和人工选择条件下，形成了若干体尺、外貌、生产性能各不相同的品种或类群。不同学者分类依据不同，对我国驴的品种提出了不同的分类方法。

（一）依据体尺和体重分类

《中国畜禽遗传资源志 马驴驼志》（2011）将我国家驴分成两大类，即大型驴和小型驴。大型驴体高 130cm 以上，主要分布在黄河中下游流域，天山南麓和塔里木盆地南缘也有集中产地。小型驴体高 110cm 以下，散布在西南、西北、华北、中原及苏皖淮河以北海拔 3 000m 以下的山岳、丘陵、沟壑地区，包括南疆以及青藏高原东部边缘的农区、半农半牧区，产区皆属暖温带大陆性气候区。在大型驴和小型驴中间也存在中型驴，中型驴产区都在大型驴产区附近。这种分布格局受各地生态条件、经济、生活背景的影响。这种分类显然没有把中型驴单独作为一类，只是有些中型驴存在于大型驴产区附近。

《中国马驴品种志》同样依据体型和体重将我国驴分为三类，现分述如下。

1. 大型驴 体高在 130cm 以上，体重在 260kg 左右，主要分布于黄河中下游流域的陕西、山西、河南和山东平原，这里农副产品丰富，特别是农耕和社会发展的需要，经过人们精心选育形成了体格高大的地方品种。关中驴、德州驴、晋南驴和广灵驴属于这一类型。大型驴的平均体尺和体重见表 1-1。

表 1-1　大型驴的平均体尺和体重

(资料来源：华旭等，2018)

品种	性别	数量(头)	体高(cm)	体长(cm)	胸围(cm)	管围(cm)	体重(kg)	产地
关中驴	公	150	134.1	136.4	144.1	17.0	285.0	乾县、礼泉、咸阳、兴平、武功、蒲城、临潼
	母	300	132.1	131.3	142.2	12.5	256.1	
德州驴	公	120	135.4	136.0	149.3	16.6	261	无棣、沾化、庆云、阳信、河北盐山和南皮
	母	400	131.1	130.8	143.4	16.2	246	
晋南驴	公	150	135.3	133.7	144.5	16.2	259.4	夏县、闻喜、绛县、运城、临猗、临汾、万荣
	母	250	132.7	131.5	143.7	15.9	256.3	
广灵驴	公	60	136.4	137.8	149.2	17.8	259.5	广灵、灵丘、桑干河和壶流河两岸
	母	110	133.1	132.6	145.9	16.7	238.7	

2. 中型驴　体高多在 115～125cm，体重 180kg 左右，主要分布在陕西渭北高原、陕北南部、陇东、晋中、河北坝上和豫中平原。分布区域与大型驴有交错，自然经济条件较大型驴产区稍差。但当地群众喂驴精细，重视公驴培育，多购大型公驴与当地中小型母驴配种，经过长期选育形成了体格中等、结构良好的中型驴，佳米驴、泌阳驴、淮阳驴、庆阳驴都属于此类。中型驴的平均体尺和体重见表 1-2。

表 1-2　中型驴的平均体尺和体重

(资料来源：华旭等，2018)

品种	性别	数量(头)	体高(cm)	体长(cm)	胸围(cm)	管围(cm)	体重(kg)	产地
佳米驴	公	40	128.8	127.5	136.6	16.1	218.9	佳县、米脂、绥德
	母	200	121.9	123.7	134.6	14.8	210.8	
泌阳驴	公	35	119.5	113.0	132.7	15.0	189.6	泌阳、唐河、社旗、方城、舞阳
	母	100	110.2	110.8	129.6	14.3	186.5	
淮阳驴	公	140	123.4	125.2	131.5	15.5	223	淮阳、郸城、项城、商水、太康、周口市
	母	394	123.1	125.0	133.6	14.7	229.9	
庆阳驴	公	150	126.5	129.2	134.2	15.6	182	庆阳、宁县、正宁、镇原含水
	母	250	122.5	121.0	131.0	14.8	174.7	

3. 小型驴　小型驴数量多、分布广，体高多在 110cm 以下，体重在 130kg 左右。广泛分布于新疆、甘肃、青海、宁夏、内蒙古、陕北、华北、江

淮地区，云南、四川及东北三省的部分地区。其外形结构和毛色较复杂，当地皆有地方命名，如陕北滚沙驴、凉州驴、太行驴、淮北灰驴、库伦驴等。根据形成历史、体尺外貌特点把产区小型驴进一步划分为新疆驴、华北毛驴和西南毛驴3种。产区农业水平低，管理粗放，驴的适应性好。小型驴的平均体尺和体重见表1-3。

表1-3 小型驴的平均体尺和体重

（资料来源：华旭等，2018）

品种	性别	数量（头）	体高（cm）	体长（cm）	胸围（cm）	管围（cm）	体重（kg）	产地
喀什驴	公	72	102.0	105.5	109.7	13.3		喀什、和田
	母	317	99.8	102.5	108.3	12.8		
库车驴	公	67	107.2	108.7	115.2	14.7		阿克苏、库车、吐鲁番、哈密
	母	64	107.9	109.6	117.9	14.5		
甘肃驴	公	15	101.8	109.5	112.8	13.7		河西走廊地区武威、张掖、酒泉
	母	100	101.4	106.9	114.4	12.2		
青海驴	公	17	104.9	105.8	113.7	13.7	137.5	海东、海南、海北、黄河南
	母	225	101.6	102.5	112.0	12.2	135.8	
川驴	公	542	90.8	94.4	99.6	11.8		甘孜、阿坝、凉山等
	母	538	92.7	96.6	103.5	11.8		
云南驴	公	36	93.6	92.2	104.3	12.2		云南各地
	母	76	92.5	93.7	107.8	12.0		
西藏驴	公	30	93.6	96.2	105.8	12.4		日喀则、山南、雅鲁藏布江、怒江、澜沧江流域等
	母	30	93.3	96.0	107.1	12.3		
阜阳驴	公	107	108	111.4	117.3	12.9		阜阳、淮北、徐州等
	母	179	106.6	109.7	117.4	12.4		
涉县驴	公	40	102.4	101.7	115.9	13.9		河北涉县地区
	母	103	102.5	101.1	113.7	13.7		
临沂驴	公	93	108.0	107.0	115.8	12.7		临沂、莒县、沂水等
	母	203	109.8	108.0	118.0	12.3		
榆林驴	公	60	107.7	109.2	117.9	13.6	135.6	榆林、延安
	母	692	107.0	109.7	117.2	13.4	140.5	
通榆驴	公	30	103.7	108.5	117.1	13.5		通榆、洮安等
	母	110	100.8	107.0	114.7	12.8		

（续）

品种	性别	数量 (头)	体高 (cm)	体长 (cm)	胸围 (cm)	管围 (cm)	体重 (kg)	产地
黑龙江驴	公	87	103.1	106.5	112.8	13.4		宁安、绥芬河等
	母	124	101.4	105.2	112.6	12.4		
库伦驴	公	40	120.0	118.6	130.6	14.8		库伦旗、奈曼旗、敖汉旗、巴林左旗等
	母	170	110.4	111.2	125.1	14.9		

（二）依据生态条件和自然分布分类

杨再、洪子燕（1989）依据驴的自然分布、生态条件及形成历史将我国驴分为三大类。

1. 西部及北部牧区小型驴　在中国西北、长城以北、东部三省辽阔的草原上，荒漠和半荒漠的草地上，宽广的农区平原上，分布有许多小型驴种，它们的体型和生态特征的共同特点为：体躯矮小，约 110cm 以下，最低的仅 90cm，体重 130～135kg，体质粗糙结实，四肢强健，耐粗饲、耐寒冷、耐风沙、耐饥饿，适应性特别强，适于在荒漠、半荒漠或高寒地区放牧，以及半舍饲半放牧，也大量在农区舍饲饲养。

散布在西南、西北、华北、中原以及苏皖淮河以北海拔 3 000m 以下的山岳、丘陵、沟壑地区，包括南疆以及青藏高原东部边缘的农区、半农半牧区，皆属于暖温带大陆性气候区。全年干燥少雨，温差大，冬季严寒，夏季干燥，体高 110cm 以下，以灰毛、灰褐毛色为主，"三白"特征不明显，多有背线、"鹰膀"，前肢偶有"虎斑"。头的比例相对较大，颈较短，水平颈，背腰短狭，尻短，多为尖尻；四肢膝关节较小，全身绒毛较长。耐寒抗暑、抗病耐苦，以往农村多用于推磨、拉碾、上山驮肥、下山负稼、妇孺短途骑乘。

我国西汉已有大批古西域一带驴沿着丝绸之路进入西部，它们到了祁连山以北、北山山地以南，海拔 1 000～1 500m 的甘肃省河西走廊，形成了干旱半荒漠生态类型的凉州驴。由于长期适应干旱少雨（年降水量 162.5mm），多风沙、寒冷（年最低气温－30℃）的气候，故体质干燥结实，平均体高 102～105cm，外形与新疆驴相仿，唯耳郭内外生许多短毛，皮厚毛密，以御寒风和风沙。

古西域一带驴到了六盘山西侧，海拔 1 600～2 200m 的宁夏西吉县及其附近地区，由于山路崎岖，峰脊岩石裸露，驴常在山间驮运，于是形成了半干旱山地类型的西吉驴。驴体躯较短而粗壮，体高 109～112cm。胸廓广深，四肢较短，蹄质坚硬，被毛短密。

据考证，古西域一带驴、凉州驴在宋代经过甘肃武威和陕西延河一带到达陕北、内蒙古以后，在毛乌素沙漠特定的环境下，形成了高寒草原生态类型的滚沙驴（陕北毛驴）。陕西榆林地区由于地势较高，气候寒冷，风沙特大，驴终年群牧，常奔驰疾走，因而得此命名。其体质粗糙结实，体躯短小，公母驴平均体高107～108cm，前胸宽，胸廓发达，背腰平直，能适应干燥且有风沙的气候，皮毛粗糙，冬春有一层很厚的绒毛，蹄冠毛特别长，毛色以灰、黑为主。

古西域一带驴、凉州驴到达内蒙古以后，当时那里草原茂盛，载畜量小，驴迅速遍及内蒙古、长城以北和东北一带，形成高寒草原生态类型的蒙古驴，其主要产区在河套平原，西部称为后套平原，东部称为土默川平原，是著名的"塞上谷仓"。驴体质粗糙结实，体型较小，平均体高102～104cm，胸廓深长，后躯发育好，四肢强健，善于奔驰，耐劳性和适应性均强。由于气候寒冷，冬季多暴风雪，无霜期共3～4个月，故驴皮毛粗糙，被毛浓密，毛色常以一层保护色出现，其中以灰色、黑色为多。这些驴种越过科尔沁草原进入松辽平原，到达辽东与辽西的山地、丘陵之间，以及辽河两岸，形成了有代表性的平原生态类型的辽宁驴。

2. 中部平原农区大中型驴 古西域一带驴进入中原，到了黄河中下游，由于这里海拔较低，地势平坦，气候温和，无霜期长，水源丰富，雨量适中，土质砂黏适中，土壤肥沃，构成一个气候、水域、土壤和植被互相协调的生态环境，因而驴很快分布到甘肃东部、陕西、山西、河北、河南，一直到山东沿海地区，并形成了许多著名的平原生态类型的地方良种，它们的共同生态特征为：体质结实，胸廓深广，中躯呈圆筒状，尻斜偏短，四肢坚实，关节强大，蹄质坚硬，耕挽能力强，多进行舍饲。这些地域的驴一般被毛细短，毛色以粉黑（白眼圈、白鼻腔、白肚皮）和全黑为主，灰色、青色、驼色次之。农耕犁地时一般挽力为70～80kg，单驴挽车载重1000kg，最大挽力公驴为250kg左右，母驴为185kg左右。

古西域一带驴到了泾河支流马连河、环江两岸的甘肃省庆阳地区董志源和早胜源一带，由于这里土质肥沃，地广人稀，盛产小麦和各种豆类、糜谷，并种植苜蓿、禾草，粮食及农副产品丰富，故而出现了一个杂有关中驴血统的地方品种庆阳驴。公驴平均体高127cm，母驴122cm，属中型驴种。

古西域一带驴到了秦岭以北的渭河流域，由于饲料条件特别优越，盛产苜蓿、大麦、黑豆等，因而形成了世界著名的大型种关中驴。公驴平均体高133cm，母驴127cm，体型呈长方形，其品质为全国之冠。

关中驴沿着黄河进入山西省吕梁山以南、黄河以东和以北的晋南盆地，在当地自然条件影响下，形成了公驴平均体高128cm，母驴124cm的中型种晋

南驴。

同样，关中驴、晋南驴沿着黄河，经河南到山东省黄河下游，马颊河、徒骇河两岸的德州、惠民地区的鲁北平原，以及到达大运河两岸，渤海沿岸的冀东平原，形成了著名的大型种德州驴。公驴平均体高 136cm，母驴 130cm，体型呈正方形。

驴不仅是沿着黄河流域分布，在其他地方也大量繁衍，并形成了不少中型驴种。产于河南省桐柏山以北、泌阳河两岸的泌阳驴，公驴平均体高 125cm，母驴 121cm，体型呈正方形。产于河南省沙河及其支流的豫东平原东南部的淮阳驴，公驴平均体高 131.7cm，母驴 123.1cm。产于河南省豫北黄河东西向转为南北向大弯处的长垣驴，公驴平均体高 136.0cm，母驴 130.7cm。产于黄河以西、无定河两岸的佳米驴，公驴平均体高 126cm，母驴 121cm。产于山西省北部桑干河、壶流河两岸的广灵驴，公驴平均体高 120cm，母驴 119cm。

3. 西南高原、山地小型驴　古西域一带驴经甘肃南部、陕西北部进入青藏高原、云贵高原，适应的留存下来，如青海毛驴、云南驴和川驴。当地属中亚热带，因靠近西藏高原，此处海拔比沿海同纬度地区更高，加上地形复杂，多高山峡谷，故相对来说比沿海同纬度地区气温较低，湿度较小。西南高原、山地小型驴的生态特征为：体质结实，多数偏粗糙，个体矮小，胸部窄，后躯短，尻部斜，骨骼四肢坚，蹄质硬，行动灵便，善走崎岖山路，适于长途驮运，均属高原生态类型。

（三）按生态类型分类

有学者从生态类型上分类，把我国的驴分为干旱沙漠型驴（新疆驴）、干旱半荒漠型驴（凉州驴）、黄土丘陵沟壑型驴（西吉驴、佳米驴）、高原山地型驴（西南驴）、中部平原丘陵型驴（德州驴）。

（四）按遗传稳定性和选育程度分类

根据遗传稳定性和选育程度，侯文通（2019）建议将我国现有驴种分为遗传稳定和人工选择程度大的大中型优良地方驴种；遗传稳定和自然选择程度大的小型驴种；遗传不稳定和选育程度低的大型驴杂种和新命名驴种三类。

五、种间杂种

自然条件下马属动物之间可以出现种间杂交现象，相互交配能产生种间杂种。在马属的亚属间，如马与驴、马与斑马、驴与斑马之间都可以产生杂种。最常见的就是马和驴相互交配产生的骡和駃騠。人类在很早以前就用马和驴来繁殖骡和驴骡作为役畜。在公元前2 000多年，巴比伦的史诗中就有关于骡的记载。随后在小亚细亚古代的美索不达米亚、伊朗和埃及，以及在古希腊和罗马，也都先后用马和驴来繁殖骡。

1. 骡 公驴和母马杂交产生的杂种，俗称骡子，也称马骡（mule），见图1-5。骡具有杂种优势，生活力强，高度不育。骡的外形介于马和驴之间，体格常随母马的大小而异。耳较驴小，尾短，鬃等部位长毛比马少，嘶声近驴。马骡个大，具有驴的负重能力和抵抗能力，有马的灵活性和奔跑能力，尤其是在偏远乡村农田使唤马骡较多。马骡比马省饲草，且力量比马大，抗病力强，是一种重要役畜。弱点是不适合奔跑，奔跑没有马快。有些国家还专门培育骑乘骡从事马术运动与休闲骑乘活动。据FAO 2014年统计，中国是世界上骡存栏量最多的国家。

2. 駃騠 公马与母驴杂交产生的杂种，又称驴骡（hinny）。体型比马骡稍窄，性情偏似于驴，叫声似马，抗病力强，高度不育。在我国中原及北方广大农村，用母驴繁殖驴骡，可大大提高其使用价值和经济价值。

3. 斑驴 斑马和驴杂交所产生的杂种，不考虑正反交，杂种一代都称齐布戎基（zebronkey），我国称斑驴。图1-6是一头公驴和一匹细纹母斑马（*E. grevyi* Oustalet）产生的一头母性杂种，外形似驴，被毛灰色，四肢和后躯呈现斑马线。由于斑马和细纹斑马都不是家养动物，只有动物园内才能见到，无论马还是驴与它们杂交的机会都不多，因此斑马和细纹斑马的种间杂交在生产上意义不大。

图1-5 马骡
（资料来源：杨再）

图1-6 公驴和母斑马产生的
杂种"*zebronkey*"
（资料来源：Benircshke K，1964）

马属动物的种间杂种，无论在生产中意义多大，由于其体细胞的染色体不是同源染色体，以骡为例，63条染色体一半来自驴（31），另一半来自马（32），马和驴的染色体无论形态、大小和结构都不具有同源性，所以杂种的性

母细胞不能进行正常的减数分裂，不能形成正常可育的精子或卵子，或即便能形成可育精子或卵子，但概率很低，所以造成了骡和駃騠无论公母都是高度不育的。由于种间杂种不能稳定遗传，无论性状多么优异，到杂种一代也就停止了。因此，马属动物的杂种包括骡、駃騠和斑驴等在动物分类上是没有地位的，它们形成不了自己专门的亚属、种或亚种，在畜牧业生产中也不会形成自己的品种，在育种上没有意义。

第二章

驴的生物学特性和生态地理分布

一、驴的生物学特性

（一）驴的生物学特性

1. 耐干燥、耐热、耐饥饿 驴起源于非洲，从而具有热带或亚热带动物共有的特征和特性，喜生活于干燥温暖地区和干燥气候。不耐寒冷，耐寒性不如马。耐热、耐饥饿，有的竟可数天不食。

2. 耐粗饲、耐饥渴 由于其盲肠发达，盲肠内微生物能帮助其消化粗纤维，驴能很好地消化和利用粗饲料，牧草、作物秸秆均是其很好的饲料来源。驴的消化能力比马约高 30%，对饲料的利用性较马广泛。驴饮水量小，在夏季约占体重的 5%，在冬季饮水量占体重的 2.5%。抗脱水能力也较强，当脱水达体重的 20% 时，食欲下降。一次饮水可补足所失去的水分，最多饮水量为脱水体重的 30%～33%。不易出汗，故有"泥泞的骡子、雪里马，土路上的大叫驴"的农谚。

3. 食量小、不贪食 驴的食量较马小 30%～40%。采食慢，能沉着地嚼细，适宜放牧，但放牧采食不如马快。

4. 温驯，胆小执拗 驴的神经活动均衡稳定，一般缺乏悍威和自卫能力。适宜拉车、驾辕、驮运、拉磨和供人们骑乘用。

5. 行动灵活，吃苦耐劳 从解剖结构上，驴有 5 个腰椎，较马少 1 个，横突较短而厚，故腰短而强固，利于驮运。驴善走对侧步，且走路平稳。四肢细长，蹄小而高，踢腿利索，行动灵活，速度均匀，运步稳健而确实，既能爬山越岭，也能走平坦道路，日行 40～50km，是人类理想的坐骑工具。驴驮载运输能力强，富有持久力。驴的驮力可达其体重的 1/2，能适应农村各种路况和海拔较高地区。

6. 喜打滚、喜卧 驴在干燥地带喜欢打滚，以清洁身上脏污和止痒。驴喜卧，卧下时间比马多。驴身体局部，如颈脊、前胸、背部、腹部等处，有储

积脂肪的机能，饲料充足时，易催肥上膘。

7. 性成熟早，繁殖能力高，抗病力强 驴早熟，利用年限长。1岁左右即达到性成熟，2岁左右即开始使役、配种，可使役16～20年，终生产驹7～10头。

（二）骡的生物学特性

骡与䮡騠都是马和驴的种间杂种，具有杂种优势，生活力强，体质结实。俗语说"骡大于驴，而健于马，其力在腰"，骡寿命较长，一般可活到30岁左右，在良好饲养管理条件下有活到50岁者。骡耐寒性不如马，抗热、抗病能力强于马，普通病少。使役较马早，2岁可做轻役。正常挽力可达体重的18%～20%，瞬间最大挽力较马小，使役年龄可达20岁以上。骡血液氧化能力强，富有持久力，速度均匀，运步稳健而确实，能适应海拔较高的地区。公母骡均高度不育，个别母骡能受胎生驹。

骡在胚胎期和生后幼龄时期生长发育强度大。骡在出生时，其体高已达到母体的67.1%，3月龄时，体高已达到成年的83.1%，1.5岁时达到成年的94.1%，到2.5岁时，达到成年的96.5%，也达到双亲成年体高的平均水平，到成年时，可超过双亲平均体高5cm以上。骡和䮡騠都较早熟，大多在3.5岁即可结束生长发育。

在干旱地区骡和䮡騠不像马那样需要大量饮水，耐粗饲。骡的采食量比驴大，比马少20%，对粗饲料的消化能力比马高10%，骡对饲料的利用也比马广泛，对饲养管理条件的要求不过于严格，放牧时采食速度不如马快，采食速度慢，咀嚼细，不贪食。

骡和䮡騠外貌特征介于马和驴之间。与马相比，头重，耳长，颈端，前胸窄，鬐甲低，腰较短（马、骡6个腰椎，驴和䮡騠5个），尻短斜。四肢较细，骨腱轮廓明显，腱和韧带坚韧，蹄窄狭，蹄质坚硬，很少发生肢蹄病。鬃毛、鬣毛较驴长而较马短，也较稀疏，距毛和尾毛均较少。毛色依父母的毛色不同而异，各种毛色均有。由于受驴的影响，浅褐色和灰色个体的骡或䮡騠都有背线，因而在养马学上又将背线称为骡线。骡和䮡騠体型因父母而异，由于杂种优势，体高可大于双亲平均值的5～10cm。

骡和䮡騠的速度虽不及马，但驮力、挽力和持久力都优于马。在不良条件下能力发挥比马好，恢复体力快。在挽曳作业时，其功率比体重相同的马匹高20%～25%，驮载能力更优于体重相同的马；速度和挽力均大于驴。

骡和䮡騠在外形上很相似，不易区别。一般来说，䮡騠多像驴，马骡多像马。但其两性异形不像马和驴那样明显。公骡新陈代谢旺盛，对外界环境敏感，生长发育易受培育条件影响，母骡比较保守。在正常培育条件下，公驹体尺大于母驹，当培育条件较差时，公驹的发育不及母驹。

骡和駃騠繁殖力均较低，一般情况下都无繁殖能力。骡和駃騠体细胞的染色体数 $2n=63$，由于减数分裂障碍，骡和駃騠不能形成具有正常可育的精子或卵子，造成骡和駃騠都不能繁殖。但实际生产中，偶有母骡和母駃騠繁殖的现象，但繁殖力极低。

二、驴的生态地理分布

（一）驴在世界上的分布

驴在世界上的分布，以亚洲为最多，约占世界总数的50%，其次是非洲，再次为拉丁美洲和欧洲。据 FAO 统计，2015 年底世界驴的总数为 4 355 万头，骡的总数 977 万头，98% 的驴和骡集中在非洲、亚洲和南美洲。2017 年，世界驴存栏量 4 578.9 万头，地区存在不均衡，表现为北低南高趋势，其中美洲 669.6 万头，欧洲 38.5 万头，非洲 2 378.2 万头，亚洲 1 492.6 万头。

从各国拥有驴的绝对数来看，以中国为最多，2007 年统计有驴 689.1 万头，其次为埃塞俄比亚、墨西哥、巴基斯坦、伊朗、埃及、土耳其、阿富汗、巴西等国。

20 世纪 50—70 年代，世界上驴的总头数一直是上升的，如 1952 年为 3 649.2 万头；1961 年为 4 023.9 万头；1971 年为 4 191.4 万头；1975 年为 4 210.1 万头。但进入 20 世纪 80 年代，驴数量开始下降，1984 年为 3 986.6 万头，2006 年为 3 600 万头，2015 年为 4 355 万头，2017 年为 4 579.8 万头。近 30 年几乎都在 3 500 万～4 500 万头波动，2015 年以后有回升的势头（图 2 - 1）。

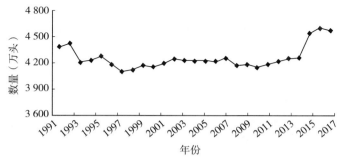

图 2 - 1　1991—2017 年世界驴的数量变化

（资料来源：FAO）

从 1961—2016 年近 60 年世界驴的存栏量看，各地区的变化明显不同，美洲维持在 700 万～800 万头，波动不明显；欧洲呈明显下降趋势，从 300 多万

头下降到30多万头；非洲呈上升趋势，从1 000万头上升到2 300万头；而亚洲类似于正态分布，20世纪90年代以前，呈上升趋势，90年代以后呈下降趋势，90年代初驴的存栏量达到高峰，见图2-2。亚洲90年代以后存栏量与我国驴存栏量具有相似的下降趋势，可能主要是受我国养驴业的影响。

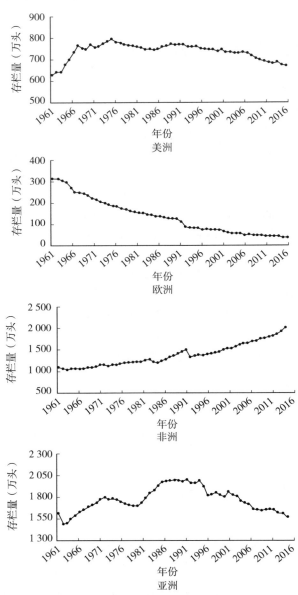

图2-2 1961—2016年世界不同地区驴存栏量的变化

（资料来源：FAO）

　　驴的分布和其数量增减与其用途有关，不同地区由于驴的用途不同数量变化表现不同的特征。不发达国家主要为役用，发达国家主要为伴侣和观赏用。在亚洲，主要用途是劳役、肉、皮、乳和科研，整体数量下降；在欧洲，主要用途是科研、观赏、乳和伴侣，数量下降，部分品种处于濒危状态；美洲主要用途是肉、观赏、运动、科研和伴侣，数量呈增长趋势；非洲主要用途是劳役，整体数量平稳；中东以劳役和乳用为主，数量呈下降趋势。

　　在欧洲，西班牙、希腊、意大利、葡萄牙和法国5国驴存栏量占欧洲总数量的36.6%，自1961年以来，总体处于下降趋势，20世纪90年代后下降趋于平缓（表2-1，图2-3）。

表 2 - 1　欧洲 5 国 1961—2017 年驴存栏量（万头）

国家	1961 年	2017 年	下降（%）
西班牙	68.5	14.09	79.4
希腊	50.6	1.95	96.1
意大利	49.9	2.09	95.8
葡萄牙	20.1	0.85	95.7
法国	7.1	3	57.7
合计	196.2	21.98	88.8

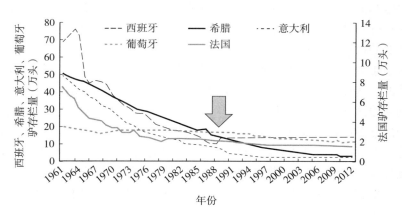

图 2 - 3　欧洲 5 国驴存栏量历年变化

（资料来源：FAO，2018）

　　据 FAO 2014 年统计，世界驴的品种有 194 个，其中欧洲 60 个、亚洲 32 个、美洲 31 个、中东 44 个、非洲 27 个。有 128 个处在濒危状态，我国的 24 个地方驴种也都处于濒危状态。

（二）驴在我国的分布

殷商青铜时代，新疆一带已开始驯养驴并繁殖其杂种，而当时中原地区极少见驴。到了汉代初期，才有少量驴、骡进入内地，成为封建社会上层人物的手中之珍。汉代以来，中原与西域交通日益频繁，就有大批驴和骡运入。唐宋以后，驴饲养更普遍，数量逐渐超过马。中原地区有关驴的最早文献是在商汤时代。直到汉通西域之后，驴和我国北部、西北部的其他"奇畜"才大规模进入黄河中下游流域。唐代司马贞在《史记》索引中对駃騠的旁注也肯定"駃騠来自正北"，说明至公元 7 世纪，中原地区的駃騠主要还是来自西北。汉代至南北朝时期中原地区的家驴大多数是小型驴。大型驴的出现，可能在五代十国时代以后。宋代以后有许多名画呈现了黄河中下游流域的大型驴，如北宋张泽端"清明上河图"，明代"关山行旅图轴"中均画有驴。

中国驴的起源和分布特点，驴是由西向东传入的，同时其分布与其生物学特性有关。驴喜欢生活在干燥温暖的地区，较不耐寒冷，却能耐热，而且耐饥饿，有的能数天不采食，同时饮水量小，抗脱水能力较强，因此特别能在干旱炎热的沙漠、荒漠和半荒漠的生态条件下生活和劳役。由于驴长期适于上述的生态环境，因而也保留着热带和亚热带动物所共有的生态特征：外形比较单薄，耳长大，颈细，四肢长，被毛细短等。

中国驴的地理生态分布，大体以长江为界，其集中产区为北纬 35°—44°，属中温带和南温带气候的华北、西北和东北部分地区，尤以黄河流域分布最多。这种分布特点，也是与这一带的平原、丘陵、沙漠、荒漠地区的社会经济条件和驴的役用需要有关。

除了集中产区外，驴在北部的地理分布界线可达北纬 46°50′，如再往北，黑龙江的黑河地区、大兴安岭地区，内蒙古北纬 46°以北的额尔古纳市，新疆的阿勒泰地区养驴的数量很少。

驴的分布虽说以长江为界，但长江以南并非无驴，其南部的地理分布界线可达北纬 33°50′，再往南，由于驴不适应潮湿的生活环境和水稻田耕作，如安徽宣城地区、徽州地区，湖北恩施地区、咸宁地区驴较少，浙江、江西、上海、广东等省份基本无驴。湖南的驴集中在湘西一带。广西的驴集中在百色地区。福建仅有 300 多头驴。

驴在西部的分布区域一直延伸到海拔 4 000～4 500m 的青藏高原，如青海玉树 20 世纪 80 年代有驴约 1 100 头，甘肃甘南有驴 1 万头，而在海拔 4 500m 以上的青海果洛则无驴。这证明，驴不适应海拔很高、空气稀薄、气候严寒的生态环境和在积雪中刨食的群牧饲养。

我国西南地区养一小部分驴，约占全国驴总数的 3.36%。西藏的驴主要分布在雅鲁藏布江流域的日喀则、山南，而藏北的那曲无驴，阿里地区仅有900多头（1980年）。云南省有驴12.6万头，主要分布在滇西，而滇南的西双版纳驴只有76头，文山有驴259头。四川有驴2.6万头（1980年），主要分布在川西北的阿坝（4 294头）、甘孜（135头），以及川南的凉山（9 947头），平原水网地区驴很少，如1980年江津地区仅3头，内江地区4头，宜宾地区8头。贵州历来少驴，物稀而奇，故有"黔驴技穷"之谚，全省1981年有驴251头，其中黔东南州2头、铜仁4头。

中国驴的地理分布在各省、自治区、直辖市存栏量上有所体现。2007年，存栏量排在前5位的省份是新疆、辽宁、甘肃、内蒙古和河北，这5个省份的驴存栏量为全国的71.5%（表2-2）。2013年，存栏量排在前5位的是辽宁、甘肃、内蒙古、新疆和河北，这5个省份的驴存栏量接近全国的80%（农业部畜牧业司，2014）；到2018年，内蒙古成为全国最大的养驴大省份，存栏量72.8万头，占全国的28.74%。2018年，驴存栏量排在前5位的省份是内蒙古、辽宁、甘肃、河北和新疆（表2-3）。

表2-2 2007年各省（自治区、直辖市）驴的数量

[资料来源：中国畜牧业年鉴（2008）]

地区	数量（万头）	占全国比例（%）	顺序
新疆	119.0	17.3	1
辽宁	104.0	15.1	2
甘肃	101.8	14.8	3
内蒙古	87.3	12.7	4
河北	80.7	11.7	5
云南	34.0	4.9	6
河南	27.1	3.9	7
山东	26.9	3.9	8
山西	20.4	3.0	9
陕西	18.7	2.7	10
吉林	16.5	2.3	11
四川	10.3	1.5	12
宁夏	9.9	1.4	13
西藏	8.9	1.3	14
黑龙江	8.1	1.2	15
青海	6.1	0.9	16
江苏	5.4	0.8	17

（续）

地区	数量（万头）	占全国比例（%）	顺序
北京	1.2	0.2	18
天津	1.0	0.1	19
安徽	0.6	0.1	20
湖北	0.4	0.1	21
湖南	0.4	0.1	22
重庆	0.2	0.03	23
贵州	0.2	0.03	24
广西	0.1	0.01	25

注：浙江、上海、江西、福建、广东、海南、台湾均无数量统计。

表 2-3　2018 年末全国各地区驴存栏排名前 11 名的省份（万头）

（资料来源：中国畜牧业协会驴业分会，2020. 畜牧产业）

省份	排名	2018 年	2017 年	增加数量	增长率（%）	区域划分
内蒙古	1	72.8	75.5	-2.7	-3.58	华北
辽宁	2	46.4	49.9	-3.5	-7.01	东北
甘肃	3	34.5	36.5	-2	-5.48	西北
河北	4	18	17.3	0.7	4.05	华北
新疆	5	14.8	20.8	-6	-28.85	西北
云南	6	13.2	12	1.2	10.00	西南
山西	7	11	11	0	0.00	华北
山东	8	8.5	11	-2.5	-22.73	华东
四川	9	8.5	9.3	-0.8	8.60	西南
黑龙江	10	5.2	3.3	1.9	57.58	东北
西藏	11	4.8	6.1	-1.3	-21.31	西南
前 11 小计		237.7	252.7	-15	-5.94	
全国总量		253.3	267.8	-14.5	-5.41	

　　自 20 世纪 80 年代末至 21 世纪初，中国驴数量逐渐下降。90 年代中期，由于农村生产、生活方式的变化，随着农业现代化水平的提高，驴长期以来的役用性能得不到应用，大型驴、中型驴的市场价格下降，一部分优秀个体已从原产地流散，特别是消耗性生产阿胶需要驴皮，导致国内驴数量骤减。据国家统计局《中国统计年鉴》(2018) 数据显示，我国驴存栏量从 1998 年的 955.8 万头连年下降至 2016 年的 259.3 万头，2017 年略有回升。1998—2017 年，驴

存栏量以平均每年 6.5％的速度在减少（图 2－4）。近几年，驴商用化价值持续保持高位，尤其是以驴皮为主要原材料的阿胶商用价值不菲，市场需求量持续增加，驴的养殖量又有所回升。

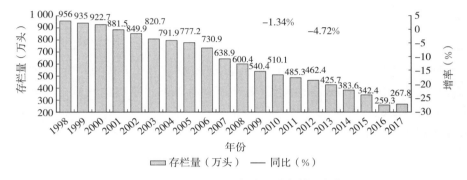

图 2－4　1998—2017 年我国驴存栏量变化

数据来源：国家统计局。2018 年国家统计局依据第三次全国农业普查情况，对 2007—2016 年的畜牧业数据做了相应修订。

　　从全国三大区域情况来看，20 世纪 80 年代与 70 年代相比，东部季风湿润区驴存栏量增加 2.72％，西北干旱区减少 2.46％，青藏高原区减少 0.26％（表 2－4）。全国的 7 大养驴区比较，根据 2002 年驴存栏量数据，黄淮海平原驴存栏量占全国驴存栏量的 32.52％，蒙新高原占 27.52％，黄土高原占 24.6％（表 2－5）。

表 2－4　全国三大区域 80 年代与 70 年代驴存栏量比较（％）

年代	全国	东部季风湿润区	西北干旱区	青藏高原区
70 年代（1971 年）	100	63.92	33.46	2.62
80 年代（1981 年）	100	66.64	31.0	2.36
80 年代与 70 年代相比		＋2.72	－2.46	－0.26

表 2－5　2002 年驴存栏量在各区的分布比例（％）

地区	驴
蒙新高原	27.52
东北农业区	8.65
西南山区	2.83
黄土高原	24.6
黄淮海平原	32.52

（续）

地区	驴
东南区	1.51
青藏高原	2.37
全国	100.00

　　据《中国统计年鉴》（2015），目前我国养驴业出现了新的四大养驴区域，即蒙东辽西、晋冀蒙交界、陕甘宁交界和南疆，驴的分布也发生了变化，辽宁、甘肃、新疆、内蒙古地区驴存栏量占全国的 70.7%，中、大型驴主要分布在东北、陕甘宁、内蒙古，小型驴分布在新疆和云南地区。

第三章

驴和骡的外貌结构

古人对驴的外貌要求："驴以鸣数多者强，耳似翦（剪）、蹄（蹄）似钟，尾似刷，一连三滚者有力也"。《三农纪》中相驴法中也指出人们对优良驴、骡的鉴定要求，注意到驴骡的体型外貌、结构形态与健康、气质和生产力的关系。

一、驴的体质外貌

驴的全身结构要求紧凑匀称，各部位互相结合良好，体躯宽深，体质干燥结实，肌肉、筋腱、关节轮廓明显，骨质致密，皮肤有弹性，行走轻快、确实。公驴鸣声大而长。对驴的体质和外貌进行鉴定，必须熟悉驴外形主要部位和名称（图3-1）。

（一）头颈部

头部以头骨为基础，大脑、耳、鼻、眼、口等重要器官均位于头部。颈部以7块颈椎为基础。头形方正，大小适中，干燥。额宽，眼大有神，耳竖立，鼻孔大，口方，齿齐，颚凹宽，颈长而宽厚，韧带坚实有力，颈适当高举，与头、肩结合良好。

1. 头 驴的头型一般都为直头，凹头及凸头均较少见，以直头为好。驴、骡头均比马头稍长。中型驴和小型驴的头长一般为体高的42%左右，而大型驴一般为40%左右。驴头一般都较重，往往不大灵活。这对役用驴尚可，但对大、中型种公驴来说，则要求头短而清秀，皮薄毛细，皮下血管和头骨棱角要明显。头向应与地面呈45°角，头与颈呈90°角。对种公驴更应严格要求。

2. 眼 驴眼要求大而明亮，富有光彩。但驴眼比马眼小，瞎眼极少，驴、骡眼瞎后表现为眼珠混浊，且不经常闭眼，运步时高举前肢，并经常转动两耳，也就是人们常说的"瞎眼耳动""聋驴耳静"。

3. 耳 耳长而灵活，耳壳薄，皮下血管明显。耳距要短，耳根硬而有力。垂耳、耳根松弛、厚而长且被毛浓密者属于不良，不宜作种用。

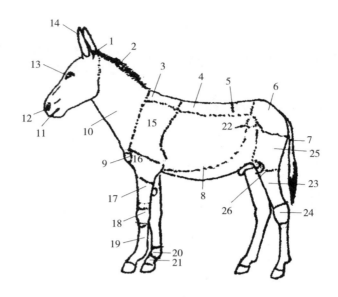

图 3-1 驴外形主要部位名称

1. 颈部　2. 鬃毛　3. 鬐甲　4. 背部　5. 腰部　6. 尻部　7. 尾　8. 腹部　9. 肩端
10. 颈部　11. 口　12. 鼻　13. 眼　14. 耳　15. 肩部　16. 上膊　17. 前膊　18. 前膝
19. 管部　20. 球节　21. 系部　22. 肷部　23. 胫部　24. 飞节　25. 股部　26. 后膝

（资料来源：侯文通，2019. 驴学）

4. 鼻　鼻孔是呼吸道的门户，应大而通畅，鼻大则肺活量大，代谢旺盛。驴的鼻孔一般较小，但鼻翼灵活。鼻孔内黏膜应呈粉红色，如有充血、溃烂、脓性鼻瘘和呼出气体恶臭者，均为不健康的表征。

5. 口裂　驴的口裂较小。种公驴要求口裂大些。口大则叫声长，为优良种驴的特征。口大利于采食。

6. 颊凹　下颌骨与颈交界凹陷外侧部为颊凹（内为咽），俗称槽口，为食道、气管入口。颊凹宽而深广，表示口腔大，采食好，咀嚼和消化能力强。下颌所附嚼肌发达。大型驴颊凹宽度为 6～8cm，小型驴为 4～6cm。颊凹过窄者，外头形不佳，采食、消化能力差。

7. 颈　颈连接头与躯干，起传递力量、平衡驴体重心的作用。与马相比，驴颈短而薄，多为水平颈。颈长与头长基本相等，为体高的 40%～42%。由于颈部肌肉发育不够丰满，因而与躯干的连接多呈楔状，颈肩结合往往不良。颈与躯干连接的地方称颈础。驴颈础较低，颈形多为直颈，颈脊上的鬃毛稀疏而短。选择、鉴定时，应特别选留那些颈部肌肉丰满及头颈高昂（正颈）的个体。

（二）躯干部

除头颈、四肢及尾以外都属于躯干部。驴的躯干部包括鬐甲、背腰部、尻部、胸廓、腹部等部位。通常将驴体躯干分为三段：肩端至肩胛后缘切线称前躯，肩胛后缘至髋结节为中躯，髋结节至臀端为后躯。驴的前、中、后三躯之比为：（20～25）：（45～50）：30。中躯长是驴躯干部位的重要特点。总的要求是前胸宽，胸廓深广，鬐甲宽厚，肩长而斜，背腰宽直，肋骨圆拱，腹部充实，尻部长宽而平，臀部肌肉充实。

1. 鬐甲 以2～10胸椎或12胸椎的棘突为基础，其两侧为肩胛软骨、肌肉、韧带所包围。驴的鬐甲因第3～5胸椎棘突较短，加之颈肩部肌肉和韧带发育不丰满，所以外形上不如马的明显（马的鬐甲率一般为3%～5%，而驴的仅为1%～2%）。鬐甲是躯体头颈、四肢及背腰肌肉、韧带的支点，它的优劣与生产性能关系极为密切。由于驴的鬐甲发育不佳，其头部的灵活程度、前肢的运动速率及背腰力的传递，也明显低于马。

2. 背腰部 背部骨骼基础为10～12胸椎至18胸椎（最后肋骨处），外观范围为鬐甲后至腰部前。腰部骨骼基础为1～5腰椎，外观部位为最后肋骨至髋骨外角之间。背腰窄而长是驴的重要特征，并非是驴的胸椎和腰椎发育过长，而是驴的肩胛短和尻部过斜，肋平欠拱所致。从类型上看，小型驴的背腰较长，其体长率（体长指数）为103%左右，中型驴为101%，而大型驴为98%～100%。

3. 尻部 以髋骨、耻骨、坐骨、荐骨及第1～2尾椎为基础，即两腰角和两臀端的四点连线的上部。驴的盆腔窄小而荐骨高长，位置靠上，故驴尻部尖、斜而窄。加之臀部肌肉发育欠佳，尻形多为尖尻，尻向一般在30°角以上为斜尻或垂尻（髋结节至臀端连线与水平线之夹角）。驴尻部较短，只占体长的30%。

4. 胸廓 即胸腔，上壁是胸椎，侧面为肋骨，下面是胸骨及剑状软骨，后壁为横膈膜，心肺均在其中。驴肋骨短细而呈平肋，胸浅而窄，驴的胸廓发育不如马。马的胸深率一般为50%左右，胸宽率为25%～27%，而驴的胸深率为41%～45%，胸宽率仅为22%～23%。从类型上看，小型驴的胸深率多为45%，大型驴则为40%左右。各类型驴在胸宽率方面无明显差别。

5. 腹部 位于胸廓后缘到骨盆腔的前缘，胃、肠及生殖器官都在腹腔之内。驴的腹部一般发育良好，表现充实而不下垂，草腹者较少见。驴腰椎长，肷部（即腰部两侧下方凹陷处）极明显。驴只有5枚腰椎，比马少1枚，故腰部强固，宜驮。

（三）四肢部

四肢、肢势端正，不要靠膝（"X"状），或交突；筋腱粗而明显，关节大而干燥；飞节角度适中，140°～150°；系部长短和斜度合适；蹄圆大、端正，角质坚实。

1. 肩部　由于驴的肩胛骨短而立，肌肉发育浅薄，故多呈立肩。肩胛中线与地面夹角约为70°（马为55°～60°）。因肩短而肌肉发育较差，故驴的前肢运步步幅小，弹性较差。

2. 前肢　驴的前肢部位及相应的骨骼包括上膊部（骨）、前膊部（桡骨、尺骨，尺骨上端突起为肘突，外部名称为肘端）、前膝（腕骨）、管部（掌骨）、系部（系骨）、蹄冠部（冠骨），在掌骨下端附有上籽骨2枚，与系骨上端构成驴的球节，由系骨下端与冠骨上端构成驴的冠关节，由冠骨下端、蹄骨上端及下籽骨构成驴的蹄关节。蹄骨外两侧有蹄软骨，外边形成帽状蹄匣。驴的前肢一般发育正常。弯膝、凹膝、内弧（"X"形）、外弧（"O"形）等失格均少见。

3. 后肢　后肢分为股部（股骨）、胫部（胫、腓骨）、后膝（膝盖骨）、飞节（跗骨）、后管部（跖骨），系部以下部位同前肢。驴后肢各部一般发育较好。鉴定时应着重检查有无常见的飞节损征，如飞节软肿、内肿、外肿。驴的盆腔发育狭窄，特别是耻骨狭窄。

（四）生殖器官

公驴阴囊皮薄毛细，两睾丸发育良好，附睾明显，阴茎勃起有力，龟头膨大，性欲旺盛。母驴乳房发育良好，皮薄毛细，富有弹性，乳头及阴门正常。

（五）毛色和别征

1. 毛色　驴的毛色是体质外貌的重要表现，也是品种鉴定的主要依据。驴体表的毛分为被毛、保护毛和触毛。被毛是分布在驴体表面的短毛，一年脱换2次。晚秋换成长而密的毛，春末换成短而稀的毛。同时，还有部分定期脱换的被毛，多是由于营养及一些病理因素造成的。保护毛也称长毛，为鬃、鬣和尾距毛等，驴的保护毛与马相比显得疏短。触毛分布在唇、鼻孔和眼周围，全身也散在分布。

驴的毛色常见的有以下几种。

（1）黑色。全身被毛和长毛均呈黑色，富有光泽。以山东德州乌驴为代表。冀东北、晋北、泌阳驴产区俗称"乌头黑""一抹黑""一锭黑""乌嘴乌肚"。

（2）三粉黑。也称粉黑，全身被毛和长毛呈黑色，富有光泽，唯口、眼睛周围及腹下是粉白色，黑白之间界线分明，俗称"粉鼻、粉眼、白肚皮"。这种毛色为我国大、中型驴的主要毛色。粉白色的程度往往不一，一般幼龄时多呈灰白色，到成年逐渐显黑。有的驴腹下粉白色面积较大，甚至扩延到四肢内侧，胸前、颚凹及耳根处，在陕北称为"黑燕皮"，在晋北称为"黑化眉"。

（3）皂角黑。其毛色基本与粉黑相同，唯毛尖略带褐色，如同皂角色。如河南的淮阳驴。

（4）灰色。被毛为鼠灰色，长毛为黑色或褐色。眼圈、鼻端、腹下及四肢内侧色泽较淡，多具有背线、鹰膀和虎斑等，多见于新疆驴和云南驴。

（5）青色。全身被毛黑白毛相混，腹下和两肋间有时是白色，但界线不明显。往往随年龄的增长而白色增多，称为"白青毛"，如和田青驴。有的基本毛色为青色，而毛尖略带红色，称"红青毛"。

（6）栗色。全身被毛基本为红色，口、眼睛周围、腹下及四肢内侧较淡，或近粉白色，或近白色，在关中驴和泌阳驴中多见。偶尔还有被毛为红色或栗色，但长毛接近黑色或灰黑色者。由于被毛色泽的浓淡程度不同，可分别称为红红、铜色或驼色。

（7）白色。也称银色驴，全身白色，长毛为白色或浅灰，鹰膀线浅棕色，产于内蒙古赤峰市宁城县，具有观赏价值（图3-2）。在国外，埃及Hassawi驴也是白色。

图3-2　银色驴

（资料来源：庞有志）

（8）金色。全身被毛金黄色，耀眼光亮，无鹰膀线，为一新的毛色突变，产于内蒙古赤峰市宁城县（图3-3）。

2. 别征　别征是指毛色以外的特征，也可以说"印记"，主要是白章、暗章、附蝉、苍头、火烧脸，是识别驴体重要的形态标记。

图 3-3　金色驴

（资料来源：庞有志）

（1）白章。通常指头部、四肢上的白色毛斑，驴很少见，个别的有少量额刺毛和白鼻端。在小型驴中偶见额部有小星。

（2）暗章。驴的背部、肩部和四肢常见的暗色条纹，统称暗章，通常指背线、鹰膀和虎斑。此外，在灰色驴耳朵周缘常有一黑色耳轮，耳根基部有黑斑分布，称为"耳斑"，也属于暗章，这些是小型驴的重要特征。还包括驴额上的璇毛及驴后天形成的鞍伤和烙印等。驴的各种暗章并非同时出现在同一品种驴或同一驴体。一般驴的背线及鹰膀明显，虎斑则色淡或隐没不现。

（3）附蝉。指马属动物四肢内侧近似圆形的角质化的真皮组织。"附蝉"因形似一只蝉附在马或驴腿上而得名。民间传说它可以作为马属动物夜间行走的眼睛，因而俗称"夜眼"（chestnut）。前肢在前膊内侧与前膝上方，后肢则在后飞节内侧。这块皮肤衍生物，马属动物一生下来就有，是其进化的产物。驴的附蝉只见于前膊内侧，为一黑色近似圆形的无毛区，表面柔软光滑，无论野驴和家驴均清晰可见。每头驴的附蝉位置、大小和形状不一样，可以用作身份识别的标记。

（4）苍头。在驴的额部，白毛与有色毛均匀混生，呈霜样，称为苍头，多见于苍色及青色驴。

（5）火烧脸。是粉色驴常见的别征之一，即表现为粉色驴头部被毛毛梢呈棕红色，在眼圈及嘴头处尤为明显，称火烧脸。多见于关中驴和其他大型驴。

二、骡的体质外貌

骡和驮騠都具有马和驴的某些特征及特性，表现耳中等长，鬃鬣较驴的长，但较马的稀疏而短。两者在外形上很相似，但仍有一些差别。两者的主要区别见表3-1。骡的性情、外形和体格等接近马，駃騠的体型和体格接近驴。因而与駃騠相比，骡较灵敏，耳较小，尾盖毛较多而蓬松；駃騠则较迟钝，甚至怠惰，耳较大，特别口角至眼的距离较短，尾盖毛较少而平顺，后肢常不见附蝉，有些个体额前部微凸，多噘嘴，俗称噘嘴骡子。

表 3-1 骡与駃騠外貌上的区别

（资料来源：甘肃农业大学，1981. 养马学）

类别	头形	眼距	耳	上下切齿咬合情况	鬐甲毛	禀性	尾盖毛	四肢	体格
骡	似马平直，较长	中等宽	较小	多正常，间有鹰嘴（天包地）	有少量	较机警	多而蓬松	距毛较长，蹄踵稍宽	较大而重
駃騠	似驴，多呈菱形，较短	较宽	较大	多噘嘴（地包天）	很少或无	较执拗	少而平顺	距毛稀短，蹄踵较窄而高	较小而轻

在选择骡和駃騠时，要求体质结实，体躯粗壮，各部结合良好，结构匀称，骨质坚实，肌腱良好。骡的腰部坚强，不仅负力强，而且有利于后肢着力，挽力较大。

对各部位的要求：头形方正、大小适中，或稍大、干燥。口方、牙齐，鼻孔大，眼大、明亮有神，颚凹宽广，两耳直立，颈长直、广厚，头颈高举，颈肩结合好，韧带坚强有力，背腰平直，四肢端正，关节强大干燥，蹄大质坚。皮肤紧密有弹性，被毛致密、光润，性情温驯、稳静。

三、驴和骡的鉴定

（一）体质外貌鉴定

1. 外貌鉴定 所用材料，驴若干头，测杖、皮卷尺、卡尺、测角器。种驴体质外貌鉴定评分标准表有两种：十分制和百分制。如当地驴种已制订有体质外貌鉴定评分标准者，可按当地驴的标准进行鉴定评分。种驴体质外貌鉴定评分标准表（十分制）见表3-2。

根据总评分数，按表3-3可定出体质外貌等级。

表3-2 种驴体质外貌鉴定评分标准表（十分制）

（资料来源：甘肃农业大学，1981. 养马学）

驴名		编号		性别		年龄		毛色		
品种特征概述								等级		
体高 （cm）	体长 （cm）	胸围 （cm）	管围 （cm）	体长率 （%）	胸围率 （%）	管围率 （%）	体重 （kg）	体尺等级	营养状况	

部位	给满分标准	主要优缺点和 失格、损征	评分
头颈 躯干	头大小适中，耳门紧，不下垂，颚凹宽，鼻孔大，眼大明亮，齿齐，颈长短适中，颈肌发达 鬐甲高，宽长适中，肩较长斜，颈肩结合良好；胸宽深，肋骨开张而圆，背腰长短适中，宽平直，结合良好。腹部充实，不下垂。尻宽长，不过斜，股部肌肉发育良好		
四肢	四肢端正，长短适中，关节强大干燥，筋腱明显，系部长短、角度适中。蹄大而圆，质坚实，肢势端正		
体质 结构	体质结实、干燥、放牧驴可稍粗糙、健康。体型结构匀称，紧凑，各部位结合良好。肌肉发育良好。公驴有悍威，睾丸发育良好、匀称，阴囊皮薄毛细。母驴乳房发育好，乳头正常，产驹泌乳能力强。运步轻快，性情温驯		

注：1. 体质外貌三部分评定。按十分制，各部位都符合标准的，可评7分以上；大多数符合标准的，可评6~7分；半数达到标准的，评为5~6分；少数达到标准的，评为4分以下。

2. 三部分评完后，以分数最低部分作为体质外貌的总评分。但如果有两部分与最低部分的差数之和高于4分时，可将最低分作总评分。

3. 凡有严重的狭胸、靠膝（"X"状）、交突、跛行、切齿咬合不齐等缺点的，只能评5分以下。单睾、隐睾不能作种用。

表3-3 驴体质外貌等级表

（资料来源：甘肃农业大学，1981. 养马学）

	公驴				母驴			
评定等级	特等	一等	二等	三等	特等	一等	二等	三等
外部评分	8	7	6	5	8	7	6	5

种驴体质外貌鉴定评分标准表（百分制）见表3-4。

按100分制评定总分数，根据表3-5可定出其体质外貌等级。

表3-4 种驴体质外貌鉴定评分标准表（百分制）

（资料来源：甘肃农业大学，1981. 养马学）

品种：　　　　　　场名：　　　　　　时间：　　　　　　记录人：

驴名（编号）		编号	性别		年龄		毛色
体高 （cm）	体长 （cm）	胸围 （cm）	管围 （cm）	体重 （kg）	等级	营养状况	

项目		给满分标准	满分	评分
品种特征和躯体结构		全身被毛短而细致，符合本品种所要求的毛色：粉黑、栗色或乌头黑，体质干燥、结实，放牧驴可稍粗糙些，结构匀称、紧凑，体型略呈长方形，以驮用为主的可呈正方向；肌肉发达，姿态俊美，有悍威，机敏，性情温驯，公驴鸣声长、大	30	
头颈和肩		头大小适中，头形好，眼大光亮，鼻孔大。口方，齿齐，两耳竖立，不下垂，颚凹宽。公驴雄性特征明显，母驴清秀。颈较长而宽厚，颈肌、韧带发达，头颈高扬，颈肩结合良好。肩较长斜，肌肉良好。鬐甲宽厚，长适中	15	
躯干	中躯	胸宽深，肋开张而圆，背脊长短适中，宽而直，肌肉强大，结合良好，肷小，腹部肌肉发育良好，充实，不卷腹，也不下垂	15	
	后躯	尻宽阔，不过斜，丰满，肌肉发达，股部肌肉发育好。公驴睾丸发育好，两侧对称，附睾明显，阴囊皮薄毛细，成年驴精液品质好。 母驴乳房发育好，乳头正常、匀称，产驹母驴泌乳能力强	15	
四肢		四肢端正，长短适中，筋腱明显，关节强大、干燥、系部长短、角度适中，蹄大而圆，蹄质坚实；肢势端正，运步轻快	25	
合计			100	
主要优缺点：			等级	

表3-5 驴体质外貌鉴定表

（资料来源：甘肃农业大学，1981. 养马学）

等级	公驴	母驴
特级	85分以上	80分以上
一级	80	75
二级	75	70
三级	70	65

外貌鉴定时，要结合实际，有些驴某一体质结构不理想，但另外一些体质结构非常优秀，或整体外貌结构较好，部分结构不理想，鉴定者要酌情增减分数。

（1）头部。一般驴的头与体躯之比甚显粗大，骨的棱角不明显，面部比脸部大，额部微隆凸，耳长宽厚，内生密毛，斜向两侧或下垂。

（2）颈部。多见斜颈或水平颈，肌肉显单薄。唯在关中驴种中可以见到一部分呈垂直形的。

（3）躯干。一般鬐甲低，附着肌肉欠丰满。鉴定时应重视鬐甲发育的情况，要特别注意选择鬐甲明显的个体。对种公驴的鬐甲部尤应慎重选择。鬐甲低弱者，应予以淘汰。背长而平直，腰部强硬，鉴定时要特别注意其背腰发育状况，凹背、软背、长腰的个体驴，应弃之不选。尻部短而窄小，尤其坐骨间距窄。前胸尚宽，但胸廓不够圆大，肋骨开张不良。腹部充实而紧凑。尾根较高，尾基细，尾上端无盖尾毛，末端有长毛束。

（4）四肢。前肢肩较直立，上膊较短，有强大的肌肉附着；前膊长，内侧有一块大小不等的附蝉；前膝干燥、宽广。管部粗细不一，大型驴粗大而筋腱明显，小型驴则很细，系以直立见多，肢势一般较正直。后肢股部较直立，肌肉不够丰满；胫较长，筋腱明显，后肢无附蝉。飞节角度小，呈不显明的前踏肢势。

前肢正肢势的标准：前望，从肩端中点做垂线，应能平分前膊、膝、管及球节、系及蹄。侧望，从肩胛骨上1/3处的下端做垂线，通过前膊、腕、管、球节而落在蹄的稍后方（图3-4）。

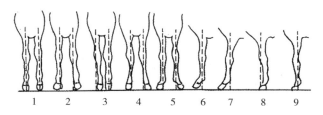

图3-4 驴前肢的正肢势和不正肢势

前望：1. 正肢势 2. 广踏 3. 狭踏 4. "X"形 5. 外向

侧望：6. 正肢势 7. 前踏 8. 后踏 9. 弯膝

（资料来源：侯文通，2019. 驴学）

后肢正肢势的标准：侧望，由臀端引一垂线，能及飞端，沿后管缘而落在蹄的后面。后望，从臀端引一垂线，通过胫而平分飞端、后管、球节、系及蹄（图3-5）。

驴后肢不正肢势主要为外向或内弧，并伴有前踏、后踏等肢势。对四肢有损征者，如骨瘤、软肿、肥厚、外伤痕等，不应选留作种用。

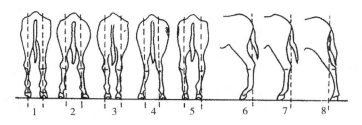

图 3-5　驴后肢正肢势和不正肢势

后望：1. 正肢势　2. 广踏　3. 狭踏　4. "X"形　5. "O"形

侧望：6. 正肢势　7. 前踏　8. 后踏

（资料来源：侯文通，驴学，2019）

（5）蹄。蹄踵壁较高，前蹄与地面成 $55°\sim60°$ 角，后蹄与地面成 $65°\sim70°$ 角，蹄负面较狭，蹄质坚固，表面光滑有光泽，无裂缝，色黑。常见有低蹄、高蹄、狭蹄、内狭蹄、外狭蹄、内向蹄、外向蹄、广蹄、平蹄、裂蹄等不正蹄形。

鉴定者也可以根据当地的习俗和爱好，结合自身的经验进行鉴定。河南省漯河一带"牙商"（又称经纪人或牲畜交易员）对驴的选种有丰富的经验。在鉴定时，不论公母都先查看驴的全貌，其中特别注重骨骼的坚实程度。当地习惯上将骨骼分成圆、软、扁、糠 4 种：圆骨头即为细而坚实的骨质；软骨头为细而纤弱的骨质；扁骨头为发育不良的骨质，骨间的韧带不强健；糠骨头为粗糙而疏松的骨质。第 1 种属于结实体质，适于各种用途，后 3 种属于体质不良，故不能作用。挑选种公驴要求体格高大，最好在 133cm 以上，体态结构匀称，俗语说"四称"。种公驴还要求有气质、悍威、眼睛有神。

驴头的形状也关乎其生产性能的强弱。河南省漯河一带分正头、小头和肉头。农民都喜欢正头。认为"四愣头"性正，小头性不正，肉头则不机灵。对眼的要求，眉梢、瞳仁清亮，眼珠发蓝色为正常；黑色性笨；白眼球怕见雪。耳要能竖立，转动灵活。颚凹要宽，能容三指宽。

颈的形状依用途不同而有不同要求。出力的驴要挑"木梳背儿"，这种颈宽而厚，颈上缘凸起，牵引力大。

前胸要"前档宽""出胸露膀"。中躯要身长背平，双脊双背，还要圆胸圆肋。腰部要短而硬，不要"虾米腰"。后档要宽，不能要"流水腔"。

过去养驴主要以役用为主，农民对四肢鉴定很重视，俗称"好驴买在四条腿上"。对于各个部位均有不同要求：前肢的"扇子骨"（肩胛）要长；"上截子"（上膊）要宽；"夹肘"（肘）要正；"二截子腿"（前膊）要长；"波罗盖"

（前膝）要大；"干腿"（管部）（指干燥而言）；葫芦头（球节）要圆；"蹄寸子"（系部）要硬；后肢的"大弯"（胫部）要大；"合子骨"（飞节）要强。在肢势上要求"上下一般齐""四蹄二行"。

养殖户还特别讲究挑选合意的毛色，认为黑、青为上色。

2. 体况评定 体况评定是在外貌鉴定的基础上重点对膘情进行评定，目的是为饲养管理特别是为调整驴的营养水平提供依据。国内进行体况评定较少，主要以外貌鉴定代替体况评定，目前国内还没有驴的体况评分方法，国外体况评分方法也不相同。这里介绍一种英国驴福利所于2012年公布的5分体况评分系统（图3-6）。利用体况评分系统，通过外观和感觉来判断驴的体况，再通过公式估算驴的体重。该方法采用5分制，操作简单、方便，但受评判者主观因素影响较大。

分值			描述
1分			消瘦。脊椎（腰椎、胸椎）、肋骨、股关节、坐骨关节等凸出。鬐甲、肩、颈的骨结节大体可以触摸到
2分			适中。沿着背能够触摸到凸起的脊椎，肋骨略微可见
3分			理想。背部中央平坦，肋骨轮廓不清晰，能够触摸到，鬐甲近圆形
4分			胖。背部中央显现凹槽，用手能够触摸到个别肋骨，在颈部、肩部、鬐甲、尻部有脂肪蓄积
5分		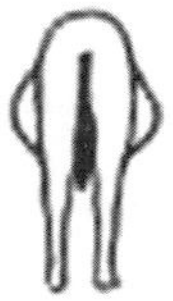	肥胖。背部中央出现凹槽，颈部、背部脂肪层明显，用手很难触摸到肋骨

图3-6 驴体况5分制评分系统

（资料来源：Burden，2012）

（二）体尺测量、称重和估重

1. 体尺测量 测量的工具有测杖、卡尺、卷尺、角度计等。各种用具在使用以前要进行校正，以保证其准确度。并事先准备好记录用的表格等。

体尺测量时，驴应在平坦地面站立保定，保持正肢势。一般必须测定4项，即体高、体长、胸围和管围。测量时做到部位准确，动作敏捷，读数可靠，同时要注意自身的安全。

体高：鬐甲顶点到地面的垂直距离。

体长：肩端至臀端的斜直线距离。

胸围：鬐甲后方，通过肩胛骨后缘，垂直向下，绕体躯1周的长度。

管围：左前管上1/3的下端，管部最细处的水平周长。

除以上4项体尺外，必要时，还可以测量以下各项：

头长：项顶至鼻端连线间的距离。

头宽：两眼眶外侧凸出点间的距离。

尻宽：两腰角外侧间的水平距离。

尻长：腰角前缘至臀端之间的距离。

胸宽：两肩端外侧间的宽度。

胸深：鬐甲最高点至胸下缘的直线距离。

胸廓宽：肩胛骨后、肋骨弓起最高点，左右两侧间的距离。

背高：背部最低点至地面的垂直距离。

尻高：尻部最高点至地面的垂直距离。

颈长：由耳根起至肩胛前缘的颈础中点的距离。

肢长：肘端最高点至地面的垂直距离。

肩长：肩端至肩胛骨上缘的距离。

2. 称重和估重 用地衡称重驴是最准确的方法。早晨饮水、喂料之前称重。驴四蹄均应站在地衡上。

没有地衡时，可以根据体尺来估计体重。现介绍以下几种方法：

（1）马塔琳的公式。

$$小型驴体重（kg）=［胸围（cm）×5.3］-505$$

$$大型驴体重（kg）=［胸围（cm）×6.4］-689.6$$

（2）《养马学》（1981）推荐。

$$体重（kg）=\frac{胸围（cm）^2×体长（cm）^2}{10\ 800}+25\ 或\ 45$$

根据对膘情好的大型成年驴实际称重和用公式计算的体重比较结果可知，用常数"25"时，绝对误差是18.1kg（较实际体重小），相对误差为4.25%；

用常数"45"时，绝对误差为 1.4kg（较实际体重稍大），相对误差为 0.34%。对 3 岁以下驴驹、中型驴、小型驴，以及膘情瘦弱的成年驴，其体重估计可用常数"25"。

（3）英国驴福利所推荐（2012）。

成年驴体重（kg）＝0.000 252×体高（cm）$^{0.24}$×胸围（cm）$^{2.575}$

小于 2 岁驴体重（kg）＝0.000 282×胸围（cm）$^{2.778}$

3. 指数计标　由于绝对体尺不能完全说明驴体类型和体格，还必须计算体尺指数。常用的体尺指数有体长指数、胸围指数、管围指数和体重指数等，体尺指数也称体尺率，常以百分比来表示。

（1）体长指数。体躯长度与体高的比。

$$体长指数＝\frac{体长}{体高}×100\%$$

此项指数可以说明驴的类型及胚胎期发育情况。

（2）胸围指数。胸围与体高之比。

$$胸围指数＝\frac{胸围}{体高}×100\%$$

此项指数可以说明体躯相对发育情况。

（3）管围指数。管围与体高之比。

$$管围指数＝\frac{管围}{体高}×100\%$$

此项指数可以说明驴骨骼发育的情况。

（4）体重指数。体重与体高之比。

$$体重指数＝\frac{体重}{体高}×100\%$$

此项指数可以说明驴体格结实程度。

（5）肢长指数。前肢长与体高之比。

$$肢长指数＝\frac{前肢长}{体高}×100\%$$

肢长与驴的体型及速力有关。

（6）头长指数。头长与体高之比。

$$头长指数＝\frac{头长}{体高}×100\%$$

此项指数可以说明头与体躯发育的对比程度。

（7）胸廓指数。胸宽与胸深之比。

$$胸廓指数＝\frac{胸宽}{胸深}×100\%$$

此项指数可以说明胸部的容积及发育情况。

（8）体躯指数。胸围与体长之比。

$$体躯指数 = \frac{胸围}{体长} \times 100\%$$

此项指数可以说明体躯粗度的相对发育程度。

四、年龄鉴定

驴的生产性能和种用价值与年龄密切相关，选购驴或进行良种登记时，首先要鉴定驴的年龄，在使役、饲养、疾病治疗时，应视驴的年龄不同而区别对待。年龄鉴定是驴饲养管理过程中必须掌握的一项重要技术。

鉴定驴的年龄有两种方法，一是依据外貌；二是依据牙齿。前者只能区年龄相差较大的个体，不易区分年龄相近的个体。后者鉴定年龄较为准确，但鉴定者要有一定的实践经验。

（一）依据外貌鉴定年龄

1. 幼龄驴 皮肤紧而有弹性，被毛光泽明亮，肌肉丰满，四肢相对较长，体较短，胸浅，2岁以内的驴体型基本都有这些特征。在1岁以内，额部、背部、尻部往往生有长毛，毛长可达5～8cm，蹄匣上宽下窄，且直立。

2. 老龄驴 皮肤少弹性，由于皮下脂肪少，皮肤松弛；额及颜面部有散生白毛，眼盂凹陷，眼角出现皱纹，眼皮松弛下垂，精神沉郁，对外界刺激反应迟钝。背部明显下凹或弓起。因老龄齿根变浅，显得下颌变薄。四肢的腕关节、跗关节角度变小，多呈弯膝，老龄使役驴则更明显。

（二）依据牙齿鉴定年龄

养驴界长期以来一直认为驴牙齿的发生、更换、磨损规律与马相似，很少有人深入研究驴的牙齿。《养马学》（1981）推荐的鉴别驴的年龄，基本按马年龄鉴别方法进行（表3-6）。

关于驴的牙齿研究报道的不多，何建民等（1961）较早对驴牙齿进行研究，但比较详细的报道是洪子燕等（1981）和豆兴堂等（2019）对驴牙齿的研究。现将上述研究者对驴牙齿的研究成果整理如下。

1. 齿式的排列和数目 驴牙齿的数目与马的相同，只有乳齿和恒齿有差别。

乳齿之齿式：

$$2\left(切齿\frac{3}{3} + 犬齿\frac{0}{0} + 前臼齿\frac{3}{3} = 24枚\right)$$

表 3-6　驴牙齿年龄鉴别表

（资料来源：甘肃农业大学主编，1981. 养马学）

项目	齿名	乳齿发生	乳齿黑窝消失	脱换与磨灭期		齿呈出现及变化形状（岁）			黑窝消失（岁）	齿坎痕消失（岁）	咀嚼面变化情况
				脱换	开始磨灭	线条状	哑铃状	圆形位于齿面中间			
下切齿	门齿	生后5~7d	1~1.5岁	脱换 2.5~3岁	开始磨灭 3~3.5岁	6	8	15	9~10	13~14	10~11岁以前呈横椭圆形
	中间齿	生后14d	1.5~2岁	3.5~4岁	4~4.5岁	7	9	16	11~12	15~16	13~15岁多呈三角形 16~17岁多呈等边三角形
	隔齿	生后7d至10个月	5~5.5岁	5.5~6岁							18岁以后呈纵椭圆形

恒齿之齿式：

公驴：

$$2\left(切齿\frac{3}{3}+犬齿\frac{1}{1}+前臼齿\frac{3}{3}+臼齿\frac{3}{3}=40枚\right)$$

母驴：因无犬齿，故为36枚。

依据排列顺序分为切齿、犬齿和臼齿。

（1）切齿。驴的切齿共12枚，上下颌各6枚。位于最前方，互相密接，横向排列。其中第1对即中央的1对，称门齿，又名钳齿；第2对即门齿两旁的1对，称中间齿；第3对即最边缘的1对，称隔齿。但也有特殊的，个别驴切齿上下颌有8枚和10枚的。

（2）犬齿。乳犬齿在公驴、母驴中均有，长6mm，埋于齿槽中。恒犬齿位于齿槽间隙，切齿的稍后方。公驴上下颌各2枚。但母驴发育不全，隐藏在齿龈黏膜下。

（3）前臼齿和臼齿。两者位于齿弓的侧壁，上下颌各12枚。前臼齿有乳齿和恒齿。臼齿只有恒齿。

2. 齿的形状和构造

（1）齿的外形。为白色或黄色的坚硬骨样组织，嵌于齿槽中。齿可分为齿冠、齿颈、齿根3部分。

①齿冠。指露出在齿槽表面的游离部分。乳齿齿冠短，色洁白，齿间有较大的三角形空隙。恒齿齿冠属长冠齿型，一直延伸到齿龈和齿槽内，包埋在齿龈下面的部分不断生长，故长出的部分均是齿冠。驴恒齿的齿冠不及马宽，唇面纵沟比马明显，色污黄，齿间空隙小。

②齿颈。指被齿龈所包裹的介于齿冠与齿根之间的部分。乳齿齿颈明显，恒齿不明显。

③齿根。指埋藏在齿槽中的部分。乳齿细而短，恒齿粗而长。其末端稍开阔，以推进牙齿向上生长。

（2）齿的构造。齿为皮肤的衍生物，由4种组织构成。

①齿质。或称象牙质，是结缔组织的衍生物，为齿的基础，质地坚硬，呈浅污黄色。

②釉质。或称珐琅质，被于齿质的表面，质坚硬，呈青白色，富光泽，耐酸碱腐蚀，有防止齿面迅速磨灭的作用。

③垩质。由齿槽形成，在最外层。在齿冠嚼面的皱褶间隙内的垩质，形成齿坎的内壁和底，且由于饲料中酸碱的侵蚀而呈黑褐色。

④齿髓。齿的中心部有一腔隙称齿髓腔，内有柔软胶样组织的齿髓。髓腔内有丰富的血管和神经。血管为颌内动脉的眶下支和下颌齿槽支；神经为三叉神经的分支。髓腔随年龄增长而逐渐萎缩，并逐渐被垩质所填充。当齿磨损到髓腔时，在嚼面上可见到黄褐色的条纹状裂隙，称为齿星。

（3）不同齿的结构。

①切齿。呈弯曲的楔状，唇面上有纵沟。驴切齿长5～5.5cm。嚼面上有漏斗状凹陷，称黑窝。隅齿无黑窝。切齿的横断面，从嚼面到齿根，其形状依次为横椭圆形-圆形-三角形-纵椭圆形。

②犬齿。呈弯曲的纺锤形，齿冠高，游离端尖，齿根呈圆锥形，齿髓腔大。

③臼齿。多为褶形长冠齿，呈方柱形，或三棱形。颊面有纵崤和纵沟，嚼面有两个齿窝。上臼齿的嚼面平均宽2～3cm，齿根分3～4支。下臼齿的嚼面平均宽1.6cm，齿根分2支或3支。

3. 齿的发生和更换

（1）齿的发生。齿长出时，齿的前缘较后缘先露出，前缘较后缘高出2.5mm。驴齿发生的年龄见表3-7（以马作对照）。

表3-7　驴齿发生的年龄

（资料来源：洪子燕等，1981）

齿名	驴	马
乳齿	生后1周内长出	生前已露出或生后1～2周长出
乳中间齿	生后2～3周长出	生后2～5周长出
乳隅齿	8～10月龄长出	6～9月龄长出
犬齿	4～5.5岁长出	3.5～5岁长出（犬齿从6月龄起即发生，但未露出齿龈外）

（续）

齿名	驴	马
狼齿	未曾发现有此齿	偶尔 6 月龄起长出，不更换，常随第 1 乳前臼齿更换而同时脱落
第 1 乳前臼齿		
第 2 乳前臼齿	生后 1 周内长出	生前已露出或生后 1～2 周长出
第 3 乳前臼齿		
第 1 臼齿	1 岁	9～12 月龄
第 3 臼齿	2.5 岁	2～2.5 岁
第 4 臼齿	4 岁	3.5～4 岁

（2）齿的更换。切齿和前臼齿先长出者为乳齿，以后逐渐长齐、磨灭、更换为恒齿，驴与马乳齿更换为恒齿的年龄比较见表 3-8。驴驹出生后 7d 左右出现乳切齿，1 岁前乳切齿长齐，共 12 枚，与永久齿相对应的分别称为乳门齿、乳中间齿和乳隅齿。乳切齿与永久切齿是幼龄驴与成年驴的重要鉴定特征。

表 3-8 驴与马乳齿更换为恒齿的年龄比较
（资料来源：洪子燕等，1981）

齿名	驴	马
门齿	乳门齿在 3 岁时脱落更换为门齿，约有 1 岁时间达到正常大小，即 4 岁长齐	2.5 岁脱落，3 岁长齐
中间齿	乳中间齿在 4 岁时脱落更换为恒齿，5 岁长齐	3.5 岁脱落，4 岁长齐
隅齿	乳隅齿在 5 岁时脱落更换为恒齿，6 岁长齐	4～5 岁脱落，5 岁长齐
第 1 前臼齿	3 岁脱落更换为恒齿	2.5 岁脱落更换为恒齿
第 2 前臼齿	3 岁脱落更换为恒齿	2.5 岁脱落更换为恒齿
第 3 前臼齿	4 岁脱落更换为恒齿	3.5～4 岁脱落更换为恒齿

乳切齿小而白，齿冠短，长约 1.5cm；多呈三角形，即上宽下窄或方形；齿颈细，表面光滑，无纵沟（图 3-7）。永久切齿齿冠大，呈乳黄色；齿冠长约 3cm，多呈长方形；表面有 1～2 条纵沟（图 3-8）。一般通过牙齿大小、形状和色泽就能鉴别。

4. 齿的磨损 随着年龄的增长，牙齿出现不同程度的磨损。齿冠最外层的垩质在咀嚼面出现内陷，形成齿坎，其中在上部为漏斗状部分称为"黑窝"（齿坎空腔中的垩质因食物残渣酸败腐蚀而发黑，称为黑窝），下面延续的部分磨面有2个内外均为黄色的釉质圈，称为齿坎痕（图3-9、图3-10）。最内层的齿质由无机盐构成，呈污黄色，齿的中心部有充满血管、神经的齿髓腔，随年龄的增加，齿髓腔上端被新生的齿质填充，在齿面磨损面的外露部分呈黄褐色称为齿星。随着年龄增长，牙齿磨损过程中，"黑窝"、齿星和齿坎痕依次出现，识别其特征对驴的年龄鉴定非常重要。驴乳齿嚼面上的齿坎比恒齿浅，驴与马乳切齿齿坎磨灭的年龄比较见表3-9。

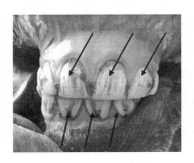

图3-7 乳切齿

（资料来源：豆兴堂等，2019）

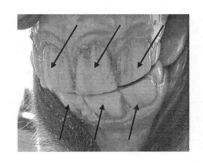

图3-8 恒切齿

（资料来源：豆兴堂等，2019）

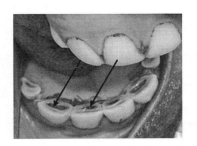

图3-9 1岁（黑窝）

（资料来源：豆兴堂等，2019）

图3-10 1～1.5岁（黑窝消失，有齿坎痕）

（资料来源：豆兴堂等，2019）

表3-9 驴与马乳切齿齿坎磨灭的年龄比较

（资料来源：洪子燕等，1981）

齿名	驴	马
乳门齿	1.5岁	10～12月龄
乳中间齿	2.0岁	12～14月龄
乳隅齿	无齿坎	18～24月龄

驴恒切齿的齿坎（包括齿坎痕）深度，未磨损的下切齿为20mm，上切齿为26mm。

黑窝是齿坎内充满垩质的凹窝。驴下门齿窝的深度为 12mm，下中间齿为 14mm（马约 6mm），上门齿为 22mm，上中间齿为 23mm（马约 12mm），而齿坎的全部深度（即齿坎窝加齿坎痕深）则与马相同，即下切齿齿坎全部深约 20mm，上切齿齿坎全部深约 30mm。每年磨损约 2mm，驴下门齿黑窝经 6.5 年磨灭，下中间齿黑窝经 7 年磨灭。驴 2.5～3 岁换牙，3.5～4 岁恒门齿长齐。故驴下门齿黑窝消失在 10 岁左右，下中间齿黑窝消失在 12 岁左右。因此，驴切齿黑窝磨灭的年龄比马晚，见表 3-10。大多数驴下隅齿看不到黑窝，上切齿黑窝很深，经久不消，每年磨损度尚难找到规律，故在鉴别年龄时，一般不把下隅齿及上切齿黑窝作为判定年龄的依据。

表 3-10 驴、马切齿黑窝磨灭的年龄

（资料来源：洪子燕等，1981）

齿名	驴	马
下门齿	10 岁	6 岁
下中间齿	12 岁	7 岁
下隅齿	无黑窝	8 岁
上门齿		10 年（因上切齿黑窝深度常超出 12mm，故黑窝磨灭时间常推迟 1 年）
上中间齿		11 岁
上隅齿		12 岁

黑窝消失后的齿坎，虽仍有垩质填充，但不再呈黑色，称齿坎痕。驴、马齿坎痕磨损消失的年龄相近，见表 3-11。

表 3-11 驴、马切齿齿坎痕磨灭的年龄（岁）

（资料来源：洪子燕等，1981）

齿名	驴	马
下门齿	13	13
下中间齿	15	15
下隅齿	15	15
上门齿		16
上中间齿		17
上隅齿		18

由于齿的不断磨损，齿髓残迹显露于嚼面上，开始呈现暗黄色条带状（齿髓腔顶端呈纹状），即齿星出现。驴下门齿出现齿星的年龄为 6 岁，中间齿为 7 岁，到 8 岁时齿星呈宽条形，9～10 岁呈椭圆形，13～14 岁逐渐变成圆形。

15 岁后呈圆形，位于嚼面的中央，直到生命结束。

由于齿不断磨损，嚼面呈横椭圆形，以后逐渐变为椭圆形-三角形-纵椭圆形。

5. 齿的年龄鉴定 以齿鉴定驴的年龄是以齿的发生、更换、磨损的规律为依据的。但是这些规律常常受到所处的环境条件、饲养方式、个体差异、牙齿质地（如分为长板牙和墩子牙）、牙齿着床状态（如上切齿超出下切齿，俗称"天包地"；反之，俗称"地包天"）和鉴定者的个人经验等因素的影响。根据齿的磨损程度，不同年龄阶段会出现不同的牙齿磨损特征。有经验的人可根据这些特征，比较准确地鉴定驴的年龄。

（1）操作方法。牵驴站好后，人站到驴的一侧，一只手抓笼头，另一只手托嘴唇，顺势掰开上下嘴唇，先观察切齿的类别，即确定是乳切齿还是永久切齿。

（2）鉴定依据。根据切齿的类型和磨损程度进行判断（表 3 - 12）。常分以下 3 种情况。

表 3 - 12 驴与马年龄鉴定比较

（资料来源：洪子燕等，1981）

年龄	驴	马
初生至生后1～2周	乳门齿出现	乳门齿出现
1月龄	乳中间齿出现	乳中间齿出现
6～10月龄	乳隅齿出现	乳隅齿出现
1岁		乳门齿齿坎磨灭
1岁半	乳门齿齿坎磨灭	乳中间齿齿坎磨灭
2岁	乳中间齿齿坎磨灭	乳隅齿齿坎磨灭（在此年龄前，农民称"白口驹"）
2岁半		乳门齿脱落
3岁	乳门齿脱落（称"三岁并二齿"）	恒门齿长齐（称"两个牙"）
3岁半		乳中间齿脱落
4岁	恒门齿长齐，乳中间齿脱落	恒中间齿长齐（称"四个牙"）
4岁半	公驴犬齿出现	乳隅齿脱落，公马犬齿出现
5岁	恒中间齿长齐，乳隅齿脱落（称"四齿并生才五岁"）	恒隅齿长齐（称"齐口"）
6岁	恒隅齿长齐（称"嫩边牙""五边六齐""六岁内齿一齐扎"，下门齿出现齿星）	下门齿黑窝磨灭

（续）

年龄	驴	马
7 岁	下中间齿出现齿星，黑窝呈三角形或正方形（称"七方八圆"）	下中间齿黑窝磨灭
8 岁	黑窝变圆，齿星变宽条形	下隅齿黑窝磨灭（称"七咬中渠八咬边"）
9 岁	黑窝变圆，齿星呈椭圆形	下门齿出现齿星，下切齿黑窝磨灭（称"下平口"）
10 岁	下门齿黑窝磨灭（称"中渠平，十年龄"）	上门齿黑窝磨灭，下中间齿出现齿星
11 岁	下门齿嚼面呈三角形	上中间齿黑窝磨灭，下隅齿出现齿星
12 岁	下中间齿嚼面呈三角形（称"咬到中间十二岁"）	上隅齿黑窝磨灭（称"两光口"），齿星位于下门齿中央
13 岁	下门齿齿坎痕磨灭（称"黑渠平、黄渠穿，不是十二便十三""黑净、黄存"）	下门齿齿坎痕磨灭
14 岁	下门齿齿星呈圆形	下中间齿齿坎痕磨灭，齿星位于下中间齿中央
15 岁	下中间齿齿坎痕磨灭，齿星位于嚼面中央，呈方形（称"中牙圆、十五年"）	下隅齿齿坎痕磨灭
16 岁	嚼面呈椭圆形，下切齿齿坎痕全部磨灭	上门齿齿坎痕磨灭，齿星位于下隅齿中央
17 岁	嚼面呈纵椭圆形	上中间齿齿坎痕磨灭
18 岁	齿星位于嚼面中央，呈圆形	上隅齿齿坎痕磨灭

①全是乳切齿。若全是乳切齿，即可判定该驴年龄不大于 3 岁；再观察乳切齿数量，若上下颌分别为 4 颗，则该驴为 6 月龄左右；若为 6 颗，则将食指中指紧贴隅齿伸入嘴中，拇指配合撬开上下颌，观察下颌切齿黑窝、齿坎痕和磨损情况来判定年龄，乳隅齿前缘出现磨损为 1 岁，乳门齿黑窝消失为 1.5 岁，中间齿齿坎痕消失为 2 岁，出现换牙到长齐为 3 岁，俗称"三岁并二齿"。与马相比，驴乳切齿脱落为恒齿的年龄比马晚半年，恒齿长齐的时间比马晚半年。

②乳切齿与恒切齿同时存在。若既有乳切齿又有恒切齿，即可判定该驴年龄大于 3 岁；再观察恒切齿数量判定具体年龄。上下颌各有 2 颗恒门齿，乳中

间齿脱落为 4 岁；公驴 4 岁半时出犬齿。上下颌各有 2 颗恒门齿和 2 颗恒中间齿且长齐，乳隅齿脱落为 5 岁，俗称"四齿并生才五岁"（图 3-11 至图 3-14）。

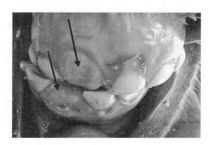

图 3-11　3 岁（恒门齿萌出）

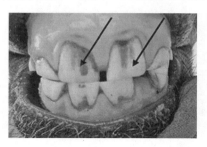

图 3-12　3.5 岁（恒门齿 4 颗牙长齐），乳中间齿未脱落

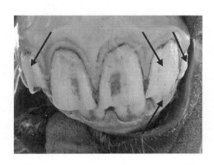

图 3-13　4.5 岁（恒中间齿 4 颗长齐，乳隅齿未脱落）

图 3-14　5 岁（上颌恒隅齿萌出）

③全是恒切齿。若全是恒切齿，即可判定该驴年龄不小 6 岁；再观察恒切齿黑窝、齿坎痕和齿星等磨损情况来判定年龄。上下颌恒隅齿都长齐，但前缘很薄，齿冠高度基本与中间齿等高，且齿顶端横截面呈新月形，下门齿出现丝状齿星为 6 岁，俗称"六岁齐口"（图 3-15）；下恒中间齿现丝状齿星，黑窝呈扁圆形且棱角明显为 7 岁（图 3-16），黑窝呈圆形，齿星变宽条形为 8 岁，俗称"七方八圆"（图 3-17）；下恒中间齿黑窝变圆，大小如绿豆，齿星呈椭圆形，下恒隅齿后缘（紧挨舌面，紧挨唇面为前缘）开始形成为 9 岁（图 3-18）；下恒门齿黑窝消失，出现齿坎痕为 10 岁，俗称"中渠平，十年龄"（图 3-19）；下恒门齿嚼面呈三角形为 11 岁；下恒中间齿嚼面呈三角形为 12 岁（图 3-20）；下门齿齿坎痕消失为 13 岁，俗称"黑渠平、黄渠穿，不是十二便十三"或"咬倒中间十二三"；下门齿齿星呈圆形为 14 岁；下中间齿齿坎痕消失，齿星位于嚼面中央，呈方形为 15 岁，俗称"中牙圆，十五年"。16 岁以后下恒切齿齿坎痕全部消失，嚼面呈纵椭圆形变化，齿星位于嚼面中央，呈圆形。有"驴老牙长"现象。16 岁以上的老龄驴在实际生产中鉴定意

义不大。

图 3-15　6 岁（下恒隅齿基本长齐）

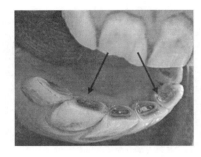

图 3-16　7 岁（下恒中间齿黑窝有棱角）

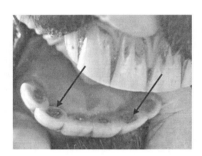

图 3-17　8 岁（下恒中间齿
黑窝变圆）

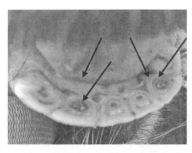

图 3-18　9 岁（下恒中间齿齿
星椭圆形）

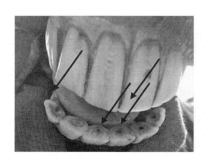

图 3-19　10 岁（下恒门齿
黑窝消失）

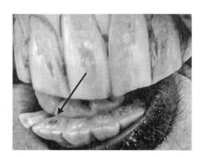

图 3-20　11～12 岁（下恒中间齿
嚼面呈三角形）

　　在牙齿鉴定时，经常会遇到一些例外的情况，如老龄母驴有"伪犬齿"现象（图 3-21），这可能与机体雌激素分泌量下降或激素分泌紊乱有关。再如有些驴换牙时存在乳切齿与恒切齿"共存"现象，一种情况是恒切齿顶端连着乳切齿从牙龈萌出，乳切齿像帽似的戴在恒切齿之上且未脱落，而不是乳切齿脱掉之后恒切齿再萌出（图 3-22）。还一种情况是永久切齿从乳切齿旁边萌出，永久齿长出后与乳齿"共存"。

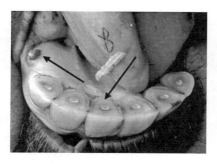

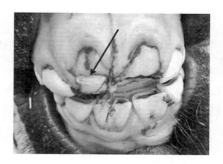

图 3 - 21　15～16 岁（齿坎痕消
失，存在"伪犬齿"）　　　图 3 - 22　换牙（上恒门齿连着
乳门齿，乳齿快要脱落）

鉴定骡的年龄时，应考虑骡齿齿质坚硬，磨灭慢，6 岁以下牙齿变化情况往往介于马、驴之间。6 岁以后，可先按鉴定马的年龄方法，得出一定年龄后，再按下列标准加岁：6～7 岁者加 1 岁，8～10 岁者加 2 岁，11 岁以后加 3～4 岁，即为骡的实际年龄。

五、驴的体型划分

过去习惯上按其体格的大小分为大型和小型，二者之间为中型。山西农业大学朱先煌教授认为，大型驴主要分布在渭河流域和黄河中下游；小型驴多分布在产大型驴的边缘地带和内蒙古、宁夏、甘肃河西一带；中型驴的产区大都介于大型和小型产区之间，及大型驴产区之中。

山东农业大学沙凤苞教授建议将我国的驴按体格大小分成三类：体高在 110cm 以下的为小型驴；体高介于 110～130cm 的为中型驴；体高 130cm 以上的为大型驴。

笔者根据自然分布及生态条件，将中国驴概分为三大类：第 1 类，西部及北部牧区小型驴；第 2 类，中部平原农区大中型驴；第 3 类，西南高原、山地小型驴。

骡的类型：骡依其体格大小，可分为大型和普通型两类。大型骡体高 140～150cm。用大型公驴配体格较大的母马，加强妊娠母马的饲养，所产的骡子，一般是大型的。不是上述条件所繁殖的骡子多为普通型，体高多在 130cm 左右。不同品种杂交时，母体大小对所生的后代影响较大，由于母驴体小，所以驴骡一般比马骡小，多属普通型。如果母驴为大型的，营养条件好，选配良种公马，也能产生大型的驴骡。俗语说："小小不过驴骡，大大不过驴骡。"表明驴骡的大小差异较大，极不一致。

第四章

驴的品种

家驴（*E. a. asinus*）是马属动物驴亚属的一个驯化亚种，该亚种经过长期驯化和人们的驯养已形成若干品种、品系、繁群。全世界共有家养驴品种194个，载入我国畜禽遗传资源志的地方品种有24个，这24个全部进入《国家畜禽遗传资源名录》（2021）。作为一个定型的育成品种或地方良种，给予命名，需具备以下条件：

（1）要有明确的产区分布范围。

（2）要有相当的数量，驴约需1 000头。

（3）要有比较一致的体型、外貌特征、毛色等遗传特征。

（4）要有突出的种质。

（5）要有详细的记录、登记、谱系。

如果达不到上述条件，或者有一两个条件有欠缺，可以称为品种群。虽然没有经过有计划的育种工作，但驴种确实优良，可称为地方良种；而只是生活在一个类似的群体内，就可称为一个繁群。本章除介绍《国家畜禽遗传资源名录》的24个地方品种外，还增加了对河南毛驴（河南地方品种）、淮阳驴（尚未认定）和正在培育的疆岳驴（尚未认定）的介绍。

一、北部、西部牧区小型驴

（一）新疆驴

自古以来，古西域一带驴从新疆沿河走廊不断输入甘肃、青海、宁夏等地，并在各地形成不同的驴种。

新疆驴产于新疆南部塔里木周围绿洲区域的和田、喀什和阿克苏地区及吐鲁番和哈密等地，其中和田地区最多，全疆各地都有分布，主要在农区和半农半牧区。

历史文献记载，早在3 500年前的殷商时代，新疆一带已有养驴、用驴的习惯，并不断输入内地，是我国驴的发源地。当地人常说，"吃肉靠羊，出门靠驴"。《汉书·西域传》记载，"乌托国（今塔什库尔干东南一带），出小步马，有驴无牛"，以及丝绸之路的小国"驴畜负粮，须诸国禀食，得以自赡"，拜城克孜尔千佛洞第十三窟东壁壁画中，已画有赶驴驮运的《商旅负贩图》，可见驴很早就在新疆交通运输中起重要作用。

根据新疆驴的外形、毛色特征及其分布的地理位置推测，新疆驴可能源自骞驴。这也是长期以来认为我国家驴起源于亚洲野驴观点的主要依据。

新疆驴属小型驴，体质结实，结构匀称，头大干燥，头与颈长几乎相等，耳长且厚，内生密毛，眼大明亮，鼻孔微张，口小，颈长中等，肌肉充实，鬃毛短而立，颈肩结合良好。背腰平直，腰短，前胸不够广，胸深，肋骨开张，腹部充实而紧凑，尻较短斜。四肢结实，关节明显，后肢多呈外弧或刀状肢势。系短、蹄小、质坚。

毛色以灰色为主，黑色、青色、栗色次之，其他毛色较少，黑驴的眼圈、鼻端、腹下及四肢内侧为白色或近似白色。外貌特征见图4-1和图4-2。成年新疆驴的体重、体尺和体尺指数见表4-1。

图4-1 新疆驴公驴
（资料来源：杨再）

图4-2 新疆驴母驴
（资料来源：杨再）

表4-1 成年新疆驴的体重、体尺和体尺指数
（资料来源：中国畜禽遗传资源志 马驴驼志，2011）

性别	头数	体重（kg）	体高（cm）	体长（cm）	体长指数（%）	胸围（cm）	胸围指数（%）	管围（cm）	管围指数（%）
公	12	181.30±36.00	116.00±9.40	120.10±8.40	103.53	127.00±7.80	109.48	14.90±1.30	12.84
母	50	156.00±31.10	107.70±7.30	115.00±7.70	106.78	120.30±8.40	111.7	13.50±1.00	12.53

（二）青海毛驴

青海毛驴主要分布于青海省海东市、海南藏族自治州、海北藏族自治州、黄南藏族自治州及西宁市的湟中、大通、湟源的农区和半农半牧区。中心产区为黄河、湟水流域，包括循化、化隆、共和、贵德、湟源、平安、民和等县。

青海毛驴属小型驴，其外形和体质特点有地区差别，除共和县外，其他地区所产的毛驴体貌外形基本一致，体质多为粗糙型，体格较小，较单薄，全身肌肉欠丰满，腱和韧带结实，皮厚毛粗，整体轮廓有孱弱感，性情温驯。头稍大，略重，耳长大，耳缘厚，耳内有较多的浅色绒毛，额宽，眼中等大小，嘴小，口方，颈薄稍短，多水平颈，颈础低，头颈、颈肩结合良好，鬐甲低平，短而瘦窄。胸部发育欠佳，宽深不足，肋骨扁平，腹部大小适中，背腰平直，结合良好，但宽厚不足，尻宽长，为斜尻，腰尻结合良好。四肢较短，骨细，关节明显，后肢多呈轻微刀状肢势，蹄小质坚，尾础较高，尾毛长达飞节下部，较为稀疏。毛色以灰色最多，黑色、栗色次之，青色较少。外貌特征见图4-3和图4-4。成年青海毛驴体重、体尺和体尺指数见表4-2。

图4-3 青海毛驴公驴
（资料来源：中国畜禽遗传资源志
马驴驼志，2011）

图4-4 青海毛驴母驴
（资料来源：中国畜禽遗传资源志
马驴驼志，2011）

表4-2 成年青海毛驴的体重、体尺和体尺指数

（资料来源：中国畜禽遗传资源志 马驴驼志，2011）

性别	头数	体重（kg）	体高（cm）	体长（cm）	体长指数（%）	胸围（cm）	胸围指数（%）	管围（cm）	管围指数（%）
公	10	123.02	101.90±9.43	101.70±8.75	99.80	114.30±9.26	112.17	13.05±0.91	12.81
母	74	110.91	99.76±7.51	99.72±8.77	99.96	109.60±9.89	109.86	12.03±1.0	12.06

（三）凉州驴

凉州驴中心产区位于河西走廊的甘肃省武威市凉州区，分布于酒泉、张掖。据史料记载，从西域输入的驴首先养在河西一带，由于自然条件与新疆等地相近，农民生产、生活需要这种适宜于贫瘠地区饲养的驴。

凉州驴属于小型驴。头大小适中，眼大有神，鼻孔大，嘴钝而圆，耳略显大，转动灵活，颈薄，中等长，鬐毛少，头颈、颈肩结合良好。鬐甲低而宽，母驴胸深，肋开张良好，腹大，略下垂。公驴胸深，腹充实而不下垂。背平直，体躯稍长，背腰结合紧凑。尻稍斜，肌肉厚实。四肢端正有力。骨细，关节明显，蹄小而圆，蹄质坚实。尾础中等，尾短小，尾毛较稀。毛色以灰色、黑色为主，多数有背线、鹰膀及虎斑，个别灰驴尻部腰角处有一条黑线，与背线成十字形。外貌特征见图4-5和图4-6。成年凉州驴的体重、体尺和体尺指数见表4-3。

图4-5 凉州驴公驴

（资料来源：中国畜禽遗传资源志

马驴驼志，2011）

图4-6 凉州驴母驴

（资料来源：中国畜禽遗传资源志

马驴驼志，2011）

表4-3 成年凉州驴体重、体尺和体尺指数

（资料来源：中国畜禽遗传资源志 马驴驼志，2011）

性别	头数	体重 （kg）	体高 （cm）	体长 （cm）	体长指数 （%）	胸围 （cm）	胸围指数 （%）	管围 （cm）	管围指数 （%）
公	10	154.72	108.90+ 6.39	109.20± 8.29	100.28	123.70± 7.06	113.59	14.65± 0.91	13.45
母	50	141.2	109.93± 8.63	105.53± 9.2	96.00	120.21± 10.52	109.35	13.94± 1.14	12.68

（四）西吉驴

西吉驴中心产区位于宁夏西吉县西部山区的苏堡、田坪、马建、新营、

红耀等乡镇，分布于原州区、海原、隆德县及与甘肃省静宁、会宁等接壤地区。

西吉驴体型较方正，体质干燥结实，结构匀称。头稍大，略重，为直头，眼中等大，耳大翼厚，嘴较方，颈部肌肉发育良好。头颈、颈肩结合良好，鬐甲较短，胸宽深适中，背腰平直，腹部充实，尻略斜，前肢肢势端正，后肢多呈轻微刀状肢势，运步轻快，系为正系。尾础较高，尾毛长而浓密，全身被毛短密。外貌特征见图4-7和图4-8。成年西吉驴体重、体尺和体尺指数见表4-4。

图4-7 西吉驴公驴

（资料来源：杨再）

图4-8 西吉驴母驴

（资料来源：杨再）

表4-4 成年西吉驴体重、体尺和体尺指数

（资料来源：中国畜禽遗传资源志 马驴驼志，2011）

性别	头数	体重 （kg）	体高 （cm）	体长 （cm）	体长指数 （%）	胸围 （cm）	胸围指数 （%）	管围 （cm）	管围指数 （%）
公	11	211.78	124.30±4.60	125.50±8.40	100.97	135.00±8.5	108.61	15.50±1.10	12.47
母	50	215.67	12.30±6.10	123.20±7.90	99.92	137.50±6.4	111.52	14.50±1.10	11.76

（五）陕北毛驴

陕北毛驴主要分布在陕西省北部长城沿线风沙区和延安市北部丘陵沟壑区。中心产区在榆阳、横山、神木、府谷、子长、宜川、安塞、延川等县区。

陕西省历史博物馆展出的陕北东汉画像石拓片中已有驴的图像，证明产区养驴历史悠久。隋、唐代，陕西、甘肃地区就设立了繁殖驴、骡的牧场。

陕北地区历史上长期居住着少数民族,多以游牧为主。公元413年,匈奴在今靖边县北兴建了夏国国都统万城。其后500多年间,这里成为内蒙古西部、甘肃东部、宁夏、陕西北部一带的政治经济中心,驴也源源不断地由新疆扩散到宁夏、陕北。在当时以牧为主的条件下,驴成为主要役用工具。

陕北毛驴属小型驴,体格小,有两个亚型:沙地型驴体质偏粗糙;山地型驴体质结实,较紧凑,结构匀称,体型呈方形。头稍大,眼较小,耳长中等,颈低平,前胸窄,背腰平直或稍凹,尻短斜,腹大小适中,但母驴和老龄驴多为草腹。四肢干燥结实,关节明显,蹄质坚硬。被毛长而密,缺乏光泽,皮厚骨粗,尾毛浓密,尾础低,尾长过飞节。

毛色以黑色为主,灰色次之,另有部分其他毛色。眼圈、嘴头、腹下多为白色。部分仅眼圈、嘴头为白色,也有少量四肢内侧为白色。浅色者有背线和鹰膀。黑色者冬春体侧被毛为红褐色,无光泽,夏秋脱换毛后恢复为黑色,有光泽。外貌特征见图4-9和图4-10。成年陕北毛驴体重、体尺和体尺指数见表4-5。

图4-9 陕北毛驴公驴

(资料来源:中国畜禽遗传资源志
马驴驼志,2011)

图4-10 陕北毛驴母驴

(资料来源:中国畜禽遗传资源志
马驴驼志,2011)

表4-5 成年陕北毛驴体重、体尺和体尺指数

(资料来源:中国畜禽遗传资源志 马驴驼志,2011)

性别	头数	体重(kg)	体高(cm)	体长(cm)	体长指数(%)	胸围(cm)	胸围指数(%)	管围(cm)	管围指数(%)
公	10	155.29	115.65±5.40	113.05±5.76	97.75	121.80±6.78	105.32	13.5±0.58	11.67
母	50	145.88	110.81±5.69	110.98±8.19	100.15	119.15±8.36	107.53	12.83±0.87	11.58

（六）太行驴

太行驴主产于河北省太行山山区、燕山山区及毗邻地区。以华北平原西部的易县、阜平、井陉、临城、邢台、武安、涉县等县分布最为集中。围城、隆化、赤城、沽源等县和山西省的五台、盂县、平定、黎城等县也是重要分布区。河南境内也有少量分布。

太行驴属小型驴。体型小，多呈高方形，体质结实。头大，大多为直头，额宽而突，眼大。颈直，肌肉发育好，头颈结合和颈肩结合良好。鬐甲低、厚、窄。胸深而窄，前躯发育良好，腹部大小适中，背腰平直，大多斜尻。四肢粗壮，关节结实，蹄小而圆，质地坚实，尾毛长。毛色以灰色居多，粉黑色和乌头黑色次之。外貌特征见图4-11和图4-12。成年太行驴体重、体尺和体尺指数见表4-6。

图4-11　太行驴公驴
（资料来源：中国畜禽遗传资源志
马驴驼志，2011）

图4-12　太行驴母驴
（资料来源：中国畜禽遗传资源志
马驴驼志，2011）

表4-6　成年太行驴体重、体尺和体尺指数

（资料来源：中国畜禽遗传资源志　马驴驼志，2011）

性别	头数	体重（kg）	体高（cm）	体长（cm）	体长指数（%）	胸围（cm）	胸围指数（%）	管围（cm）	管围指数（%）
公	10	152.66	114.7±8.64	106.20±8.80	92.59	124.60±5.24	108.63	17.40±1.85	15.17
母	50	139.49	104.22±7.62	106.1±9.59	101.80	119.16±7.92	114.34	14.82±1.6	14.22

（七）库伦驴

库伦驴产于内蒙古通辽市库伦旗和奈曼旗的沟谷地区，其中库伦旗西北部的六家子镇、哈日稿苏木、三道洼乡是库伦驴的中心产区。

库伦驴属于小型驴，结构匀称，体躯近似正方形，体质紧凑结实，性情温驯，易于调教。头略大，眼大有神，耳长，宽厚。腹大而充实，公驴前躯发达，母驴后躯及乳房发育良好。四肢干燥，强壮有力，蹄质坚实。全身被毛短，尾毛稀少。

毛色有黑色、灰色，黑色驴毛梢多有红褐色。大多数灰驴有1条较细的背线，以及鹰膀和虎斑，基本都有"三白"特征。外貌特征见图4-13和图4-14。成年库伦驴的体重、体尺和体尺指数见表4-7。

图4-13 库伦驴公驴

（资料来源：中国畜禽遗传资源志
马驴驼志，2011）

图4-14 库伦驴母驴

（资料来源：中国畜禽遗传资源志
马驴驼志，2011）

表4-7 成年库伦驴体重、体尺和体尺指数

（资料来源：中国畜禽遗传资源志 马驴驼志，2011）

性别	头数	体重 (kg)	体高 (cm)	体长 (cm)	体长指数 (%)	胸围 (cm)	胸围指数 (%)	管围 (cm)	管围指数 (%)
公	10	184.59	121.20± 1.93	117.44± 1.76	96.90	130.29± 2.33	107.50	16.33± 0.55	13.47
母	50	150.54	110.12± 2.36	109.11± 2.29	99.08	122.07± 2.95	110.85	14.92± 0.31	13.55

（八）苏北毛驴

中心产区在江苏省连云港市、徐州市、宿迁市，主要分布于淮北平原，即苏北灌溉总渠以北的地区。

苏北毛驴属小型驴。体质较结实，结构紧凑，性情温驯。头较清秀，面部平直，额宽稍凸，眼中等大，耳大宽厚，颈部发育较差，薄而多呈水平，头颈、颈肩结合一般，鬐甲较高，胸多宽深不足，腹部紧凑、充实，背脊多平直、较窄，尻高短而斜。肩短而立，四肢端正，细致干燥，关节明显，后肢股部肌肉欠发达，多呈外弧肢势，系短而立。蹄质坚实。尾础较高，尾毛长度

中等。

毛色主要为灰色、黑色，约占85.5%，其他还有青色、白色、栗色，大多有背线与鹰膀，兼有粉鼻、亮眼、白肚等特征。外貌特征见图4-15和图4-16。成年苏北毛驴体重、体尺和体尺指数见表4-8。

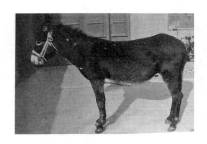

图4-15　苏北毛驴公驴
（资料来源：中国畜禽遗传资源志
马驴驼志，2011）

图4-16　苏北毛驴母驴
（资料来源：中国畜禽遗传资源志
马驴驼志，2011）

表4-8　成年苏北毛驴体重、体尺和体尺指数

（资料来源：中国畜禽遗传资源志　马驴驼志，2011）

性别	头数	体重（kg）	体高（cm）	体长（cm）	体长指数（%）	胸围（cm）	胸围指数（%）	管围（cm）	管围指数（%）
公	51	196.98	122.60±7.10	115.70±8.40	94.37	135.60±9.10	110.60	15.80±1.70	12.89
母	164	184.23	118.40±6.00	109.50±10.10	92.48	134.80±8.20	113.85	14.8±1.40	12.50

（九）淮北灰驴

淮北灰驴中心产区在安徽省淮北市。此外，还分布于安徽省淮河以北，包括宿州市、亳州市和阜阳市等地。

淮北灰驴属小型驴。体质紧凑，皮薄毛细，轮廓明显。体长略大于体高，尻高略高于体高。头较清秀，面部平直，额宽稍凸。颈薄，呈水平状。鬐甲窄而低。胸宽深不足，肋拱圆，背腰结合良好，平直。尻高，短而斜；臀部肌肉欠丰满。四肢细而干燥，关节坚实、明显，肩短而立，前膊直立，较长，后肢多呈刀状肢势，系短而立，蹄小圆，质坚，尾毛稀疏而短。毛色以灰色为主，具有背线和鹰膀。外貌特征见图4-17和图4-18。成年淮北毛驴的体重、体尺和体尺指数见表4-9。

图 4-17 淮北灰驴公驴

（资料来源：庞有志）

图 4-18 淮北灰驴母驴

（资料来源：中国畜禽遗传资源志

马驴驼志，2011）

表 4-9 成年淮北灰驴体重、体尺和体尺指数

（资料来源：中国畜禽遗传资源志 马驴驼志，2011）

性别	头数	体重（kg）	体高（cm）	体长（cm）	体长指数（%）	胸围（cm）	胸围指数（%）	管围（cm）	管围指数（%）
公	6	172.94	116.12±3.45	120.17±5.60	103.49	124.67±5.32	107.36	13.05±0.48	11.24
母	23	148.87	109.3±4.89	115.39±2.98	105.57	118.04±3.15	108.0	12.73±0.41	11.65

（十）河南毛驴

河南毛驴属于小型驴，产于河南省豫西山区、豫东平原、豫西北山区及周边地区。

河南毛驴体质结实，结构紧凑，行走灵活。额微隆起，耳较长，颈长短适中，多为斜颈或水平颈。肌肉欠丰满，鬐甲较低，背腰平直，荐部多高于鬐甲部，斜尻，肢势端正，筋腱明显，关节干燥，系短而立，蹄小而紧实，尾根无长毛，尾毛少而短。

毛色：黑色占 50.51%，青色和灰色占 37.02%，银褐色占 12.14%。浅色毛者多具深色背脊、鹰膀和虎斑。外貌特征见图 4-19 和图 4-20。成年河南毛驴体重、体尺和体尺指数见表 4-10。

二、中部平原农区大中型驴

《中国畜禽遗传资源 马驴驼志》对大型驴进行了这样的描述：大型驴分布在黄河中下游流域（晋、冀、鲁、豫、陕）与周边平原地区、新疆天山南麓

和塔里木盆地南部边缘、中原产区内。大型驴产区素有发达的农业和悠久的养驴历史，农民多有选择、培育种驴的经验。体高130cm以上，毛色以"黑三白"为主（"三白"指眼圈、鼻嘴、腹下毛色淡化），也有少数"青（灰）三白""铜色三白"和全黑个体。"青（灰）三白"在塔里木盆地南缘的和田青驴中比例很高；全黑个体在泌阳驴中是农民喜爱的驴个体之一，俗称"一根炭"。

图4-19　河南毛驴公驴

（资料来源：河南省许昌市畜牧技术推广站）

图4-20　河南毛驴母驴

（资料来源：河南省许昌市畜牧技术推广站）

表4-10　成年河南毛驴体重、体尺和体尺指数

（资料来源：河南省许昌市畜牧技术推广站，2007. 河南毛驴调查报告）

性别	头数	体重 （kg）	体高 （cm）	体长 （cm）	体长指数 （%）	胸围 （cm）	胸围指数 （%）	管围 （cm）	管围指数 （%）
公	6	126.33± 44.97	107.72± 9.07	108.34± 9.6	101.05	117.27± 8.61	109.52	13.89± 1.31	12.98
母	23	129.4± 41.1	107.61± 6.88	108.98± 8.29	101.30	118.27± 8.33	110.49	13.46± 1.06	12.53

大型驴头部的比例相对较小，颈丰厚而较长，颈向45°以上；胸宽，背腰平宽而较长，尻长而丰满；四肢长，筋腱明显；鬃、尾毛稀少，被毛紧贴体表而有光泽，无绒毛。多不耐寒，喜洁净，不饮冰水，役中遇渠堑多畏步。以往多用于长途挽曳、驮运、耕地，公驴多用作繁殖骡驹。

（一）和田青驴

和田青驴中心产区在新疆最南端的和田地区皮山县乔达乡，主要分布于皮山县的木吉、木奎拉、藏桂、皮亚勒曼、桑珠和科克铁热克等。

和田青驴体格高大，结构匀称，反应灵敏。头部紧凑，耳大直立，颈较短，颈部肌肉发育良好，鬐甲大小适中，胸宽深适中，腹部紧凑，微下垂，背腰平直，斜尻。四肢健壮，关节明显，肌腱分明，系长中等，蹄质坚硬。毛色为青色，包括铁青、红青、菊花青、白青等。外貌特征见图4-21和图4-22。成年和田青驴体重、体尺和体尺指数见表4-11。

图4-21 和田青驴公驴

（资料来源：中国畜禽遗传资源志
马驴驼志，2011）

图4-22 和田青驴母驴

（资料来源：中国畜禽遗传资源志
马驴驼志，2011）

表4-11 成年和田青驴体尺、体重和体尺指数

（资料来源：中国畜禽遗传资源志 马驴驼志，2011）

性别	头数	体重 （kg）	体高 （cm）	体长 （cm）	体长指数 （%）	胸围 （cm）	胸围指数 （%）	管围 （cm）	管围指数 （%）
公	50	255.65	132.00± 1.70	135.40± 4.70	102.58	142.80± 5.09	108.18	16.60± 0.55	12.58
母	50	246.49	130.10± 3.33	133.9± 4.25	102.92	141.0± 6.93	108.38	16.10± 0.6	12.38

（二）吐鲁番驴

吐鲁番驴主产于新疆的吐鲁番市，中心产区在吐鲁番市的艾丁湖、恰特卡勒、二堡、三堡等乡镇，毗邻的托克逊县、鄯善县有少量分布，哈密地区也有零星分布。

吐鲁番驴属大型驴，体格大，体躯发育良好，体质较干燥、结实，性情温驯，气质有悍威。头大小适中，额宽，眼大明亮，耳较短，鼻孔大，颈长适中，肌肉结实，颈肩结合良好，鬐甲宽厚，胸深且宽，胸廓发达，腹部充实而紧凑，背腰平直，腰稍长，尻宽长中等，稍斜。四肢干燥，关节发育良好，肌腱明显，肢势端正，蹄质结实，运步轻快，尾毛短稀，末梢部较密而长。毛色以粉黑色居多，皂角黑次之。外貌特征见图4-23和图4-24。成年吐鲁番驴体重、体尺和体尺指数见表4-12。

图 4 - 23 吐鲁番驴公驴
（资料来源：中国畜禽遗传资源志
马驴驼志，2011）

图 4 - 24 吐鲁番驴母驴
（资料来源：中国畜禽遗传资源志
马驴驼志，2011）

表 4 - 12 成年吐鲁番驴体重、体尺和体尺指数

（资料来源：中国畜禽遗传资源志 马驴驼志，2011）

性别	头数	体重 (kg)	体高 (cm)	体长 (cm)	体长指数 (%)	胸围 (cm)	胸围指数 (%)	管围 (cm)	管围指数 (%)
公	10	316.73	141.20± 5.65	144.05± 5.37	102.02	154.10± 2.85	109.14	17.78± 1.13	12.59
母	52	302.46	135.54± 4.82	137.9± 5.4	101.74	153.91± 4.54	113.55	17.12± 0.75	12.63

（三）关中驴

关中驴产于陕西省关中地区，主产于关中地区的陇县、陈仓、凤翔、千阳、合阳、蒲城、大荔、白水等县、市。延安市南部几个县，汉中也有少量分布。

早在先秦时代，关中地区就有驴，但非常罕见，李斯《谏逐客书》中有"而骏马駃騠不实外厩"。既有駃騠，就有驴，然而当时仅用于玩乐。自西汉张骞通西域后，始有大批驴、骡东来，此后陕西农民养驴日益增多，并成为重要役畜。

产区农民很重视驴的选种选配，尤其对种公驴选择更为严格，不仅重视其外形和毛色，更要求体格高大，结构匀称，睾丸对称，且发育良好，四肢端正，毛色黑白界线分明，鸣声洪亮，富有悍威。

关中驴属于大型驴，体格高大，结构匀称，略呈长方形，体质结实，头大小适中，眼大有神，鼻孔大，口方，齿齐，耳竖立，头颈高昂，颈较长而宽厚，前胸较宽广，肋骨开张，背腰平直，腹部充实，呈筒状，尻斜偏短，四肢端正，肌腱明显，关节干燥，韧带发达，蹄质坚实，形正。全身被毛短而细致，有光泽，尾毛较短。

毛色以黑色有"三白"特征为主，占85%以上，少数为栗色和青色。外貌特征见图4-25和图4-26。成年关中驴体重、体尺和体尺指数见表4-13。

图4-25 关中驴公驴

（资料来源：杨再）

图4-26 关中驴母驴

（资料来源：杨再）

表4-13 成年关中驴体重、体尺和体尺指数

（资料来源：中国畜禽遗传资源志 马驴驼志，2011）

性别	头数	体重 (kg)	体高 (cm)	体长 (cm)	体长指数 (%)	胸围 (cm)	胸围指数 (%)	管围 (cm)	管围指数 (%)
公	10	254.77	133.45± 2.11	135.50± 3.37	101.54	142.50± 3.37	106.78	16.70± 0.35	12.51
母	50	228.37	128.12± 4.82	130.34± 3.09	101.73	137.56± 3.6	107.37	15.53± 0.75	12.12

（四）佳米驴

佳米驴中心产区位于陕西省北部的佳县、米脂、绥德三县的毗连地带，以佳县乌镇、米脂桃镇所产最佳。此外，其周边的榆阳、横山、子洲、清涧、吴堡、神木等县、区也有分布。

佳米驴属中型驴，体质多属干燥结实型，次为细致紧凑型，少量为粗糙结实型。体格中等，体躯略呈方形，气质悍威，头大小适中，额宽，眼大有神，耳薄，竖立，鼻孔大、口方、齿齐，颚凹宽净，颈长而宽厚，脊上韧带坚实有力，适当高举，颈肩结合良好。公驴颈粗壮，鬐甲宽厚，胸部宽深，背腰宽直，腹部充实，尻部长、宽、不过斜；母驴腹部稍大，后躯发育良好，四肢端正，关节强大，肌腱明显，蹄质坚实，被毛短而致密，有光泽。毛色有黑燕皮、黑四眉和白四眉，以黑燕皮为主。外貌特征见图4-27和图4-28。成年佳米驴体重、体尺和体尺指数见表4-14。

图 4-27　佳米驴公驴

（资料来源：杨再）

图 4-28　佳米驴母驴

（资料来源：杨再）

表 4-14　成年佳米驴体重、体尺和体尺指数

（资料来源：中国畜禽遗传资源志　马驴驼志，2011）

性别	头数	体重（kg）	体高（cm）	体长（cm）	体长指数（%）	胸围（cm）	胸围指数（%）	管围（cm）	管围指数（%）
公	13	245.30	126.80±3.70	127.40±4.60	100.47	144.20±4.10	113.72	16.80±0.66	13.25
母	50	238.90	124.10±3.70	126.9±6.20	102.26	142.60±6.40	114.91	14.90±0.93	12.01

（五）庆阳驴

庆阳驴原中心产区为甘肃省庆阳市的庆阳县的前塬地区，全市各县、区都有分布。现中心产区为庆阳市镇原县的三岔、方山、马渠、殷家城，庆城县的太白良、冰林岔等地。

庆阳驴属中型驴，体格粗壮结实，体型接近方形，结构匀称，头中等大小，眼大圆亮，耳不过长，颈肌厚，鬃毛短稀，胸发育良好，肋骨较拱圆，背腰平直，腹部充实，尻稍斜而不光，肌肉发育良好，四肢肢势端正，骨量中等，关节明显，蹄大小适中，蹄质坚实。农民以"四蹄两行、双板颈、罐罐蹄子，圆眼睛"形容其体躯结构和体质特点。毛色以黑色为主，青色和灰色次之。黑毛驴的嘴周围、眼圈、腹下、四肢上部内侧，多为灰白色或淡灰色。外貌特征见图 4-29 和图 4-30。成年庆阳驴的体重、体尺和体尺指数见表 4-15。

图4-29 庆阳驴公驴

（资料来源：庞有志）

图4-30 庆阳驴母驴

（资料来源：庞有志）

表4-15 成年庆阳驴体重、体尺和体尺指数

（资料来源：中国畜禽遗传资源志 马驴驼志，2011）

性别	头数	体重（kg）	体高（cm）	体长（cm）	体长指数（%）	胸围（cm）	胸围指数（%）	管围（cm）	管围指数（%）
公	10	273.55	129.41±2.52	130.00±3.45	100.46	150.75±5.62	116.49	17.60±0.68	13.60
母	50	242.65	124.93±2.78	125.63±3.70	100.56	144.43±6.34	115.61	16.36±0.73	13.10

（六）阳原驴

阳原驴主产于河北省西北部的桑干河流域和洋河流域，中心产区为阳原县，分布于阳原、蔚县、宣化、涿鹿、怀安等县。

阳原驴属中型驴。体质结实，结构匀称，耐劳苦，富有持久力，头大，眼有神，鼻孔圆，耳长灵活，额广稍凸。颈长适中，颈部肌肉发育良好，头颈和颈肩背结合良好。前胸略窄，肋长，开张良好，腹部胀圆，背腰平直，尻部宽而斜，四肢紧凑结实，关节发育良好，肢势正常，系短而微斜，管部短，蹄小结实，被毛粗短，有光泽，鬃毛短而少。毛色有黑色、青色、灰色、铜色4种，以黑色为主，有"三白"特征。外貌特征见图4-31和图4-32。成年阳原驴的体重、体尺和体尺指数见表4-16。

（七）广灵驴

广灵驴产于山西省广灵、灵丘两县，中心产区为广灵县南村镇、壶泉镇、加多乡，广灵、灵丘两县周围各县的边缘地区也有少量分布。

广灵驴属于大型驴，体格高大，体躯较短，骨骼粗壮，体质结实，结构匀称，肌肉丰满，头较大，额宽，鼻梁平直，眼微凸，耳长，两耳竖立而灵活，

头颈高昂，颈肌发达粗壮，头颈、颈肩结合良好，尻宽而短斜。四肢粗壮结实，肌腱明显，前肢端正，后肢多呈刀状肢势，关节发育良好，管部较长，系长短适中，蹄较大而圆，蹄质坚硬，步态稳健，尾粗长，尾毛稀疏。全身被毛短而粗密。

图4-31 阳原驴公驴

（资料来源：中国畜禽遗传资源志
马驴驼志，2011）

图4-32 阳原驴母驴

（资料来源：中国畜禽遗传资源志
马驴驼志，2011）

表4-16 成年阳原驴体重、体尺和体尺指数

（资料来源：中国畜禽遗传资源志 马驴驼志，2011）

性别	头数	体重 (kg)	体高 (cm)	体长 (cm)	体长指数 (%)	胸围 (cm)	胸围指数 (%)	管围 (cm)	管围指数 (%)
公	10	300.37	133.60± 5.06	137.50± 5.82	102.92	153.60± 6.14	114.97	16.40± 0.80	12.28
母	50	228.41	123.10± 8.44	125.86± 5.46	102.24	140.00± 11.25	113.73	14.76± 0.71	11.99

毛色主要有两类，一类"黑五白"为主，当地又称"黑画眉"，即全身被毛呈黑色，唯眼圈、嘴头、裆口和耳内侧的毛为粉黑色。另一类全身被毛黑白混生，并具有五白特征，称青画眉。还有少量灰色、乌头黑。外貌特征见图4-33和图4-34。成年广灵驴体重、体尺和体尺指数见表4-17。

图4-33 广灵驴公驴

资料来源：中国畜禽遗传资源志
马驴驼志，2011）

图4-34 广灵驴母驴

资料来源：中国畜禽遗传资源志
马驴驼志，2011）

表4-17 成年广灵驴体重、体尺和体尺指数

(资料来源：中国畜禽遗传资源志 马驴驼志，2011)

性别	头数	体重(kg)	体高(cm)	体长(cm)	体长指数(%)	胸围(cm)	胸围指数(%)	管围(cm)	管围指数(%)
公	10	335.2	141.40±2.50	144.10±2.3	101.90	158.50±4.60	112.10	18.90±0.70	13.40
母	40	331.67	139.30±3.80	144.40±5.10	103.70	157.50±5.70	113.10	17.7±0.70	12.70

（八）晋南驴

晋南驴产于山西省南部的夏县、闻喜、临猗、水济等县，以夏县、闻喜两县为中心产区。

晋南驴产区地处我国古代文化发达的黄河流域，是农业开发较早的地区。据当地文物考证，夏县是禹王的故乡。由于晋南和陕西关中地区仅一河之隔，故从汉朝向关中一带引入驴时，通过黄河扩散到这一地区。由于产区的农牧业发达，又有运城盐池和当地诸多的煤矿，因此农业耕作、粮、煤和盐的运输，历来靠驴、骡驮运。这种客观的经济需要，促使当地农民对役畜进行精心喂养，对选种选配要求高。在饲养管理上有"饱不加鞭，饿不急喂，孕不拉磨""三分饱，七分使"等谚语。20世纪70年代，产区农民仍一直保持着对驴喂养精细，终年舍饲，合理使役，对孕驴和幼驴的管护更为精心，饲料以黑豆、高粱、玉米及其糠麸为主，拌以铡短的谷草，搭配少量糜草和麦草。苜蓿在这里种植有千年之久，是驴的主要饲料。农民对驴有严格的选种选配习惯。要求种公驴体质结实，结构匀称，耳门紧，槽口宽，双脊双背，四肢端正，睾丸发育好。毛色为黑燕皮，并从幼龄期开始培育；对母驴要求腰部及后躯发育好。

晋南驴属于大型驴，体质紧凑、细致，皮薄毛细。体格高大，体质结实，结构匀称，体型近似正方形，性情温驯。头部清秀、中等大，耳大且长，颈部宽厚而高昂，鬐甲高而明显，胸部宽深，背腰平直，尻略高而稍斜，四肢端正，关节明显，附蝉呈典型口袋状。蹄小而坚实，尾细而长，垂于飞节以下。

毛色以黑色有"三白"特征为主，占90%以上，少数为灰色、栗色。外貌特征见图4-35和图4-36。成年晋南驴体重、体尺和体尺指数见表4-18。

图 4－35　晋南驴公驴
（资料来源：中国畜禽遗传资源志
马驴驼志，2011）

图 4－36　晋南驴母驴
（资料来源：中国畜禽遗传资源志
马驴驼志，2011）

表 4－18　成年晋南驴体重、体尺和体尺指数

（资料来源：中国畜禽遗传资源志　马驴驼志，2011）

性别	头数	体重（kg）	体高（cm）	体长（cm）	体长指数（%）	胸围（cm）	胸围指数（%）	管围（cm）	管围指数（%）
公	10	276.34	133.22±3.73	130.72±3.65	98.12	151.10±3.60	113.42	16.35±0.44	12.27
母	50	276.56	133.16±3.5	130.15±3.42	97.74	151.49±2.53	113.7	16.3±0.31	12.24

（九）长垣驴

长垣驴产于河南省豫北黄河东西向转为南北向的大弯处，以长垣县为中心，辐射周围封丘、延津、原阳、滑县、濮阳和山东省东明的部分地区。

据记载，早在清代末民国初期，民间就有长垣驴的叫法。1990 年 5 月 17 日，经全国马匹育种委员会组织鉴定，正式定名为长垣驴。长垣驴体质结实干燥，结构紧凑，食性广、耐粗饲，适应性、抗病力强。体型近似正方形。头大小适中，眼大、颚凹宽，口方正，耳大而直立，颈长中等，头颈紧凑，鬐甲低而短，略有隆起。前胸发育良好，胸较宽而深。腹部紧凑，背腰平直，中躯略短，尻宽长而稍斜，四肢强健，蹄质坚实。尾根低，尾毛长而浓密。

毛色多为黑色，"三白"，黑色分界明显。部分为皂角黑，毛尖略带褐色，占群体数量的 15% 左右，当地流传着"大黑驴儿、小黑驴儿、粉鼻子、粉黑、白肚皮儿"的民谣。外貌特征见图 4－37 和图 4－38。成年长垣驴体重、体尺和体尺指数见表 4－19。

图4-37 长垣驴公驴
（资料来源：河南省长垣县
畜牧技术推广站）

图4-38 长垣驴母驴
（资料来源：河南省长垣县
畜牧技术推广站）

表4-19 成年长垣驴体重、体尺和体尺指数

（资料来源：中国畜禽遗传资源志 马驴驼志，2011）

性别	头数	体重 (kg)	体高 (cm)	体长 (cm)	体长指数 (%)	胸围 (cm)	胸围指数 (%)	管围 (cm)	管围指数 (%)
公	15	251.8	136.0± 3.4	133.0± 4.2	97.79	143.0± 3.71	105.15	16.0± 1.0	11.76
母	150	235.1	129.4± 4.7	129.2± 5.9	99.85	140.2± 5.50	108.35	15.2± 1.0	11.75

（十）泌阳驴

泌阳驴中心产区位于河南省驻马店市的泌阳县，相邻的唐河、社旗、方城、舞阳、遂平、确山、桐柏等县也有分布。据清代康熙年间《泌阳县志》记载，该品种至少有300年的历史。

泌阳驴公驴富有悍威，母驴性格温驯，体质结实，体型近似方形。头部干燥、清秀，为直头，额微拱起，眼大，口方，耳长大，直立，耳内多有一簇白毛。额宽，颈长，肩较直，肋骨开张良好。背长而直，多双脊双背。公驴腹部紧凑充实，母驴腹大而不下垂，尻宽而略斜，四肢细长，关节干燥，肌腱明显，系短有力，蹄大而圆，蹄质坚实。被毛细密，尾毛上紧下松，似炊帚样。中心产区的驴均具有被毛细密、黑色似锦缎，嘴头周围、眼圈及下腹部为粉白色，具有"三白一黑"明显的外貌特征，且黑白界线分明，又称"三白驴"。外貌特征见图4-39和图4-40。成年泌阳驴体重、体尺和体尺指数见表4-20。

图 4-39　泌阳驴公驴
（资料来源：河南省泌阳县
畜牧技术推广站）

图 4-40　泌阳驴母驴
（资料来源：河南省泌阳县
畜牧技术推广站）

表 4-20　成年泌阳驴体重、体尺和体尺指数

（资料来源：中国畜禽遗传资源志　马驴驼志，2011）

性别	头数	体重 (kg)	体高 (cm)	体长 (cm)	体长指数 (%)	胸围 (cm)	胸围指数 (%)	管围 (cm)	管围指数 (%)
公	10	285.8	138.7± 5.4	140.9± 10.5	101.59	148.0± 6.9	106.71	17.0± 1.2	12.26
母	40	263.0	131.4± 5.2	139.9± 7.8	106.47	142.5± 7.8	108.45	16.2± 1.2	12.33

（十一）淮阳驴

淮阳驴产于河南省沙河及其支流两岸的豫东平原东南部的古陈州境内，即淮阳、郸城西部、沈丘西北部、项城和商水北部、太康南部和周口市等地。1958 年，河南省开展地方优良畜禽品种调查，杨再首次发现淮阳驴，在淮阳县畜牧局的鼎力支持下，进行了初步调查。1981 年，豫西农业专科学校和周口地区畜牧局等单位对该驴种进行普查时，有 9 000 余头，当时称为陈州驴，后改称为淮阳驴。在之后开展地方优良畜禽品种资源调查时，也没有对该品种资源情况进行调查，但不少文献对淮阳驴进行了报道，证实淮阳驴的存在。杨再等（1991）在《中国养驴的一些史料》一文中，提到淮阳驴的形成，驴进入中原"沿着黄河流域往东，在中下游形成河南省的淮阳驴、长垣驴，在下游山东省惠民地区无棣、乐陵一带，沿着马颊河、徒骇河两岸，形成了山东大驴（即德州驴）"等。王占彬等（2004）主编的《肉用驴》一书中对淮阳驴的外貌特征和体尺、体重有一些介绍。常洪（2009）主编的《动物遗传资源学》一书中，关于驴种的分类，提到佳米驴、庆阳驴和淮阳驴属于中型驴。朱文进等

（2006）在《中国8个地方驴种遗传多样性和系统发生关系的微卫星分析》一文中，将中型品种泌阳驴、淮阳驴和佳米驴分为另一类，其中38头（其中3头公驴）淮阳驴的血样。但淮阳驴没有被列入《河南地方优良畜禽品种志》（1986），也没有被列入国家或其他地方畜禽遗传资源名录。对是否还存在淮阳驴的问题，作者庞有志于2020年6月到周口市淮阳县再次对淮阳驴进行调研，在当地某养殖场见到若干头淮阳驴，证实淮阳驴至今确实还存在，在当地只是呈零星分布。据当地人介绍，至今在安徽界首市与周口交界处，当地农民还利用淮阳驴拉车、拉磨等，是一个值得保护的地方优良驴种。在张家口召开的第六届（2020）中国驴业发展大会暨首届张家口特色牧业（阳原驴）发展高峰论坛上，淮阳驴作为地方品种在张家口桑阳牧业有限公司亮相，并受到与会专家和企业界同仁的认同。

　　淮阳驴有粉黑、灰色两种主色。粉黑驴体格高大，体幅较宽，后躯高于前躯。头略显重，颈适中，鬐甲高，肩较宽，前胸发达，背腰稍宽而平直，中躯显短，呈圆筒形，尻宽而略斜，尾帚大，四肢结实，体质坚硬。灰色驴具有遗传性稳定，体格硕大，鬐甲高峻，单脊单背，四肢高长等特点。毛色以粉黑色居多，占62.3%，灰色占21.6%，黑色占8%，驼色占6.1%，青色占2%。外貌特征见图4-41和图4-42。成年淮阳驴体重、体尺和体尺指数见表4-21。

图4-41　淮阳驴公驴
（资料来源：庞有志）

图4-42　淮阳驴母驴
（资料来源：庞有志）

表4-21　成年淮阳驴体重、体尺和体尺指数

（资料来源：陈州驴调查报告，1981）

性别	头数	体重（kg）	体高（cm）	体长（cm）	体长指数（%）	胸围（cm）	胸围指数（%）	管围（cm）	管围指数（%）
公	19	243.6	131.7	130.5	99.09	142.0	107.82	17.3	13.14
母	394	206.9	123.1±3.9	125.2±6.4	101.71	133.6±6.3	108.53	14.7±1.1	11.94

（十二）德州驴

主产于山东省鲁北平原沿渤海各县，以山东省滨州市的无棣县、沾化区、阳信县、德州市的庆云县，河北省沧州市的沧县、黄骅、盐山等县市为中心产区，周边各县也有分布。

德州驴体格高大，躯体结构匀称、紧凑、结实，呈方形，头颈与躯干结合良好，头颈高扬，眼大嘴齐，耳立，气质悍威，背腰平直，腹部充实，尻稍斜，肋拱圆，四肢有力，关节明显，蹄圆质坚。

毛色分粉黑和乌头两种，表现出不同的体质和遗传类型。前者体质结实干燥，头清秀，四肢较细，肌腱明显，体重较轻，动作灵敏。后者全身毛色乌黑，无白章，全身各部位均显粗重，头较重，颈粗厚，鬐甲宽厚，四肢较粗壮，关节较大，体型偏重，动作较迟钝。外貌特征见图 4-43 和图 4-44。成年德州驴体重、体尺和体尺指数见表 4-22。

图 4-43　德州驴公驴
（资料来源：庞有志）

图 4-44　德州驴母驴
（资料来源：庞有志）

表 4-22　成年德州驴体重、体尺和体尺指数
（资料来源：中国畜禽遗传资源志　马驴驼志，2011）

性别	头数	体重 （kg）	体高 （cm）	体长 （cm）	体长指数 （%）	胸围 （cm）	胸围指数 （%）	管围 （cm）	管围指数 （%）
公	6	285.93	140.22±3.8	138.78±3.77	98.97	149.17±4.45	160.38	17.41±0.85	12.42
母	6	261.31	135.03±4.76	134.21±5.32	99.39	145.01±8.15	107.39	16.20±0.92	12.00

（十三）临县驴

临县驴主产于陕西省临县，中心产区在西部沿黄河一带的罗峪、刘家会、小甲头、曲峪、克虎、第八堡、开化、兔板、水槽沟、雷家碛、曹峪坪等乡镇。

临县驴属中型驴，体质强健结实，结构匀称。头中等大，眼大有神，两耳直立，嘴短而齐，鼻孔大，头粗壮、高昂，鬃毛密，鬐甲较高，肩斜，胸宽，背腰平直，腹部充实，四肢结实，关节发育良好，前肢短直，管围较粗，系长短适中，蹄大而圆，蹄质坚硬。尾根粗壮，尾毛稀疏。毛色主要为黑毛，灰毛次之，黑毛中以粉黑毛最多，当地称"黑雁青"，最受欢迎；也有乌头黑，当地称"墨绽黑"。外貌特征见图4-45和图4-46。成年临县驴体重、体尺和体尺指数见表4-23。

图4-45 临县驴公驴

（资料来源：中国畜禽遗传资源志
马驴驼志，2011）

图4-46 临县驴母驴

（资料来源：中国畜禽遗传资源志
马驴驼志，2011）

表4-23 成年临县驴体重、体尺和体尺指数

（资料来源：中国畜禽遗传资源志 马驴驼志，2011）

性别	头数	体重(kg)	体高(cm)	体长(cm)	体长指数(%)	胸围(cm)	胸围指数(%)	管围(cm)	管围指数(%)
公	2	262.65	124.0	129.5	104.43	148.0	119.35	17.5	14.11
母	12	252.63	123.6±3.0	128.0±3.9	103.56	146.0±7.1	118.12	16.0±0.9	12.94

（十四）疆岳驴

疆岳驴是喀什地区1958年先后8次从陕西省引进65头优质关中驴种驴，以关中驴为父本，新疆驴为母本改良的后代驴，经自然交配，按照选种、配种、接驹分等级等技术培育的一个优良高产类群，属役肉兼用型，其产奶性能较好，有望向役乳兼用型或乳用型方向选育。主要分布在新疆喀什、和田等地区，以喀什地区岳普湖县、伽师县、巴楚县、麦盖提县、莎车县、疏勒县数量较多，中心产区为岳普湖县。疆岳驴最初被称作"岳普湖""关新驴""关中

驴"。2000年，岳普湖县"疆岳"毛驴正式被国家商标管理局注册命名。疆岳驴存栏量已达到7.2万头，年均出栏量为1.29万头，已被全国20多个省份引种推广，但至今尚未进行品种审定。

疆岳驴体格高大、结构匀称、动作灵敏、耐力强。体型略呈长方形，头颈高扬，眼大有神，前胸宽广，肋弓，尻短斜，体态优美。90%以上被毛为黑色。耐粗饲、适应性强、繁殖快、饲养成本低、经济效益高。具有"三白一黑"特点，即"白眼圈、白嘴头、白肚皮、黑身体"。

正常饲养管理条件下，1.5岁能达到成年驴体高的93.4%，并表现性成熟。3岁时公母驴均可配种。公驴以4～12岁配种能力最强，母驴受胎率一般在80%以上，妊娠期350～356d。外貌特征见图4-47和图4-48。成年疆岳驴体重、体尺和体尺指数见表4-24。

图4-47　疆岳驴公驴
（资料来源：米尔卡米力·麦麦提等，2011）

图4-48　疆岳驴母驴
（资料来源：翟桂玉，2010）

表4-24　成年疆岳驴体重、体尺和体尺指数
（资料来源：米尔卡米力·麦麦提等，2020）

性别	头数	体重（kg）	体高（cm）	体长（cm）	体长指数（%）	胸围（cm）	胸围指数（%）	管围（cm）	管围指数（%）
公	40	313.4±39.3	135.5±9.0	131.2±7.5	96.82	144.9±9.6	106.93	17.9±1.8	13.21
母	60	284.7±39.3	129.6±8.3	125.1±12.4	96.53	137.0±12.3	105.71	16.0±1.6	12.34

三、西南高原、山地小型驴

（一）川驴

川驴主产于四川甘孜的巴塘县、阿坝的阿坝县和凉山的会理县。甘孜的乡

城、得荣等县，凉山的会东、盐源等县，广元市的部分县及产区周边县也有分布。

川驴属役肉小型兼用型地方品种。体质粗糙结实，头长，额宽，略显粗重。颈长中等，颈肩结合良好。鬐甲稍斜，胸窄，较深，腹部稍大，背腰平直，多斜尻。四肢强健干燥，关节明显。蹄较小，蹄质坚实。被毛厚密。毛色以灰色为主，黑毛、栗色次之，其他毛色较少。一般灰驴均有背线、鹰膀、虎斑，黑驴多有粉鼻、粉眼、白肚皮等特征。外貌特征见图4-49和图4-50。成年川驴体重、体尺和体尺指数见表4-25。

图4-49 川驴公驴 图4-50 川驴母驴
（资料来源：杨再） （资料来源：杨再）

表4-25 成年川驴体重、体尺和体尺指数
（资料来源：中国畜禽遗传资源志 马驴驼志，2011）

性别	头数	体重(kg)	体高(cm)	体长(cm)	体长指数(%)	胸围(cm)	胸围指数(%)	管围(cm)	管围指数(%)
公	30	124.78	98.73±5.32	103.57±5.62	104.90	114.07±6.75	115.54	13.33±0.64	13.50
母	153	104.61	95.44±4.28	97.6±5.73	102.26	107.59±6.64	112.73	12.51±0.75	13.11

（二）云南驴

云南驴主产于云南省西部的大理白族自治州的祥云、宾川、弥渡、巍山、鹤庆、洱源，楚雄彝族自治州的牟定、元谋、大姚，丽江市的永胜，以及云南省南部的红河哈尼族彝族自治州的石屏、建水等县市。此外，在云南省许多干热地区均有分布。

云南驴的体型、外貌和性能与现今新疆的小型驴极为相似，因此认为云南驴由西北和广西等内地传入有一定根据。据《永胜县志》记载："元代时内地

居民携牛、马、驴骡竞相入境。"清康熙《广西府志·弥勒州物产志》也有"兽之属：牛、马、驴、骡、羊……"的记载。

历史上驴在红河哈尼族彝族自治州除作为役畜外，也是财富象征。俗语说"彝族有钱一群驴"。

云南驴属小型驴。体质干燥结实，结构紧凑，头较粗重，额宽且隆，眼大，耳长且大，颈较短而粗，头颈结合良好，鬐甲低而短，附着肌肉欠丰满，胸部较窄，背腰短直，结合良好，腹部充实而紧凑，尻短斜，臀部肌肉欠丰满。四肢细长，前肢端正，后肢多外向，关节发育良好，蹄小质坚，尾毛较稀，尾础较高，被毛厚密。

毛色以灰色为主，黑色次之。多数驴均具有背线、鹰膀、白肚等特征。外貌特征见图4-51和图4-52。成年云南驴体重、体尺和体尺指数见表4-26。

图4-51　云南驴公驴

（资料来源：中国畜禽遗传资源志
马驴驼志，2011）

图4-52　云南驴母驴

（资料来源：中国畜禽遗传资源志
马驴驼志，2011）

表4-26　成年云南驴体重、体尺和体尺指数

（资料来源：中国畜禽遗传资源志　马驴驼志，2011）

性别	头数	体重 (kg)	体高 (cm)	体长 (cm)	体长指数 (%)	胸围 (cm)	胸围指数 (%)	管围 (cm)	管围指数 (%)
公	34	127.27± 18.35	102.30± 5.72	104.86± 4.96	102.50	114.49± 5.62	111.92	13.61± 0.75	13.30
母	221	119.39± 15.52	98.89± 4.42	102.68± 3.95	103.83	112.06± 4.30	113.32	12.84± 0.50	12.98

（三）西藏驴

西藏驴主产于西藏日喀则地区的白朗、定日等县，山南地区的贡嘎、乃东等县，昌都地区怒江，金沙江流域的八宿、芒康等县。中心产区为白朗、贡嘎、乃东三县。1998年，西南部分省、自治区畜禽遗传资源补充调查时命名

为西藏驴，也称藏驴、白朗驴，属小型地方品种。

根据《敦煌古藏文》记载：公元6世纪初，在日喀则的东部、山南地区琼结县一带，当地藏民用马和驴繁殖骡，用牦牛和黄牛杂交繁殖犏牛。由此可见，1 400多年前，西藏驴主产区已具备一定的繁殖、饲养和利用技术。

西藏驴体格小而精悍，体质结实干燥，结构紧凑，性情温驯。头大小适中，耳长中等，头颈结合良好，鬐甲平而厚实，肋骨拱圆，背腰平直，腹较圆，尻短稍斜，四肢端正，部分后肢呈刀状肢势，关节明显，蹄质坚实。

毛色主要为灰色、黑色，另有少量栗色。黑毛中粉黑毛较多。灰毛驴多具有背线、鹰膀、虎斑等特点，是西藏驴的正色，被藏民誉为"一等"。

"江噶"和"加乌"是藏语对西藏驴中特别优秀者的称呼。这部分驴体格高大，体质结实，役力强。"江嘎"藏语有野驴之意，毛色为黄褐色，有背线和鹰膀。"加乌"基础毛色是黑色或灰黑色，有粉鼻、粉眼、白肚皮等特征。外貌特征见图4-53和图4-54。成年西藏驴体重、体尺和体尺指数见表4-27。

图4-53 西藏驴公驴
（资料来源：中国畜禽遗传资源志
马驴驼志，2011）

图4-54 西藏驴母驴
（资料来源：中国畜禽遗传资源志
马驴驼志，2011）

表4-27 成年西藏驴体重、体尺和体尺指数
（资料来源：中国畜禽遗传资源志 马驴驼志，2011）

性别	头数	体重 (kg)	体高 (cm)	体长 (cm)	体长指数 (%)	胸围 (cm)	胸围指数 (%)	管围 (cm)	管围指数 (%)
公	10	128.39	102.86± 4.5	103.3± 6.3	100.43	115.86± 6.9	112.64	13.46± 1.5	13.09
母	50	128.47	106.13± 8.5	103.43± 8.0	97.46	115.82± 7.7	109.13	13.86± 1.0	13.06

第五章

驴种形成因素分析

一、生态地理条件对不同品种驴体尺和结构的影响

（一）生态地理条件对不同品种的影响

段彦斌等（1988）研究发现，不同生态地理条件对不同品种驴的体尺和结构产生显著影响。通过分析分布于陕西省平原（关中驴）、丘陵（佳米驴）、沙区（滚沙驴）等不同生态环境下的典型驴种，可以看出随着地理纬度增高，降水量逐渐减少，气温逐渐降低，体尺和体重也呈现变小的趋势（表5-1）。驴作为一种农用役畜，除了受地理位置、海拔高度和地势、气候、土壤、植被等自然生态环境的作用外，它与人类的农耕发达程度、社会经济条件和饲料的丰歉程度具有更紧密的关系。关中平原区农耕发展历史悠久，对役畜有较高的要求，盛产粮食，饲料充足，有发展大型驴的条件和适宜的生态环境条件。黄土高原丘陵区农耕发达程度低于平原区，且受自然地理条件所限，耕地零散，坡度大，缺肥少水，产量不高，道路崎岖，交通不便，只适于中型驴的发展。3.5万 km² 的毛乌素风沙区，干旱风多，灾害频繁，温差悬殊，枯草期长达四五个月，植被稀疏，质量低劣，土壤贫瘠，农作物产量低，饲料缺乏。驴以放牧为主，管理粗放，多无棚圈又长期被用作当地的交通工具，因而形成体躯轻便、行动灵敏的小型驴。由此可知，驴品种的体型大小变异与生态环境、人为选择和培育程度关系密切，而且这种影响经历了漫长的历史时期，并经逐代的积累遗传下来。

表5-1　不同生态环境成年驴体尺体重比较

（资料来源：段彦斌等，1988）

品种	地貌	性别	头数	体高（cm）	体长（cm）	胸围（cm）	管围（cm）	体重（kg）
关中驴	关中平原地区	公	103	133.61±6.64	135.40±7.16	145.01±8.67	17.04±1.54	263.62
		母	413	130.54±5.93	130.01±6.54	143.21±8.11	16.51±1.34	247.45

（续）

品种	地貌	性别	头数	体高（cm）	体长（cm）	胸围（cm）	管围（cm）	体重（kg）
佳米驴	丘陵沟壑区	公	31	125.84±4.68	127.63±2.68	136.0±19.72	16.65±0.89	217.89
		母	283	120.95±4.50	122.73±8.16	134.57±10.65	14.84±1.07	205.79
滚沙驴	风沙滩地区	公	60	107.7±7.7	109.2±9.6	117.9±8.9	13.6±1.2	143.7
		母	692	107.0±7.6	109.7±7.4	117.2±12.8	13.4±1.04	143.8

从 3 个驴品种的体尺指数看不同生态地区驴的体型外貌有不同程度的差异（表 5-2），从大型关中驴到中型佳米驴，再到小型滚沙驴，体长指数以滚沙驴为最大，胸围指数和管围指数变化不明显。变化比较明显的是头长指数、颈长指数、胸指数和体重指数。

表 5-2　不同生态环境驴品种体尺指数比较（%）

（资料来源：段彦斌等，1988）

品种或类群	生态环境	性别	体长指数（%）	胸围指数（%）	管围指数（%）	头长指数（%）	颈长指数（%）	胸指数（%）	体重指数（%）
关中驴	关中平原区	公	101.34	108.53	12.79	38.90	36.67	45.43	197.90
		母	99.59	110.12	12.67	39.88	37.04	42.83	190.28
佳米驴	丘陵沟壑区	公	101.10	108.07	13.23	42.43	42.24	56.99	173.15
		母	101.47	111.26	12.27	43.97	44.11	54.33	170.14
滚沙驴	风沙滩地区	公	101.39	109.47	12.63				133.43
		母	102.52	109.53	12.52	41.84	40.56	50.67	134.39

注：颈长指数指颈长与体长之比，关中驴的体尺指数计算有误，已校正。

头长指数以佳米驴为最，颈长与体长之比也以佳米驴为首，这是由于佳米驴长期生活在沟壑区，深峁起伏，坡陡沟深，因此头颈相对较长，利于上下山时保持躯体和姿势的平衡，运动灵活，不至于滚坡。滚沙驴头颈较低平，前躯低，后躯倾斜使其重心向前，利于沙地行走。胸围指数由平原到山区有增大的趋势，就母驴而言，佳米驴母驴的胸指数比关中驴母驴大 11.5%，滚沙驴母驴比关中驴母驴大 7.84%，这是由于滚沙驴、佳米驴所在的地理区域海拔相对较高，气温较低，且地貌比较复杂，从而使呼吸器官得到良好发育，以利于气体交换和适应高寒缺氧的环境。从平原到山区管围指数变化不大，而体重明显减小，体重指数由平原到山区、沙区则逐渐变小，这是由产区的饲养条件所决定的。

（二）影响地方驴品种体重和体尺的因素

长垣驴、河南毛驴和泌阳驴是河南省 3 个地方驴品种，其中长垣驴和泌阳

驴属于大型驴，河南毛驴属于小型驴。庞有志等（2020）以6～54月龄的长垣驴、泌阳驴和河南毛驴（计184头驴）为研究对象，分析了品种、性别、年龄等因素对体重和体尺性状的影响。结果表明，泌阳驴的体长、管围、体重显著高于长垣驴和河南毛驴（$P<0.05$），长垣驴的体长、管围、体重又显著高于河南毛驴（$P<0.05$）。泌阳驴和长垣驴的体高要显著高于河南毛驴（$P<0.05$）。长垣驴的胸围要高于泌阳驴和河南毛驴（$P<0.05$），泌阳驴的胸围要高于河南毛驴（$P<0.05$，表5-3）。综合体尺和体重指标，泌阳驴和长垣驴的体格高大，河南毛驴的体格最小。同一生态条件下，河南区域内既出现了大型驴品种泌阳驴和长垣驴，也出现了小型驴河南毛驴，甚至在驻马店、南阳、周口一带泌阳驴和河南毛驴有重叠分布现象，而且泌阳驴和长垣驴体型外貌特征也有明显不同。这说明，一个地方驴品种的形成，除了与地理生态条件有关外，还与当地的经济条件、生产需要和人们的选育偏好有关。

表5-3 不同品种驴的体尺性状比较

（资料来源：庞有志等，2020）

品种	体长（cm）	体高（cm）	胸围（cm）	管围（cm）	体重（kg）
长垣驴	129.58±0.64[b]	130.39±0.61[a]	140.67±0.82[a]	15.70±0.14[b]	238.06±3.58[b]
河南毛驴	107.68±0.40[c]	109.62±0.47[b]	118.21±0.75[c]	13.73±0.09[c]	131.51±2.45[c]
泌阳驴	133.07±1.00[a]	131.50±0.87[a]	136.07±0.80[b]	16.47±0.15[a]	278.97±6.79[a]

注：同列不同小写字母表示差异显著（$P<0.05$），相同小写字母表示差异不显著（$P>0.05$），下表同。

从性别上看，公驴的胸围、管围、体重显著高于母驴（$P<0.05$），公驴体长和体高虽然高于母驴，但是两者差异不显著（$P>0.05$，表5-4）。总体来看，公驴的体格大于母驴，这与多数驴品种特征相一致。

表5-4 公母驴体尺性状比较

性别	体长（cm）	体高（cm）	胸围（cm）	管围（cm）	体重（kg）
公	125.44±1.86[a]	125.91±1.78[a]	134.96±2.03[a]	16.00±0.35[a]	227.46±11.17[a]
母	123.17±1.05[a]	123.56±0.94[a]	131.16±0.93[b]	15.16±0.11[b]	214.30±5.93[b]

从年龄上看，36月龄和48月龄的驴体长和体高显著高于6月龄、12月龄、18月龄、24月龄、30月龄（$P<0.05$），48月龄和54月龄的驴胸围显著高于6月龄、12月龄、18月龄、24月龄、30月龄、36月龄（$P<0.05$）。30月龄、36月龄、48月龄、54月龄的驴管围和体重显著高于6月龄、12月龄、18月龄、24月龄（$P<0.05$）（表5-5）。

表 5-5　不同年龄驴体尺、体重的变化

月龄	体长（cm）	体高（cm）	胸围（cm）	管围（cm）	体重（kg）
6	106.64±1.42[d]	108.16±1.49[d]	114.92±2.54[e]	13.48±0.25[d]	124.07±6.15[c]
12	107.68±0.63[d]	109.08±0.79[d]	117.93±1.21[de]	13.47±0.16[d]	131.34±4.08[c]
18	108.20±0.45[d]	110.71±0.52[d]	120.40±0.81[d]	14.09±0.11[c]	137.42±4.28[c]
24	123.91±1.50[c]	125.48±1.41[c]	132.58±1.37[c]	15.03±0.15[b]	204.34±6.89[b]
30	129.85±0.88[b]	128.67±0.78[b]	136.15±1.16[bc]	16.22±0.17[a]	265.63±8.72[a]
36	133.46±1.21[a]	132.26±0.95[a]	138.03±1.14[b]	16.46±0.22[a]	274.63±8.13[a]
48	134.68±1.82[a]	134.11±1.75[a]	142.79±1.18[a]	16.39±0.34[a]	274.95±12.01[a]
54	131.73±1.62[ab]	131.73±1.6[ab]	144.91±2.17[a]	16.09±0.25[a]	256.91±10.03[a]

刘桂琴等（2017）研究表明，德州改良驴母驴的生产性能、屠宰性能等远高于公驴，即母驴的育肥性能高于公驴。从体格大小看，德州改良公驴的体格大于改良母驴，这说明育肥性能不仅与体格大小有关，还与育肥阶段和育肥状态有关。

（三）体重和体尺性状对年龄的回归分析

白俊艳等（2020）以 50 头（1～19 岁）河南毛驴母驴为对象，分析了河南毛驴的体重、体长、管围、体高和胸围对年龄的回归，并建立了最佳回归方程。在 1～5 岁时，河南毛驴的体重、体长、管围、体高和胸围随着年龄的增长而呈现出快速上升趋势；5 岁以后，随着年龄的增长呈现出缓慢上升趋势，体重、体长、管围、体高和胸围对年龄的回归拟合曲线见图 5-1 至图 5-5。

河南毛驴的体重、体长、管围、体高和胸围对年龄的各种回归方程的比较结果见表 5-6。由表 5-6 可以看出，河南毛驴的体高对年龄的最佳回归方程为对数回归方程，$Y = 102.124 + 2.160 \log X$（$Y$ 是体高，X 是年龄，拟合度 $R^2 = 0.860$）。除此之外，二次方和三次方回归方程的拟合度也在 0.8 以上，拟合效果较好，线性回归、S 曲线回归、增长回归和指数回归的拟合度略差些，其拟合度均低于 0.800。

体长对年龄的最佳回归方程为二次方回归方程，回归方程分别为：$Y = 103.461 + 0.743X - 0.018X^2$（$Y$ 是体长，X 是年龄，$R^2 = 0.825$）。此外，三次方回归方程和对数回归方程的拟合度也在 0.800 以上，拟合效果较好，其他回归方程的拟合度均低于 0.800，拟合效果略差。

胸围对年龄的最佳回归方程为三次方回归方程，回归方程分别为：$Y = 104.426 + 2.403X - 0.107X^2 + 0.001X^3$（$Y$ 是胸围，X 是年龄，$R^2 = 0.871$）。此外，二次方回归方程和对数回归方程的拟合度也在 0.800 以上，拟合效果较

体高（cm）

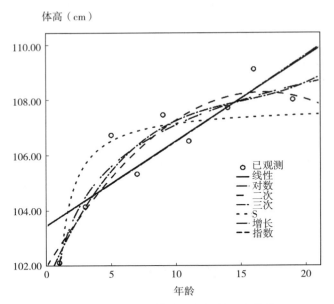

图 5-1 河南毛驴体高对年龄的回归曲线

体长（cm）

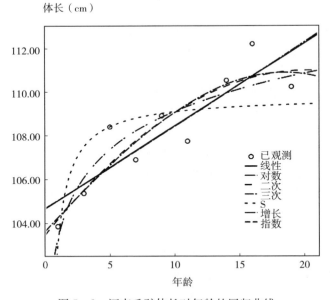

图 5-2 河南毛驴体长对年龄的回归曲线

好，其他回归方程的拟合度均低于 0.800，拟合效果略差。

管围对年龄的最佳回归方程为二次方回归方程，回归方程分别为：$Y=$

胸围（cm）

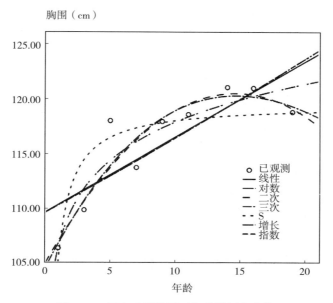

图 5-3　河南毛驴胸围对年龄的回归曲线

管围（cm）

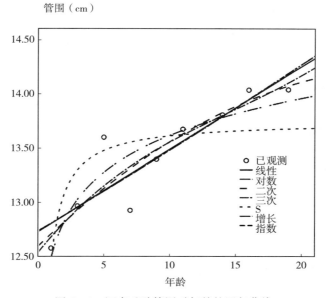

图 5-4　河南毛驴管围对年龄的回归曲线

$12.596 + 0.117X - 0.002X^2$（$Y$ 是管围，X 是年龄，$R^2 = 0.812$）。此外，三次方回归方程的拟合度也在 0.800 以上，拟合效果较好，其他回归方程的拟合

体重（kg）

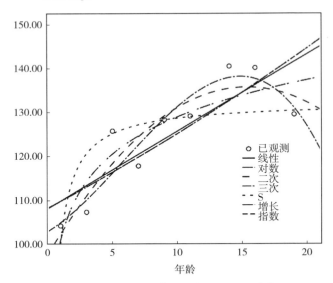

图 5-5　河南毛驴体重对年龄的回归曲线

度均低于 0.800，拟合效果略差。

表 5-6　河南毛驴体尺性状对年龄的回归分析比较

性状	方程	R^2	F	df_1	df_2	P	常数	b_1	b_2	b_3
	线性	0.742	20.103	1	7	0.003	103.456	0.306		
	对数	0.877	49.868	1	7	0.000	102.124	2.160		
	二次	0.849	16.855	2	6	0.003	101.980	0.755	−0.023	
体高	三次	0.860	10.199	3	5	0.014	101.396	1.100	−0.066	0.001
	S	0.760	22.137	1	7	0.002	4.680	−0.059		
	增长	0.739	19.784	1	7	0.003	4.639	0.003		
	指数	0.739	19.784	1	7	0.003	103.460	0.003		
	线性	0.777	24.419	1	7	0.002	104.654	0.380		
	对数	0.810	29.763	1	7	0.001	103.324	2.513		
	二次	0.825	14.137	2	6	0.005	103.461	0.743	−0.018	
体长	三次	0.824	7.888	3	5	0.024	103.631	0.642	−0.006	0.000
	S	0.621	11.448	1	7	0.012	4.699	−0.063		
	增长	0.777	24.383	1	7	0.002	4.651	0.004		
	指数	0.777	24.383	1	7	0.002	104.676	0.004		

（续）

性状	方程	R^2	F	df_1	df_2	P	常数	b_1	b_2	b_3
	线性	0.670	14.182	1	7	0.007	109.642	0.688		
	对数	0.853	40.479	1	7	0.000	106.294	5.031		
	二次	0.869	19.975	2	6	0.002	104.880	2.136	−0.073	
胸围	三次	0.871	11.210	3	5	0.012	104.426	2.403	−0.107	0.001
	S	0.759	22.025	1	7	0.002	4.784	−0.130		
	增长	0.665	13.902	1	7	0.007	4.697	0.006		
	指数	0.665	13.902	1	7	0.007	109.616	0.006		
	线性	0.794	27.043	1	7	0.001	12.731	0.076		
	对数	0.788	26.093	1	7	0.001	12.488	0.493		
	二次	0.812	12.777	2	6	0.007	12.596	0.117	−0.002	
管围	三次	0.811	7.185	3	5	0.029	12.538	0.152	−0.006	0.000
	S	0.601	10.556	1	7	0.014	2.621	−0.100		
	增长	0.788	26.093	1	7	0.001	2.545	0.006		
	指数	0.788	26.093	1	7	0.001	12.738	0.006		
	线性	0.699	16.259	1	7	0.005	108.141	1.764		
	对数	0.793	26.739	1	7	0.001	100.978	12.176		
	二次	0.855	17.649	2	6	0.003	97.591	4.972	−0.162	
体重	三次	0.880	12.221	3	5	0.010	102.927	1.825	0.234	−0.013
	S	0.629	11.884	1	7	0.011	4.885	−0.278		
	增长	0.699	16.246	1	7	0.005	4.685	0.015		
	指数	0.699	16.246	1	7	0.005	108.275	0.015		

体重对年龄的最佳回归方程为三次方回归方程，回归方程分别为：$Y = 102.927 + 1.825X + 0.234X^2 - 0.013X^3$（$Y$ 是体重，X 是年龄，$R^2 = 0.880$）。此外，二次方回归方程的拟合度也在 0.800 以上，拟合效果较好，其他回归方程的拟合度均低于 0.800，拟合效果略差。

通过对河南毛驴母驴的体重、体长、管围、体高和胸围对年龄的回归分析发现，二次方回归、三次方回归、对数回归方程的拟合度比较好（$R^2 > 0.8$），线性回归、指数回归、S 曲线回归普遍拟合度较差（$R^2 < 0.8$）。

肖海霞等（2012）研究表明，在 1 岁时吐鲁番驴体高能达到成年的 90%，3 岁时其余体尺能达到成年体尺的 98%，这与河南毛驴的研究结果相类似，不同的是吐鲁番驴的管围受年龄的影响较小。肖海霞等（2014）分 3 个年龄阶段

（6月龄至3岁、4～6岁、7～16岁）研究了年龄对驴体尺性状的影响。研究发现，在6月龄至3岁时新疆驴的体高、体长、胸围和体重受年龄的影响最大，4～6岁及7岁以上，除了体重受年龄影响显著外，其他性状受年龄的影响均较小，管围从1岁以后几乎不受年龄因素的影响。这些研究表明，年龄对不同毛驴品种的体重和体尺影响是有时间阶段性的。总体来说，生长早期年龄对体重和体尺的影响较大，达到体成熟以后年龄对体重和体尺的影响较小，但不同品种受年龄的影响曲线不同，在实践中还应根据不同的生产目的和不同品种的生长发育特点采用不同的饲养方法和管理技术。

（四）驴体尺和体重性状间的相关

对于一个地方品种或某一特定地区的驴种来说，体尺和体重之间存在显著的相关关系，而且这种关系呈现出一定的规律性。肖海霞等（2014）研究了新疆不同产区驴体尺和体重性状的相关关系（表5-7），其中胸围和体重的相关系数最大（0.944），管围的相关系数最小（0.472）。由线性回归方程可知，体高每增加1cm，体重将增加4.48kg，体长每增加1cm，体重将增加4.11kg，胸围和管围每增加1cm，体重将分别增加4.11kg和12.74kg。

表 5-7 新疆不同产区驴体尺和体重性状的相关分析

（资料来源：肖海霞等，2014）

性状	体重（kg）			
	相关系数（r）	线性回归方程	P 值	R^2
体高（cm）	0.874	$Y=4.48X-322.05$	<0.001	0.762
体长（cm）	0.872	$Y=4.11X-274.28$	<0.001	0.760
胸围（cm）	0.944	$Y=4.11X-310.17$	<0.001	0.891
管围（cm）	0.472	$Y=12.74X+43.15$	<0.001	0.219

体重与体尺的最优回归模型为 $Y=0.72X_1+1.44X_2+2.59X_3-376.62$，最终入选回归方程的主要体尺有：体高（$X_1$）、体长（$X_2$）和胸围（$X_3$）。

肖国亮等（2007）在研究喀什地区新疆驴成年母驴体尺与体重性状的相关关系时也得到了类似的结果，体高、体长、胸围、管围与体重所有性状间相关系数均达到极显著水平（$P<0.01$），其中胸围与体重的相关系数最大（0.9712），管围与体重的相关系数最小（0.7998）。通过分析进一步表明，对体重影响最大的是胸围，其次是体长，管围对体重的影响最小。其中，胸围对体重的直接作用最大，为0.6817，管围和体高对体重的影响主要是间接作用，体长对体重的影响不仅有较强的直接作用，而且还辅助其他性状对体重产

生间接作用。胸围和体长两个体尺对体重的决定系数为 0.988 7，说明胸围和体长是影响新疆驴体重的主要因素。

二、生态地理条件对驴品种类型的影响

（一）新疆驴不同地方类型的比较

新疆驴在其漫长的繁衍过程中已经扩散到新疆各地，乃至甘肃、陕西、宁夏等地。由于各地的生态环境、饲料条件不同，形成了同一品种的不同类型，这些类型已经发生了部分适应性变异（表 5-8）。

表 5-8　新疆驴不同地方类型的体尺

产区	性别	头数	体高（cm）	体长（cm）	胸围（cm）	管围（cm）	体长指数（%）	胸围指数（%）	管围指数（%）
喀什	公	72	102.2	105.5	109.7	13.3	103.2	107.3	13.0
	母	317	99.8	102.5	108.3	12.8	102.8	108.6	12.9
和田	公	18	109.9	104.2	117.4	14.1	95.0	106.8	12.8
	母								
阿克苏	公	67	107.2	108.7	115.2	14.7	101.4	107.5	13.7
	母	62	107.9	109.6	117.9	14.5	101.6	109.3	13.4
吐鲁番	公	10	119.5	121.0	129.0	16.8	101.3	107.9	14.1
	母	25	119.0	124.5	135.0	16.5	104.6	113.4	13.9
伊犁	公	81	97.9	100.0	111.3	13.3	102.2	113.7	13.6
	母	107	96.3	101.3	112.8	12.7	105.1	117.2	13.2

喀什及和田地区属干旱沙漠环境，阿克苏是沙漠绿洲，吐鲁番为干旱荒漠，伊犁为半湿润山地气候条件。喀什、和田、吐鲁番是新疆主要驴产区。其中，喀什地区的新疆驴、和田地区的和田青驴和吐鲁番地区的吐鲁番驴是新疆的优良地方品种，1984 年列入《中国畜禽品种志》，2011 年列入《中国畜禽遗传资源志　马驴驼志》。喀什地区、阿克苏地区除一部分新疆驴外，还有近年来发展起来的疆岳驴。

肖海霞等（2014）等比较了新疆以上 3 个产区驴的体尺和体重。结果表明，喀什地区驴体高、体重显著大于吐鲁番、和田地区驴（$P < 0.05$），喀什和吐鲁番地区驴胸围差异不显著，但两者都显著高于和田地区驴（$P < 0.05$），3 个产区驴体长和管围差异不显著（$P > 0.05$），见表 5-9。值得一提的是，喀什地区驴的体格变化，除了生态地理条件影响外，还有一个更重要的原因是

当地农牧民引入大型关中驴与当地新疆驴杂交改良的结果。

表 5-9　新疆不同产区驴体尺和体重性状比较

（资料来源：肖海霞等，2014）

产区	样本数	体高（cm）	体长（cm）	胸围（cm）	管围（cm）	体重（kg）
和田地区	51	122.44±1.06[b]	122.26±1.17[a]	129.60±1.29[b]	14.97±0.17[a]	223.68±5.54[a]
喀什地区	70	125.88±1.26[a]	124.27±1.13[a]	134.35±1.18[a]	14.76±0.18[a]	249.11±5.27[b]
吐鲁番地区	78	122.71±0.63[b]	122.69±0.95[a]	132.79±0.92[a]	14.47±0.23[a]	226.70±3.82[a]

注：同列上标相同小写字母表示差异不显著（$P>0.05$）。

（二）蒙古驴不同地方类型的比较

蒙古驴在高寒草原的地理生态环境下，形成了两个地方类型即库伦驴和滚沙驴，其中库伦驴被收入《国家畜禽遗传资源目录》。

1. 库伦驴　产于内蒙古通辽市库伦旗和奈曼旗，当地海拔 284.1～386m，年平均温度 6.5～6.8℃，年降水量 283mm。体型属蒙古驴中较大的，全身紧凑，背腰平直，胸廓深长，后躯发育良好，四肢强健，善于奔驰，耐劳性、适应性和抗病力均强。由于气候寒冷，无霜期仅三四个月，故其皮毛粗糙，绒毛浓密，毛色常以一层草原保护色出现，灰黑色为多。库伦驴的体型外貌特征见第四章。

2. 滚沙驴　产于内蒙古毛乌素沙漠及其东南边缘的榆林地区，以及巴盟、伊盟的西部荒漠地带。该区沙丘绵延，流沙面积占总面积的 26%，沙丘间夹有大小不等的湖盆滩地占 16%，盖沙黄土地占 34%。属中温带亚干旱草原气候，年平均气温 8.5℃，最低气温 -28.1℃，最高气温 38.9℃，年降水量 415mm，无霜期 150～179d。天然草场为干旱草原，被沙丘、沙带和农田分割，植物覆盖度 20%～60%。由于地势较高，气候寒冷，风沙特大，终年群牧，常奔驰疾走，因而体质粗糙结实，体躯短小，前胸宽，胸廓发达，背腰平直，行动敏捷，善在沙漠中行走。毛色以灰、黑色为主，冬春有一层很厚的绒毛。毛皮粗糙，蹄呈高蹄者多，利于在沙漠中抬步，蹄质甚坚，滚沙驴的外貌特征见图 5-6、图 5-7。库伦驴和滚沙驴的体尺见表 5-10。

一个地方驴种的形成都与一定的（有时是特定的）生态环境有密切关系。在其进化与系统发育过程中，它们形成的遗传特性都是与原产地生态环境不断同化与转化的结果。一个地方驴种在原产地范围内，其气候、地形、土壤、植被等自然要素基本相同，有别于相邻的地区，因而它们的生态类型和生态特征比较一致，即使同属一个品种，由于所处的生态环境不同，也会产生不同的生态类型，这就是同一品种之所以有不同地方类型的缘故。地方类型多半是地理生态类型。

图 5-6 滚沙驴公驴

（资料来源：杨再）

图 5-7 滚沙驴母驴

（资料来源：杨再）

表 5-10 库伦驴与滚沙驴体尺的比较

类型	性别	头数	体高（cm）	体长（cm）	胸围（cm）	管围（cm）	体长指数（%）	胸围指数（%）	管围指数（%）	体重（kg）
库伦驴	公	20	120.0	120.0	134.1	15.0	100.0	111.7	12.5	199.5
	母	100	110.4	111.2	125.1	14.9	100.1	113.3	13.5	174.8
滚沙驴	公	60	107.7	109.2	117.9	13.6	101.4	109.5	12.6	143.7
	母	692	107.0	109.7	117.2	13.4	102.5	109.5	12.5	143.8

地方良种的形成一般在一个很长的时期内，与其他繁群彼此隔开，形成地理隔离，产生一个相对闭锁繁育的群体，因而逐渐形成了与产区以外的驴种有明显差别的类群。

三、不同生态环境在驴种生理上的反应

（一）主要生理指标

表 5-11 列举了代表性驴种主要生理常数指标。

从不同生态环境下驴种（母）的血液生理指标看，从平原到丘陵、沙区、高原，由南向北气候由温和到寒冷，海拔由低到高，其血液中的血红蛋白含量梯次增高。这是动物对海拔高、缺氧、气温低在血液生理上的反应。同时看到，为了适应海拔1 000m以上丘陵、山地和海拔3 000m以上高原环境，机体必须加快呼吸频率和血液循环，以弥补血液氧容量不足。因此，云南驴、川驴、西藏驴脉搏较大，新疆驴次之，平原地区的关中驴、滚沙驴则最小。

表 5－11 不同驴种生理常数指标

（资料来源：杨再等，1989）

驴的品种或类群	产地自然条件					性别	头数	呼吸频率(次/min)	体温(℃)	脉搏(次/min)	红细胞比容(%)	红细胞数(万个/cm³)	血红蛋白(g)
	生态类型	海拔(m)	年平均气温(℃)	年最低气温(℃)	年降水量(mm)								
新疆驴	干旱沙漠	1080	11.7	−24.4	61.3	公	26	16.4	37.2	43.3	—	—	—
						母	17	16.4	37.7	47.5	—	—	—
滚沙驴	高寒干旱草原	940.3	8.5	−28.1	475.0	母	20	20.1	37.2	43.2	40.5	700.5	11.2
佳米驴	半干旱丘陵	847.2	8.8	−26.0	450.2	公	18	26.1	37.9	44.7	40.9	875.5	10.6
						母	43	21.4	37.4	45.2	35.7	730.4	9.84
关中驴	平原	397.0	13.3	−18.7	583.0	公	7	20.8	37.7	41.5	45.4	790.8	9.67
						母	25	21.9	37.5	42.0	41.5	779.7	9.74
淮阳驴	平原	50.0	14.6	−17.0	742.0	公	10	20.0	37.9	44.0	39.6	597.3	10.12
						母	10	17.0	38.0	45.0	39.3	613.8	10.36
四川驴	高原	3 275.1	3.2	−33.9	705.2	公母不分	13	20.3	37.6	50.3	—	589.0	12.3
西藏驴	高原	3 900	6.8	−25.1	320	母	20	20.4	36.6	59.2	—	563.0	13.77
云南驴	亚热带山地	1 996.6	14.7	7.7	822.5	骟	15	29.1	38.0	49.5	—	628.0	11.74
						母	13	28.3	38.0	51.7	—	592.0	11.31

（二）繁殖生理指标

1. 公驴 性成熟年龄的早晚，决定于品种、气候、饲养管理条件和个体差异诸因素。在北方寒冷地区的，一般晚于温带地区，这与春季来得早晚有关。良好的饲养水平一般比营养不足的性成熟早。在牧区条件下处于不良环境的驴，往往不及在良好饲养环境下的早熟。群居生活的比隔离饲养的早，公母不分群时更是如此。一般认为，蒙古驴性成熟年龄 1.5 岁，关中驴、庆阳驴为 12～15 月龄，泌阳驴 12 月龄左右，川驴为 1.5～2 岁。

公驴的配种适龄因品种、气候、饲养管理条件等的差别而不同，一般为 2.5～3 岁，东北驴 3 岁以上，西藏驴 4 岁，而淮阳驴和泌阳驴在 2.5 岁左右。

2. 母驴 母驴初情期与气温有关，生长在热带的较寒带或温带的早。滚沙驴、库伦驴和西吉驴为 1.5～2 岁；泌阳驴为 12 月龄左右；德州驴在渤海一带生长，8～9 月龄就有发情表现。

母驴配种开始年龄一般为 2.5～3 岁，蒙古驴、西吉驴和凉州驴为 3 岁，关中驴、庆阳驴和德州驴为 2.5～3 岁，泌阳驴为 2～2.5 岁。

驴是季节性多次发情的动物，繁殖季节在春季，这时正是光照时间由短变长的时期，光照长度的周期性变化是温带地区的一种自然现象，这种变化对生殖生理有很大影响。当然，光照长短并不是控制繁殖季节的唯一因素。发情活动的季节性与畜种在其形成的漫长历史过程中为适应环境而造成的遗传保守性有关。季节变化包括光照、食物、温度、湿度等许多因素，这些因素常常都是共同发生影响的。不过在诸多共同发生影响的因素中，往往在一个时期有一个因素起主导作用。其中，光照、湿度、温度的影响，是持续的、深远的，它们通过已经适应环境了的遗传性反映出来，而饲草饲料、牧地植被的影响也十分重要，不过它是可以变化的、补偿的。

不同气候带下驴种的繁殖季节不同。地处中温带的河北省坝上地区张北县的早春季节，气温在 0～9℃，母驴很少发情或虽有发情但多不正常。其发情盛期在 5—7 月，到了 8 月就进入淡季。处于南温带下的淮阳驴繁殖季节在 2—9 月，配种旺季在 3—5 月，而 8—9 月妊娠的仍占百分之十几。关中驴发情时间一般从 2 月开始，3—5 月喂青苜蓿时发情最旺盛。6—7 月发情有偏少的趋势，8—9 月发情又增多。处在海拔 2 600m 左右的川驴，发情开始于 3 月；而海拔 4 000m 以上的西藏驴，4 月才开始发情；地处南亚热带的云南驴，则每年发情较早，从 2 月开始。

气温变化对母驴卵泡发育影响很大。例如，在北方地区早春季节，室外温度在 5℃ 左右时，母驴卵泡发育迟缓，发情持续期延长；春末夏初，室外温度在 15～35℃ 时，卵泡发育成熟快，发情持续期时间正常；炎热季节室外温度

在 30~35℃时，休情期延长，发情成熟期显著缩短，卵泡发育过程加快。在同一季节里，天气骤变，对卵泡的发育也有影响，如在夏初温暖天气里，天气突然变冷，卵泡发育期就会延长，甚至出现卵泡发育停滞的现象；炎热季节里突然下雨，天气凉爽，卵泡发育迅速加快，排卵期提前。

四、经济社会条件和社会需求对驴品种形成的影响

驴在我国由西向东传入过程中，不同地方的地理环境和社会经济因素对驴产生了深刻影响，形成了各具特色的地方品种。

(一)农业生产的需要

我国是农业大国，农业生产的众多环节都有驴的用武之地，驴是人们重要的生产和生活资料。中国北方和西部少数民族在 3 500 年前已经驯养了驴，并通过马和驴杂交获得了骡，由于数量稀少，异常珍贵，当时被称为奇畜。汉代以来，大批驴骡进入内地，为普通百姓所养，也成为普通百姓生活所用。驴擅长挽拉碓、砻、碾、石转磨等，是粮食加工的重要动力。特别是在压实土壤的过程中，驴能够发挥出其他牲畜不可比拟的优势。北方地区在小麦播种后，"用驴驾两小石团压土埋麦"，驴蹄小而高，比牛身轻、灵活，不至于对土地造成踩踏破坏。

农耕的发展、精耕细作的需要、肥沃黏重的土质，促使人们选育体大力强的驴从事耕作或繁殖大型役骡来满足农耕生产。关中平原农耕发达，对役畜要求较高，适宜大型关中驴的形成。黄河流域境内淤土地带由于土质黏重，需要拉力强的牲口，个体农户养不起马或骡，养头体格较大的驴能解决生产所需。而驴对犁地、拉车、套碌、磨面等农家活均能胜任，所以泌阳驴、长垣驴和德州驴的形成，都与当地的耕作需要密切相关。黄土高原丘陵区农耕发达程度较低，耕地零散，道路崎岖，适宜中型驴的发展。在我国北部、西部牧区以及西南高原、山地，耕作落后、植被稀疏、土壤贫瘠、驴以放牧为主，只能培育出一些小型驴种，如新疆驴、青海毛驴、云南驴、川驴、西藏驴等。

(二)交通运输的需要

驴是交通运输的重要工具。一方面，驴能够翻山越岭、负重致远，用其驮载货物能节约民力，提高效率，是大规模长途运输的重要负载工具。从古至今，驴在交通运输方面都发挥了重要作用。另一方面，驴善走对侧步，骑乘时能给人舒适感，且廉价易得，是普通百姓日常乘骑的最佳出行工具。在北部、西部牧区及西南高原地区，道路崎岖，交通不便，很多小型驴种在当地作为人

们的交通工具被发展起来。一些大型驴的培育也与其运输功能有关，如吐鲁番驴，就是当地人们为满足当地农业役用和商旅驮运需要，以本地新疆驴为母本与关中驴进行杂交改良而成的。无论大型驴还是小型驴，除了农耕需要以外，交通运输需要几乎是每一个品种形成和发展的重要因素。近现代以来，随着现代交通的发展和农业机械化程度的提高，驴的使用范围在不断缩减，主要分布区驴的数量也在相应下降。目前，驴集中分布于黄河中下游地区、新疆以及甘肃的河西走廊。

（三）人们对驴产品的需求

驴是多用途家畜，驴肉营养丰富、肉质鲜美，通过烧、煮、腌、炖、烩等烹调方法，加入卤、酱等原料，能用来制作成各种美食。在我国民间素有"天上龙肉，地下驴肉""要长寿吃驴肉，要健康喝驴汤"的赞誉。驴皮可以熬制阿胶，驴皮胶含有多种蛋白质、氨基酸、钙等，能改善血钙平衡，促进红细胞的生成，有滋阴补血、安胎的功效，具有较高的经济价值；驴骨、驴鞭、驴胎盘、驴血清等可开发成保健品或药品。驴乳是低脂肪、低饱和脂肪、低胆固醇乳类，含多种生物活性物质，具有较高的营养价值和保健作用。河北、河南、山东一带人们爱吃驴肉，驴进入中原以后，除了满足役用需要外，人们对驴肉的需求也促进了中原一带大型驴种的培育。在山东，阿胶的生产需要对大型德州驴的培育产生了直接影响。随着农业机械和交通运输工具的发展及普及，驴的役用功能逐渐降低，而肉用、乳用和药用等功能逐渐增加。其肉用、药用（驴皮）、乳用价值进一步提升，对驴的品种选育正发生着重要影响，如疆岳驴就是目前正在朝乳用型方向培育的一个品种。一些小型品种因产肉性能低，在役用方面又无用武之地而濒临灭绝，如河南毛驴。近年来，我国市场对驴制品，尤其是对阿胶的需求在不断增加，德州驴的保种选育工作得到进一步加强，并在全国得到广泛推广，不仅影响到国内的驴业，也影响到世界其他地区驴的养殖和分布。

（四）经济社会条件的影响

驴品种的形成是诸因素综合影响的结果，遗传因素起决定作用，而社会经济条件和生产发展需要则是先决条件。任何一个地方品种的形成，无不与其对生存环境的适应性密切相关，适应了就生存繁衍下来，就会逐渐累积而产生与环境相协调的种质，这些享有一个共同基因库的繁育群，人们从经济利用的目的出发，随即命名为一个地方品种。如果经济条件不需要身高体大的大型驴，那么古西域一带驴中一批体格较大的驴即便是在优越的农区舍饲饲养条件和黄河中下游的暖温带气候条件下，在当地也发展不起来。这就是为什么地方驴种

的中心产区与其周围地区的生态条件基本相同，但驴的体格大小有明显差异，亦即中心产区能繁育出世界著名的大中型驴种，但这里同时保留着众多华北毛驴的缘故。

长期以来驴是我国农业生产的主要动力，在个体小农经济条件下，农民经济基础薄弱，养不起牛的农户，喂一头驴是不错的选择，家家养1～2头驴成为我国驴业发展的主要方式。驴特别适宜半山丘陵小块田地耕作，善于农业生产的犁、耙、播、碾、磨、车水等多种农活，驮运和乘骑均可胜任。农民养驴使役、繁殖、出售均较适宜，分布于暖温带和中温带的西北和东北部、华北的地方驴种，除生态因素影响外，当地的经济条件和驴的役用需要是促成各个品种形成的重要因素。

20世纪70年代后期，农村经济体制改革促使我国养驴规模一度突破历史最高水平。在数量变化的同时，70年代后期至80年代后期，黄河中下游流域山东、河南、陕西、山西农业区大型驴的选育进入品种标准化阶段；甘肃东部、陕西北部、河南北部、河北南部的中型驴的体量、外形、役力普遍有所改进。但20世纪80年代末至21世纪初数量逐渐下降，90年代中期，由于农村生产生活方式的变化，大型驴、中型驴的市场价格下降，一部分优秀个体已从原产地流散。30多年来，南北各地的驴种一般都保持着固有品种特性。川西北、陕北、雁北地区的驴种，由于一部分大、中型驴的流入，体重略有增加。

有些地方良种的产区，其生态条件和饲养条件并不优越，有时甚至是贫瘠的，但独特的生产也会形成某些具有特有种质的品种，有些仅仅由于社会经济需要，而使某些地方品种得以保留。随着我国经济发展和人民生活条件的改善，耕作、驮运等使役已不再是驴业的发展方向，驴的选育也将朝着肉用型、药用型、乳用型、观赏型和伴侣型等方向转变，一些新的品种要培育出来，有些地方品种也有难逃灭绝的危险。随着社会经济发展和科技进步，我国驴业正在呈现新的发展趋势和结构性转变。驴的功能与作用正在由役用向肉用、药用、乳用、保健及生物制品开发等多用途的"活体经济"转变；驴的养殖模式正在由以个体户饲养为主向规模化饲养为主转变；驴的分布正在由自然的地理生态分布为主逐步向以功能性驴产品为主导的产业化经营和区域化布局为主转变。社会经济需要虽然对品种形成起着重要作用，但它却受生态条件的制约。也可以说，必须为生态条件所允许。许多大型驴的形成历史就充分证明了这一点。

五、丰富的饲草、饲料资源是驴品种形成的物质基础

纵览许多地方驴种产区的自然条件，可以看到，往往是河流众多、水草丰

美、优良的饲草条件、使役者的严格挑选，推动了优良品种的形成。关中地区气候温和、雨水适宜，自古就有"膏壤沃土野千里"之称。大约从西周起这里就进入以农耕为主体的生产阶段，农作物以椒粟为多，汉代中期以后冬小麦开始广泛种植，麦豆轮作的习惯由来已久。汉武帝时期由西域引进的大宛马和苜蓿，由于草质优良、农民竞相种植，数年遍及关中。优越的自然条件以及丰富多样的农副产品、饲草、秸秆为大型关中驴的形成提供了优厚的物质基础。

河南淮阳气候温和，土壤肥沃，饲料丰足，河流纵横，雨量较多。这里是著名的淮山羊、项城猪的重要产区，也无疑具备了地方良种淮阳驴形成的生态条件。历史上喂驴的精饲料以黑豆、黄豆、豌豆、绿豆、高粱、大麦和麦麸为主。饲草有谷草、豆秧和角皮、花生秧、野青草等，历史上还有种苜蓿的习惯，丰富的饲草饲料资源为淮阳驴的形成提供了饲料保障。

在河南泌阳，产区气候温和，土壤肥沃，农作物丰盛，饲料来源充足。此外，产区既有山坡地适于种植饲养驴的牧草，又有平缓的牧坡、河滩可供放牧，这些都为泌阳驴品种形成和发展提供了优越的自然条件。

陕北在秦汉以前曾是森林密布、水草丰美的地方。由于西汉推行"募民徙塞下"的移民戍边政策和唐代后期鼓励农民垦辟荒地的做法，使耕地迅速扩展，人口激增，陕北游牧民逐步转向农耕，林草被毁，土地沙化，水土流失日益严重，致使牧草生长不良，农作物产量低而不稳。乾隆四十八年，对陕北毛驴已采取半放牧、半舍饲的饲养模式。受自然条件和草料资源的影响，以及长期的混群放牧配种和无计划地选育，最终形成了体格小、耐艰苦的小型驴种。

六、合理的饲养管理和选种经验是驴品种形成的重要保证

在汉武帝时代，关中地区即已种植苜蓿。关中驴自幼得到这种优质饲草，加上农民对牲畜饲养管理较精心，做到产前给母驴加料，产后适时补饲优质草料，驴驹生后1个月左右，即单独补饲，冬季放于田野，任其活动，使役后终年舍饲。产区农民很重视驴的选种选配，对种公驴选择尤为严格，要求体格高大、结构匀称、睾丸对称，且发育良好、四肢端正、毛色黑白界线分明、鸣声洪亮、富有悍威。通过举办赛畜会、"亮桩"（种公驴评比会）等促进品质质量不断提高。优越的饲养条件和长期的选种选育促成了关中驴这一地方良种的形成。

在陕西佳米驴产区，当地群众对驴喂养精细，终年舍饲，合理使役，对孕畜和幼畜的管护更为精细。精饲料以黑豆、高粱、玉米及其糠麸为主，拌以铡短的谷草，搭配少量糜草和麦草。苜蓿是驴的主要青绿饲料，苜蓿、谷草和黑豆是佳米驴形成的重要物质基础。群众对驴有严格的选种选配习惯。要求种公

驴体质结实、结构匀称、耳门紧、槽口宽、双脊双背、四肢端正、睾丸发育好、毛色为黑燕皮，并从幼龄期开始培育；对母驴要求腰部及后躯发育良好。在这些因素的综合作用下，逐步选育出体格中等、驮挽兼用、善行山路的佳米驴。

在河南周口一带，一头好的种驴，毛色上要求乌黑、三白。躯体要求骨架子大、"四称"，选择骨质致密的"圆骨头"。优秀的种公驴要求133cm以上，母驴也要在123cm以上。种用驴头部也有一定要求，俗称"驴一头"，即头要方，槽口要宽。具头小、嘴尖，"扁担耳""螳螂脖"等缺陷的驴都不能作种用；背要长、平、直，"膀大腰圆"，双脊双背，"凹背""蚂虾腰""流水腚"等发育不健全的驴也不能作为种用。腿的要求是"干筋腿"，圆蹄短寸"四蹄如斗"。优秀的公驴睾丸必须发育良好，叫声响亮。当地农民对种驴除体型外貌有特殊要求外，还习惯选用银灰色的公驴配红马则多产红骡子，配黑马则产黑骡子。河南周口淮阳每年举办"二月会"，历时1个月，香客、会首都来此朝拜人祖，驴贩子也来此赶庙会购驴。当地农户积累的这种选种经验对淮阳驴的体质外貌特征产生了重要影响。

在泌阳县周围，人们对驴的饲养就有其独特的饲养方法，当地自称为"泌阳驴饲养法"，在各种饲养环节中要考虑到如何适应驴的特性和需要，如饲料种类、饲料量、饲喂方法、放牧时间、饮水温度等都有很多宝贵经验。当地农民喜养大驴，有些农户饲养种公驴，以配种作为家庭生活经济收入的主要来源。对种公驴的选择要求严格，如缎子黑、"三白"明显，个大匀称、头方、颈高昂，耳大小适中，竖立似竹签，嘶鸣洪亮而富悍威等。养种公驴户每逢集市、庙会等都会牵驴进行展示，以博得母驴饲养户的青睐进行配种。这样经过长期的精心管理和群选群育，逐步形成了体型、体长、毛色、肉质等独具一格的泌阳驴优良品种。

第六章

| 驴的选育

一、基因和性状

（一）染色体核型

1. 马属动物的染色体　染色体是遗传物质的载体，每种生物的细胞中都有特定数目的染色体。一般情况下，染色体数目是恒定的，在体细胞中染色体成对存在。这种大小、结构、形态相同的一对染色体称为同源染色体。它们一个来自父方，一个来自母方。同源染色体之一构成的一套染色体称为一个染色体组。在一般动物细胞中，都含有两个染色体组，称为二倍体（2n），精子和卵子细胞只含有体细胞一半的染色体，称为单倍体（n）。马属动物都是二倍体生物，马属动物及其种间杂种的染色体见表6-1。

表 6-1　马属动物及其种间杂种的染色体

学名	普通名称	体细胞染色体数目（2n）	资料来源
Equus caballus	家马（domestic horse）	64	韩国才（2017）
Equus asinus	家驴（domestic donkey）	62	韩国才（2017）
Equus prezwalskii	普氏野马或蒙古野马（Przewalski）	66	韩国才（2017） 王墨清（1995）
Equus ferus	欧亚野马	64	韩国才（2017）
Equus kiang	藏野驴或康驴（kiang）	52	Musilova 等（2009）
E. hemionus kulan	土库曼库兰驴（kulan）	54	Musilova 等（2009）
E. hemionus hemionus	蒙古野驴（mngolian）	54	Musilova 等（2009）
E. hemionus onager	奥纳格尔驴（onager）	56	Ryder 等（1978） Musilova 等（2009）

（续）

学名	普通名称	体细胞染色体数目（2n）	资料来源
E. africanus somaliensis	索马里野驴（somali wild ass）	62～64 62	Houck 等（1998） Benirschke 等（1967）
E. africanus africanus	努比亚野驴（nubian wild ass）	62	Benirschke 等（1967）
Equus grevyi	细纹斑马（grevy's zebra）	46	Musilova 等（2007）
Equus quagga	平原斑马或普通斑马	44	Musilova 等（2017）
Equus zebra	山斑马（mountain zebra）	32	Musilova 等（2013）
E. q. burchellii	伯切尔斑马（Burchell's zebra）	44	李艳红等（2006）
E. asinus×E. caballus	马骡、骡（mule）	63	韩国才（2017）
E. caballus×E. asinus	驴骡或辛尼（hinny）	63	韩国才（2017）
E. caballus×E. grevyi	公马（zebrorse）或母马（zebule）	55	李艳红等（2006）
E. asinus×E. grevyi	母驴（zebroid）、公驴（zebnass）、齐步戎基（zebronkey）	48	Benirschke 等（1964）
E. asinus×E. quagga	母驴（zebroid）、公驴（zebnass）、齐步戎基（zebronkey）	53	李艳红等（2006）
E. grevyi×E. quagga		45	李艳红等（2006）

2. 染色体核型　染色体核型是指将一个生物细胞中的染色体图像进行剪切，按照同源染色体配对、分组，依大小排列的图形。核型反映了一个物种所特有的染色体数目及每一条染色体的形态特征，包括染色体相对长度、着丝粒的位置、臂比值、随体的有无、次溢痕的数目及位置等。核型是物种最稳定的细胞学特征和标志，代表了一个个体、一个种，甚至一个属或更大类群的特征。马、驴和骡的染色体核型见图 6-1。

马有 64 条染色体。母马核型，64，XX；公马核型，64，XY。在 31 对常染色体中，有 13 对为中部或亚中部着丝粒染色体，有 18 对近端着丝粒染色体，X 染色体为一个大的亚中着丝粒染色体，Y 染色体是所有染色体中最小的染色体。

驴有 61 条染色体。母驴核型，62，XX；公驴核型，62，XY。在 30 对常染色体中，有 19 对中部或近中部着丝粒染色体，有 11 对近端着丝粒染色体，X 染色体为一个大的亚中着丝粒染色体，Y 染色体是所有染色体中最小的染色体。

骡和驴骡是马和驴的种间杂种，体细胞都含有 63 条染色体，其中 31 条来自马，32 条来自驴。母骡核型，63，XX；公骡核型，63，XY。其核型见图 6-2。

20 世纪 70 年代，人们用特殊的理化方法及染料对染色体进行染色，可以使染色体在不同部位出现大小、颜色深浅不同的带纹，这一类技术称为染色体

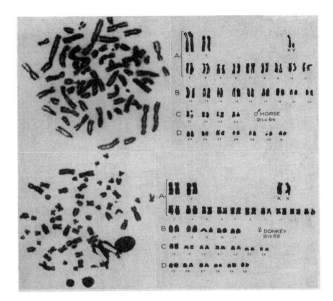

图 6-1　马、驴和骡的染色体核型

左上为公马有丝分裂中期相，右上为公马的核型（地依红染色，×2000）

左下为母驴有丝分裂中期相，右下为母驴的核型（地依红染色，×2000）

（资料来源：Benirschke 等，1962）

显带技术，包括 Q 带（荧光带）、G 带（Giemsa 显带）、C 带（结构异染色质显带）、R 带（反带）、T 带（端粒带）、Ag-NOR 带（银染带）、SCE（姊妹染色单体交换分析）和高分辨染色体分带等。利用染色体显带技术进一步解决了染色体的识别问题，同时能提供染色体及其畸变的更多细节。将显带技术与核型分析相结合，可用于生物遗传变异分析、物种起源进化分析、连锁分析、环境监测和疾病诊断等多个方面。

（二）基因型与表现型

1. 基因型与表现型　基因型是指决定生物某一性状的遗传组成，而表现型是指生物某一性状的具体表现。驴的各种性状，如体尺、外貌、毛色，以及生长发育和新陈代谢的机能都有其特定的基因型，而这些基因型都是通过上下代的基因传递重新组合而成的。染色体是基因的载体，决定各种性状的基因都是随着染色体的传递而遗传的。基因型和表现型的关系是：表现型（P）＝基因型（G）＋环境效应（E）。也就是说，生物任何性状的表现都是由遗传因素和环境因素共同作用的结果。

2. 质量性状和数量性状　质量性状是指一类呈现质的中断性变化的性状，

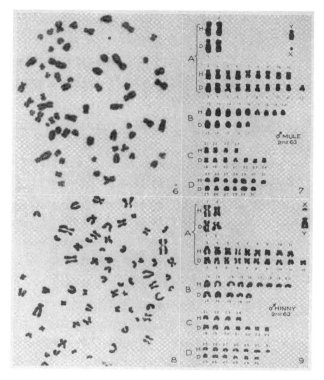

图 6-2　骡和驴骡的染色体核型

左上为公骡有丝分裂中期相，右上为公骡的核型（地依红染色，×2000）

左下为驴骡有丝分裂中期相，右下为公驴骡的核型（地依红染色，×2000）

（资料来源：Benirschke 等，1962）

表现为全或无的反应，可明确地区分为若干个相对性状，如驴的毛色、血型，这类性状一般由少数单基因控制，表现为明显的孟德尔遗传规律，性状的表现很少或不受环境影响。数量性状是一类表现为连续变异的性状，这类性状由微效多基因控制，受环境条件的影响较大。虽然控制性状的每对基因符合孟德尔遗传规律，但整个性状的遗传表现是连续变异的，一般呈现为正态分布，驴的大部分经济性状都是数量性状，如驴的体尺、体重、产肉性能、产奶性能、役用性能、抗病力、适应性和耐力等。

二、主要性状的遗传及研究进展

（一）毛色相关基因

毛色主要由黑色素细胞产生的真黑素和褐黑素的分布及比例所决定，多基因共同作用调控黑色素的产生和分布，最终形成各种单毛色和复毛色。影响毛色的基因主要包括 *MC1R*、*ASIP*、*KIT*、*TYR*、*EDNRR STX17*、*MATP* 和 *PMEL17* 等。这里主要介绍 *MC1R*、*ASIP*、*KIT*、*TYR* 4 个基因的变异与驴毛色的关系。

1. 黑色素皮质激素受体 1 基因（Melanocortin 1 receptor，*MC1R*） 哺乳动物 MCR 基因包括 *MC1R*～*MC5R*，与黑色素合成有关的受体主要是 *MC1R*。*MC1R* 又称促黑素细胞激素受体（MSH-R），为 G 蛋白耦合受体家族，一般由 310 多个氨基酸组成，该基因只有一个外显子。*MC1R* 蛋白有 7 个跨膜结构域，是最小的 G 蛋白耦合受体。cAMP 信号通路是调节真黑色素形成的关键通路，它的作用机制遵循第二信使学说。

Abitbol 等（2014）对法国 7 个驴品种的 *MC1R* 基因进行比较发现，相对于其主要毛色黑色、棕色和灰色，红色的诺曼德驴（Normand donkeys）幼驹出现了一处 c.629T＞C 的错义突变，导致第 210 位编码的氨基酸由甲硫氨酸突变为苏氨酸。与人及其他哺乳动物比较，发现该突变（M210）类似于人 MC3R 基因的 M247 突变，高度保守且位于第 5 个跨膜域或第 3 个胞内环上。在晶体结构中，第 3 个胞内环形成 α 螺旋结构，能够拉长第 5、第 6 螺旋的长度，导致跨膜域的长度变化，同时控制受体选择不同的 G 蛋白，最终引起毛色变红（图 6-3）。

图 6-3　红色的诺曼德驴幼驹与灰色母驴

（资料来源：Abitbol 等，2014）

2. 野灰位点信号蛋白基因（Agouti signalling protein，*ASIP*） 在哺乳动物中，野灰位点（Agouti）和毛色扩展位点共同控制真黑素和褐黑素的形成。Agouti 在毛囊黑色素细胞内临时产生，诱发褐黑素的合成，通过竞争性地与 *MC1R* 受体结合，调节褐黑素与真黑素的产生比例，从而实现对毛色的调控。已有研究发现 *ASIP* 的隐性突变位点与灰色毛的形成、白斑及褐斑的出现有关，并与黑色素瘤的形成有关。

在世界范围内，眼周、鼻端和腹下呈粉白色为特征的三粉驴分布最为广

泛。相对于三粉驴，通体黑色的乌驴数量则少得多。Abitbol 等（2015）选择法国登记注册的 6 个品种 127 头驴（黑驴 9 头、三粉驴 118 头）进行毛色对比试验，发现黑驴的 *ASIP* 基因上存在一处隐性错义突变 c.349T＞C，导致第 117 位编码的氨基酸由半胱氨酸突变为精氨酸，最终导致毛色变黑（图 6-4），并且在试验驴群体中发现 *ASIP* 基因从三粉到黑色为隐性遗传，这也可以部分解释为何乌驴数量稀少。

Sun 等（2017）对国内 13 个驴品种 *ASIP* 基因 c.349T＞C 位点进行了基因分型，发现除了泌阳驴外其他品种都存在 *TT* 和 *TC* 基因型，只有在德州驴、库伦驴、庆阳驴中存在 *CC* 基因型，德州驴 *CC* 基因型个体全部表现为全身乌黑，这一结果为德州驴乌头品系的选育提供了理论基础。

图 6-4　三粉诺曼德驴和纯色诺曼德驴

（资料来源：Abitbol 等，2015）

3. 原癌基因（Proto-oncogene）　*KIT* 编码表达黑色素细胞前体物的"肥大/干细胞生长因子受体"，属于免疫球蛋白家族，其胞外部分由 5 个免疫球蛋白样结构域组成，胞内部分包含了由 ATP 结合区和磷酸转移酶区组成的具有酪氨酸激酶活性的结构域。*KIT* 的突变可影响黑色素细胞的增殖、迁移或存活，并与原始生殖细胞和造血干细胞的发育及成熟有关。

研究证明，*KIT* 是白毛色和花斑性状的一个主要候选基因。*KIT* 序列多态与杂毛色等位基因之间存在显著的连锁不平衡，在白毛色的马中，*KIT* 的等位基因数目要多于其他毛色的等位基因数目。通过对白色斑点驴与纯白色驴进行的比较研究，发现 *KIT* 基因存在两处突变：一处为外显子 4 上错义突变 c.662A＞C，导致编码氨基酸由酪氨酸突变为丝氨酸，该突变在白色幼驹上被发现；另外一处为剪切体突变 c.1978＋2T＞A，该突变在白色斑点的驴中出现（图 6-5）。

4. 酪氨酸酶基因　酪氨酸酶（Tyrosinase，TYR）是合成真黑素和棕黑素两种黑色素的关键酶，许多动物的白化症是由酪氨酸酶（TYR）基因的突变引起的。对意大利的 Asinara 白化驴 *TYR* 基因突变进行分析发现，在一个高度保守的氨基酸位置发生一个错义突变（c.604C＞G），使第202位编码的氨基酸由组氨酸变为天冬氨酸，这个突变会破坏功能蛋白的第1个铜结合位点，与驴的白化表型显著相关（Utzeri等，2016）（图6-6）。

图6-5　自左向右依次为三粉驴、花斑驴和白色驴，白色驴为
完全白化，其他两头驴眼睛是棕色的
（资料来源：Haase等，2015）

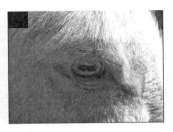

图6-6　TYR基因突变导致的白化驴（眼周围缺乏色素）
（资料来源：Utzeri等，2015）

Legrand等（2014）研究发现，成纤维细胞生长因子5（FGF5）基因上2个隐性突变（c.433_434delAT和c.245G＞A）与驴长毛表型相关。

毛色性状是一种可利用的遗传标记，在确定杂交组合、品种纯度和亲缘关系等方面均有一定的用途，不同毛色的驴经济价值也不同。毛色的遗传很复杂，虽然是质量性状，但存在很复杂的基因互作关系，目前国内对驴毛色遗传的研究尚少。

（二）生长性状相关基因

1. 生长激素基因　生长激素（GH）是垂体前叶分泌的单链多肽激素，其主要功能是促进生长、维持动物生长发育，同时具有调节糖类、脂肪和蛋白质代谢的作用。GH基因是控制体内生长激素分泌水平、调节动物生长发育等重要生理活动的主效基因，朱文进等（2011）研究发现，德州驴GH基因DNA序列全长为1 928bp，包含完整的4个内含子和5个外显子。GH基因在1 267

处的 C/G 突变可能影响驴的生长发育。德州驴 GH 基因 DNA 序列与德保矮马、蒙古马、猪、牛、绵羊和人 GH 基因序列的同源性分别为 98.8%、98.2%、79.4%、68.3%、70.9% 和 68.3%，cDNA 编码的氨基酸序列同源性分别为 99.5%、98.6%、97.2%、89.8%、88.9% 和 68.4%。可以看出 GH 基因在进化上具有较高的保守性。

2. 二酰甘油酰基转移酶基因　二酰甘油酰基转移酶（diacylgycerol acyltransferase 2，DGAT2）是一种甘油酰基转移酶，是脂肪代谢中重要的酶之一，与脂肪沉积、血浆甘油三酯的调节、肌肉中的能量代谢等都有密切的关系。王颜颜等（2011）研究发现，新疆驴 DGAT2 基因存在多态性，其第 3 内含子有两种等位基因 A 和 B，存在 AA 和 AB 两种基因型，其中 AA 基因型为优势基因型。与 AA 型相比，AB 型存在碱基发生 A-G 的突变，使赖氨酸突变为精氨酸。新疆和田驴 AA 与 AB 基因型个体相比，体高和胸围差异极显著（$P<0.01$），体长差异显著（$P<0.05$），AB 型体高、胸围和体长高于 AA 型。新疆喀什驴 AA 与 AB 基因型个体相比，体高差异显著（$P<0.05$），AB 型的体高、胸围和体长高于 AA 型。新疆喀什驴的体高、体长和胸围高于和田驴，差异极显著（$P<0.01$）。新疆驴 DGAT2 基因内含子 3 的 SNP 突变可作为体尺性状的候选分子标记。

3. 肌生成抑制素基因　肌生成抑制素（Myostatin，MSTN）是在骨骼肌肉中表达的一种糖蛋白，对骨骼肌的生长有调节作用。MSTN 基因活性的丧失或降低，会引起动物肌肉的过度发育，表现为双肌性状。MSTN 基因表达产物的功能区主要由 109 个氨基酸组成，编码这一段氨基酸的核苷酸主要集中在外显子 3，其中 9 个半胱氨酸对该因子发挥正常的功能必不可少，属保守性氨基酸，发生改变后会导致其功能的重大丧失，从而影响生产性能。研究表明，MSTN 外显子 1 中 C/A 突变是造成双肌现象的重要原因。刘东花等（2012）以新疆驴和青海驴为研究对象，对该基因进行序列分析，该基因序列长度为 3 242bp，包括 5-UTR 区（671bp）、第 1 外显子（373bp）、第 1 内含子（1 825bp）和第 2 外显子（373bp）。在该基因中共发现 4 个 SNPs，分别为 65bp 处 T→C（5-UTR），872bp 处 A→G（第 1 外显子），2 017bp 处 G→A（第 1 内含子），2 395 处 C→G 突变（第 1 内含子）。两个家驴品种 MSTN 基因的遗传多样性很丰富（$H=0.604\ 4$），这对中国驴的遗传资源保护具有重要作用。

4. 非染色体结构维护凝缩蛋白 I 复合体 G 亚基基因　凝缩蛋白 I 复合体是由 5 个亚基组成的高度保守的异源五聚体，对有丝分裂和减数分裂中染色质压缩和染色体分离具有至关重要的作用。非染色体结构维护凝缩蛋白 I 复合体 G 亚基（NCAPG）是 I 型凝缩蛋白的第 5 个亚基，对于凝缩蛋白的结构完整性具有不可替代的作用。DCAF16（DDBI 和 CUL4 相关因子 16）作为 CUL4-

DDB1 E3 泛素蛋白连接酶复合物的底物受体，参与促进蛋白质修饰和泛素化过程。大量研究表明，*NCAPG-DCAF16* 区域与生物体的生长发育相关。侯浩宾等（2019）发现，德州驴群体中 *NCAPG-DCAF16* 基因区域 5 个 SNPs 位点对生长性状均有显著影响，特别是 rs008 位点与德州驴体重、体高等重要生长性状极显著相关，可用于德州驴的分子标记辅助选择，提高德州驴育种效率。

5. 细胞色素 *b*（*Cytb*）基因 细胞色素 *b* 是线粒体的一个氧化磷酸化系统Ⅲ蛋白复合体组成部分，由线粒体基因组 *Cytb* 基因编码。国内外该基因的多样性分析主要集中在驴的起源与进化方面的研究。陈建兴等（2009）研究了中国 3 个驴品种生长性状与细胞色素 *b*（*Cytb*）基因的相关性。多数情形下，该基因对生长性状的影响都不显著，在 3 个品种家驴中其产生的效应也不相同。对云南驴来说，该基因对尻宽的影响比较显著（$P<0.05$），并且 *AA* 基因型的效应高于 *BB* 基因型的（1.6cm，约占该性状平均值的 5.4%，$P<0.05$）。而对德州驴来说，该基因对体高的影响达到了显著水平（$P<0.05$）。侯浩宾等（2018）对 *Cytb* 基因、生长素基因、*DGAT2* 基因与生长性状进行了关联分析，基因分型结果表明，*Cytb* 基因与云南驴的尻宽和德州驴的体高显著相关；生长素基因序列在 1 267 位的 C→G 可能影响到驴的生长发育；*DGAT2* 基因存在多态性，其第 3 内含子有两种等位基因 A 和 B，存在 AA 和 AB 两种基因型，其中 AB 型存在碱基发生 A→G 的突变，使赖氨酸突变为精氨酸，可以作为驴体尺性状的候选分子遗传标记。

（三）乳用性状相关基因

1. *αs2*-酪蛋白基因（*CSN1S2*） *αs2* 酪蛋白（αs2-casein）是反刍动物和马属动物的乳中 3 个钙敏感酪蛋白之一，由 *CSN1S2* 基因编码产生。Cosenza 等（2010）对 2 种 *CSN1S2* 基因 cDNA 进行了克隆测序分析，发现 *CSN1S2 Ⅰ* 基因上存在 2 个突变（外显子 12 第 119bp 处 T→C 和外显子 14 第 12bp 处 G→A）和 *CSN1S2 Ⅱ* 基因上的 1 个突变（内含子 1 197bp 处 A→G）。

2. *κ*-酪蛋白基因（*CSN3*） *κ*-酪蛋白是牛乳腺分泌的一种含有少量磷酸基的磷蛋白。*κ*-酪蛋白是凝乳酶的天然底物，在自然状态下，*κ*-酪蛋白是使牛乳保持稳定的乳浊液状态的重要因子。Selvaggi 等（2013）对马丁弗兰卡（Martina Franca）驴群体 *κ*-酪蛋白（*CSN3*）基因外显子 1 上的 2 个 SNPs 进行了基因分型，结果均为 *AA* 基因型，没有发现 *AG* 和 *GG* 型个体，这与在牛乳中基因的表现形式相似。

3. 催乳素受体基因 催乳素受体（prolactin receptor，PRLR）主要参与调控乳蛋白基因的表达，*PRLR* 基因是家畜乳用性状的重要候选基因。国内

外研究表明，*PRLR* 基因的表达对泌乳量、乳脂率及乳蛋白率具有显著影响。毕兰舒等（2017）利用 PCR-SSCP 方法对疆岳驴 *PRLF* 基因侧翼区进行多态性分析。结果显示，*PRLR* 基因在疆岳驴群体中存在 2 种基因型：*AA* 型和 *AB* 型；基因的碱基突变位置为 g.29 764 584C＞G，该突变虽为同义突变，但关联分析表明，*PRLR* 基因突变与泌乳性状存在关联性，*AB* 基因型个体平均日泌乳量显著高于 *AA* 基因型（$P<0.05$），*AA* 基因型个体乳蛋白率显著高于 *AB* 基因型（$P<0.05$）。推测 *PRLR* 基因可以作为疆岳驴乳用型选育的分子遗传标记之一。

4. β-乳球蛋白基因　β-乳球蛋白（β-lactoglobulin，β-LG）是乳清蛋白的重要组成部分，在乳清中含量最高。驴乳中 β-LG 的浓度为 3.75g/L，接近于牛乳和马乳。驴乳中 β-LG 至少存在 3 种亚型，属于脂质运载蛋白家族。驴 β-LGⅡ基因座具有高度多态性，目前国外学者已经发现了 6 个变异，分别命名为 A、B、C、D、E 和 F，其中 F 位点与驴乳 β-LGⅡ蛋白不表达或低表达有关（侯浩宾等，2018）。

（四）皮用性状相关基因

驴皮含有丰富的胶原蛋白，是阿胶的重要原料。驴真皮中的主要蛋白质是Ⅰ型胶原蛋白，它是由 2 条相同的 α₁ 链（由 *COL1A1* 基因表达）和 1 条 α₂ 链（由 *COL1A2* 基因表达）组成的异质胶原，它和血清白蛋白等多肽类物质、多糖类物质及其他小分子物质构成了阿胶的主要成分。目前，对于驴的皮用性状研究报道较少。王艳萍等（2017）对不同年龄、不同部位新疆驴皮中Ⅰ型胶原蛋白 2 个亚基基因（*COL1A1*、*COL1A2*）mRNA 的表达量及其蛋白含量的差异进行了分析。结果表明，6～7 岁年龄段的驴皮中 *COL1A1*、*COL1A2* 基因的表达量及其蛋白含量显著高于其他各年龄段。从组织切片上看，驴皮背部与颈部的胶原纤维密集且多，而脸部的疏松且少，腿部和腹部居中，这与其胶原蛋白基因 RT-qPCR 的结果一致。

三、育种方法

（一）本品种选育

1. 本品种选育的概念　本品种选育又称选择育种或系统育种，一般指在本品种内部通过选种选配、品系繁育、改善培育条件等措施，提高品种性能的一种方法。品种内存在的异质性或差异是进行本品种选育的基础。本品种选育的基本任务是保持并发展一个品种的特性，增加品种内优良个体的比重，克服该品种的某些缺点，以便保持品种纯度并提高整个品种的质量。本品种选育，一般是在一个品种的生产性能基本上能满足国民经济的需要，不需要做重大方向性改变时使用。我国现有的地方驴品种都可以通过本品种选育来提高。现有杂种群体、受到外界冲击严重的驴种、对仍保留本品种特征特性的杂种，可经回交，提纯复壮，纳入本品种选育。

2. 本地品种选育的基本措施

（1）加强领导，建立选育机构。我国的地方品种数量多、分布广。在开展选育工作时，必须加强领导，建立选育机构。首先进行调查研究，详细了解品种的主要性能、优点、缺点、数量、分布、形成的历史条件等，然后在此基础上确定选育方向，拟订明确的选育目标，制订选育方案。

目前，各地驴种多数资源不清，特别是驴种交叉分布的地区，纯种、杂种不易区分，因此需要进行驴种资源调查。调查者先要进行技术培训，掌握本驴种的特征特性、体尺类型、认真学习以往的调查报告、资料、照片，了解有无引入驴种历史和杂交范围。调查驴种资源时，要善于发现捕捉那些尽管总体平常，但在肉用、乳用、皮用某一方面、某一性状优秀的个体，做好登记，为以后不同生产方向组群选育备用。

在取得大量数据的情况下，对各驴种要拟订出切实可行的选育方案，划分等级，进行整群。将等级高的组成育种群，进行本品种选育；等级低的可列为一般繁殖群。

无论选育方向是肉用、乳用还是皮用，选育目标拟订要合理。要通过调查、试验取得可靠数据，对提出肉、乳、皮生产性能的指标要求给予充分论证。

（2）建立良种繁育体系。对于我国驴种都应建立三级繁育体系，即育种场、良种繁殖场和一般饲养场。育种场集中进行本品种选育工作，指导群众育种工作，培育大量优良纯种公母驴，分期分批推广，充实各地的良种繁殖场。良种繁殖场的主要任务是扩大繁殖良种，供应给一般饲养场。一般饲养场主要饲养商品驴，提供大量的优质驴产品。

（3）建立性能测定制度和严格选种选配。育种群都应按全国统一的有关技术规定，及时、准确地做好性能测定工作，建立健全种畜档案。并实行良种登记制度，定期公开出版良种登记簿，以推动选育工作。

选种选配是本品种选育的关键措施。地方品种的优良种公驴数量少，在选种时，应适当多留一些，并给予良好的培育条件。除根据本身资料外，还可通过同胞及后裔成绩选留。选种时，还应针对每个品种的具体情况突出重点，集中选择几个主要性状，以加大选择强度。选配时，各场可采取不同方式。在育种场的核心群中，为了建立品系可采用不同程度的近交。在良种繁殖场和一般饲养场应避免近交。

（4）科学饲养，合理培育。优良的本地品种，只有在适宜的饲养管理条件

下，才能发挥其高产性能。我国的一些地方品种经长期选育，生产性能提高不明显，主要原因就是饲养管理水平跟不上。实践证明，在良好饲养管理条件下，驴的生产潜力才得以发挥；在不良的饲养管理条件下，一些优良特性和生产水平受到极大影响。因此，在进行本品种选育时，应把加强饲草饲料基地建设、改善饲养管理、进行合理培育放在重要地位。

（5）开展品系繁育。一般来说，地方品种中由于地理和血缘上的隔离，往往形成若干不同类型，可根据不同类型品种的特点开展品系繁育，以加快选育进程。

根据侯文通（2016）的建议，对优秀大中型驴种应该以品系为依托，以重要经济性状为核心分型（如皮、肉、乳、役等）进行本品种选育或纯种繁育。对小型驴，如寒冷地区的内蒙古和东北，若能进行品种调查，划分等级，组成育种群、繁殖群和生产群，育种群按选育目标分型选育进行纯种繁育，经过若干年即可达到提高整个驴群群体质量的目的。

（6）适当采用引入杂交。采用上述选育措施之后，仍然进展不快，为了针对性地克服本品种的严重缺点，则可考虑采用引入杂交。在生产实际中，由于多数小型驴选育程度和生产性能较低，除了纯种繁育的自身分型选择外，还可以采用引入杂交。如寒冷地区驴某些性状不足，而纯种繁育一时又难以提高，这样驴种可以导入相对耐寒并能够弥补不足性状的优秀驴种个体，像广灵驴、佳米驴等，杂种公母驴均与原种优秀公母驴回交，导入外血量不超过 $1/8\sim1/4$。对回交后的群体，加强选择，严格依照分型选育方案进行选育提高。

（二）品系繁育

1. 品系的概念　品系一词在畜牧生产和畜牧科学中应用已久，但在长期的育种实践中，随着品系的发展，人们对它的认识也在不断深化。品系可以在品种内部选育而成，作为品种的结构单位，也可通过杂交培育，单独存在，不从属任何一个品种。狭义的品系指来源于同一头卓越的系祖，并且有与系祖类似的特征、特性和生产力的种用高产畜群，同时这些畜群也符合该品种的育种方向。即从单一系祖建立的单系。广义的品系是指一些具有突出优点，并能将这些突出优点相对稳定地遗传下去的种畜群。它既含单系，也包括地方品系、近交系和专门化品系。

2. 品系繁育的方法

（1）地方品系繁育。由于各地的自然条件、饲养管理条件和社会经济条件等不同，人们对家畜的要求和种畜的选留标准也就不同，从而在同一品种内形成一些具有不同特点的地方类群。这种在同一品种内，经长期选育而形成的具有不同特点的地方类群，称为地方品系。

我国的畜禽地方品种几乎都有地方品系，而且数量越多、分布越广的品种，其地方品系也就越复杂，如新疆驴就有多个地方品系。

（2）单系繁育。这种品系的形成是以一头理想的优秀祖先（公驴）为中心，以它的理想型标准大量选留其后代，并且围绕这头理想的优秀公驴进行近交，巩固该祖先的优良性状，扩大具有该理想型的个体数量，使原来仅为个体所特有的优秀品质转为群体所共有。这种由一头优秀祖先形成的具有突出优点的、有亲缘关系的畜群，称为单系。

单系的建系过程远比地方品系形成快，而且它只突出少数几个重点性状，建系过程又常采用较高程度或中等程度的近交，经 2～4 代即可建立品系，因此单系的特点相对比较稳定，遗传优势较强，育种价值较高。

（3）群系繁育。通过选集基础群和闭锁繁育等措施，使畜群中分散的优秀性状得以迅速集中，并转而成为群体所共有的稳定性状。这样形成的品系称为群系，即多系祖品系。与单系相比，群系的建立不仅速度快，规模也较大，而且有可能使分散的优秀性状在后代中集中，从而使其群体品质超过任何一个祖先。由于群系的遗传基础较为丰富，保持时间也较单系长，因此这种方法在猪、禽中受到人们的普遍重视，并得到迅速推广。

（4）专门化品系繁育。根据畜禽的全部选育性状可以分解为若干组的原则（如肉畜的生产性能可以分解为母畜的繁殖性能以及后代的肥育和屠宰性能两大组），而建立各具一组性状的品系，分别作为父本和母本，然后通过父母本品系间杂交，获得优于常规品系的畜群。例如，在肉畜中既要建立繁殖性能高的母本品系，也要建立生长速度快、饲料转化率高和肉质好的父本品系，二者杂交后，就能获得杂种优势明显而且在这几方面都表现良好的畜群。由于这种品系不仅各具有特点，而且专门用于与另一特定的品系杂交，所以称为专门化品系。专供作父本的称父本品系，专供作母本的称母本品系。利用两个以上的专门化品系进行杂交配套，生产优质的杂种畜禽，并形成以曾祖代、祖代、父母代和商品代的繁育体系，我们称为配套系。

（三）杂交育种

杂交是指不同品系、品种间，甚至种间、属间个体的交配。不同种属之间或是地理上远缘种内亚种之间个体的交配称为远缘杂交。杂交的生物学效应是能急剧地动摇群体的遗传保守性，使杂种的遗传性富于游动性和可塑性；杂交能迅速和显著地提高杂种的生活力，从而获得杂种优势；杂交能丰富遗传结构，通过杂交将两个以上遗传基础不同的品系、品种或种以上个体的基因自由组合，出现新的遗传类型。因而通过杂交可以达到改良现有品种或培育新品种以及利用杂种优势的目的。杂交育种就是运用两个或两个以上的品种杂交创造

新的变异类型，然后通过育种手段将它们固定下来而进行的一种改良现有品种或培育新品种的育种方法。

1. 引入杂交　又称导入杂交、冲血杂交，是指在保留原有品种基本特性的前提下，利用引入品种来改良原有品种某些缺点的一种有限杂交方法。当某个品种或种群基本上符合国民经济的需要，但还存在某些缺点，用本品种选育方法难以迅速克服时，可考虑采用这一方法。

利用改良品种的公畜和被改良品种的母畜杂交一次后，从杂种中选出理想的公母畜与原有品种进行回交，产生含外血 1/4 的回交一代。然后再根据回交一代的具体情况确定是否再与原有品种回交。如果回交一代不理想，可以再回交一次，产生含 1/8 外血的杂种即回交二代，依此类推。最后用符合理想型要求的回交杂种（一般含外血 1/8～1/4）进行自群繁育（图 6-7）。在小型驴、中型驴分布的地区，往往引入中型驴或大型驴进行低代（1～2 代）引入杂交，提高其品质而不改变小型驴、中型驴耐劳苦、适应性强的特性。

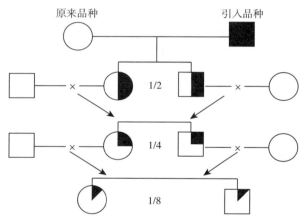

图 6-7　引入杂交育种模式

2. 级进杂交　又称改良杂交、改造杂交或吸收杂交，是利用某一优良品种彻底改造另一品种生产性能、生产方向、生产水平的杂交育种方法。当原有地方品种的性能低劣，不能满足国民经济需要，或者是生产类型需要根本改变（如役用驴改成乳用或肉用驴）时，可采用这种方法。

级进杂交一般是以改良品种的公畜与被改良品种的母畜杂交，所生杂种母畜连续几代与改良品种公畜回交，直到杂种基本接近改良品种的水平时为止，然后将理想型的杂种进行自群繁育（图 6-8）。

3. 育成杂交　是运用 2 个或 2 个以上的品种杂交育成新品种的方法。依品种参加的数量多少可分为简单育成杂交和复杂育成杂交。当某地区现有品种在生产方向、生产水平、产品质量，或者适应性、抗病力等方面有某些明显缺

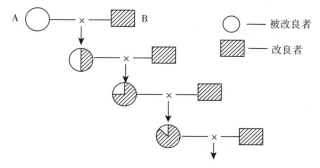

图6-8 级进杂交育种模式

点，都不完全符合人们的要求，而且用其他方法又难以达到育种目的时，便可考虑利用育成杂交方法，结合不同品种的优点，取长补短，培育新品种。

（1）简单育成杂交。利用2个品种杂交以培育新品种的方法。国内外使用简单育成杂交培育出很多优良品种，如我国的草原红牛、夏南牛等。疆岳驴的培育就是以关中驴为父本、以新疆本地驴为母本，采用两个品种杂交进行的，有望成为我国第1个驴的培育品种。该方法需用的品种少，杂种的遗传基础相对简单，获得理想型和稳定其遗传性都比较容易，培育的速度快，所用时间短，成本较低。

（2）复杂育成杂交。通过3个或3个以上的品种杂交，以培育新品种的方法。通过这种杂交方法，国内外培育了不少家畜品种，如我国的新疆毛肉兼用细毛羊、三河牛、北京黑猪等都是由3个以上品种杂交培育的。目前，国内还未见有利用3个品种杂交培育驴的例子。利用该方法，杂种后代具有丰富的遗传基础，后代的变异范围较大，新的组合类型容易出现，但亲本品种过多，后代的遗传基础较复杂，对理想型个体的固定较困难，培育所需的时间相对较长。

育成杂交没有固定的杂交模式，可以根据育种目标的要求，采用级进杂交或者多品种交叉杂交或者正反杂交相互结合等方法以达到育成新品种的目的，也可由导入杂交或级进杂交转为育成杂交。

无论采用几个品种杂交，如果杂交一代或二代就停止，将杂种直接作为商品推向市场，这就是杂种优势利用，或者称经济杂交。经济杂交的优势基因由于没有得到固定和遗传，对参与杂交的品种没有起到改良作用，所以经济杂交对畜群的育种和改良没有贡献。

四、选种与选配技术

选种和选配可以促进家畜的遗传性及其变异性向着人们所要求的方向发

展，使后代品质不断提高。通过选种和选配把生产性能好的驴挑选出来进行繁殖，使公母双方的有益品质一代代积累，发展其理想变异，成为更有经济价值的优良品种，对加快提高整个品种的质量具有重要意义。

（一）选种技术

1. 外貌鉴定　主要依据驴的外貌特征和体质进行选种。种驴的外貌要符合本品种特征，生长发育正常、体型标准、体质健康。观察驴的优劣，先从驴的外貌来看。选择一个地势平坦、光线充足的地方，观察者距离驴 3～5m 远，就其外貌、体质、结构及健康等进行综合观察。将驴体分为 3 大部分：头颈、躯干和四肢，每部分再细看其若干小部位。然后根据利用方向及品种要求，依头、颈、躯干和四肢顺序分部位判定后，再牵行走动，进行步样检查，观察体质和健康状况。对符合外貌要求的个体再进行体尺测量和评分。

（1）头颈部。头要大小适中、方正，以直头为好。前额要宽。眼要大而有神。耳长竖立而灵活，耳壳要薄，耳根要硬。鼻孔大，鼻黏膜呈粉红色。齿齐口方。种公驴的头要清秀、皮薄、毛细、皮下血管和头骨棱角要明显，头向与地面呈45°角，头与颈呈90°角，口裂大、叫声长。选择时应选颈长厚、头颈高昂、颈肩结合良好的个体。

（2）躯干部。鬐甲要求宽厚高强，发育明显。种公驴鬐甲低弱者应予淘汰。胸廓要求宽深，肋骨拱圆，腹部发育良好，不下垂，肷部要求短而平。草腹驴不宜种用。背部要求宽平而不过长。软背、凹背、长腰的个体应予淘汰。尻部肌肉丰满，尻宽而大的正尻驴属标准的体格，适于选为肉用驴。

（3）四肢部。四肢端正、结实，关节干燥，肌腱发达。从驴体前、后、左、右看，是否有内弧或外弧腿（即"O"形或"X"形腿）；是否四肢关节有腿弯等现象；是否有前踏、后踏、狭踏或广踏等不正常的姿势。

（4）步态。牵引驴直线前进，观察举肢着地是否正常，有无外伤或残疾、跛行，步幅大小，活动状态。

（5）性别特征。对于种用公驴，阴茎要细长而直，2 个睾丸要大而均匀，隐睾或单睾者不可作种驴。种用母驴要阴门紧闭，不过小；乳房发育良好，碗状者为优，乳头大而粗、对称，略向外开张。

（6）体尺测量和评分。对外貌符合要求的个体进行体尺测量和体重称量，按表 3-2 或表3～4 种驴体质外貌个体鉴定表进行评分。达到一级以上的公母驴方可留作种用。

2. 综合选种　按照综合鉴定的原则，对于合乎种驴要求的个体，按血缘来源、体质外貌、体尺类型、生产性能和后裔鉴定等指标来选种。目的是对某头种驴进行全面评价或者是期望通过育种工作，迅速提高驴群或品种的质量。

（1）血缘来源。首先要看它是否具有本品种的特点，然后再看其血缘来源。要选择其祖先中没有遗传缺陷的，亲代特点和品种类型特征表现明显且遗传性稳定的个体。

（2）外貌鉴定。外貌鉴定除对整体结构、体质和品种特征进行鉴定外，还要对头颈、躯干、四肢3大部分每个部位进行鉴定，并按体质外貌标准评定打分，方法如前述。

（3）体尺类型。主要是体高、体长、胸围、管围和体重。

（4）生产性能。对公、母驴都有要求。对肉用驴的肉用性能要求，主要是屠宰率、净肉率以及眼肌面积等；膘度、各部位肌肉发育情况、骨骼显露情况等。

（5）后裔鉴定。根据个体系谱记录，分析个体来源及其祖先和其后代的品质、特征来鉴定驴的种用价值。种公驴的后裔鉴定应尽早进行，在其2～3岁时选配同品种一级以上的母驴10～12头，在饲养管理相同的情况下，以断奶驴驹所评定的等级作为依据进行评定。母驴依2～3头断奶驴驹的等级进行评定。

在实际生产中，要根据品种的特征、祖代的考查、本身的体质外形、体格大小、工作能力和遗传性的表现等挑选种驴。每个品种有其自己的特殊性和育种指标，每个品种的选种标准或鉴定标准是选种的主要依据。

（二）选配技术

选配是选种的继续，是育种的中心环节，也是选择最合适的公母畜进行配种。目的是为了巩固和发展选种的效果，强化和重组人们所希望的性状、性能，减弱或消除其弱点和缺陷，从而得到品质优良的后代。选配时应考虑公母畜体质外貌、生产性能、适应性、年龄和亲缘关系等情况。一般公驴均应优于母驴，但公驴之间不应都有共同的缺欠。最优良的母驴必须用最优良的公驴交配。有缺陷的母驴要用正常的公驴交配。驴的选配方法主要有品质选配、亲缘选配、综合选配。

1. 品质选配　根据公母驴本身的性状和品质进行选配。分为同质选配和异质选配。同质选配就是选择优点相同的公母驴交配，目的在于巩固和发展双亲的优良品质。异质选配则有2种情况：一种是选择具有不同优良性状的公母驴进行交配，目的是将2个优良性状组合在一起；另一种是选同一性状优劣程度不同的公母驴交配，目的是改良不良性状。驴的等级选配属于品质选配，公驴的等级一定要高于母驴的等级。

2. 亲缘选配 指考虑到双方亲缘关系远近的选配。如父母到共同祖先的代数之和小于或等于6，在育种上称为近交；没有亲缘关系的父母之间的交配称为随机交配。在生产中对父母到共同祖先的代数大于14的个体不再考虑它们之间的亲缘关系，按随机交配来处理。近交有利于固定优良性状、揭露有害基因、保持优良血统和提高全群的同质性。但为了防止近交衰退现象，在利用近交选配时，注意严格淘汰，加强饲养管理和血液更新。驴的选配过程中，可以采用同胞和半同胞交配等形式，但要谨慎利用近交。

3. 综合选配 根据多项指标进行选配，选配指标与综合选种是一致的。

（1）按血统来源选配。根据系谱，查明种驴的亲属关系，了解不同血统来源驴的特点和它们的亲和力，让无亲缘关系或亲缘关系较远的公母驴进行配种。因育种需要，建立品系时可采用一定亲缘关系的公母驴进行配种。

（2）按体质外貌选配。对理想的体质外貌个体，可采用同质选配。对不同部位的理想结构，可用异质选配，使其不同优点结合起来。对选配双方的不同缺点，要用对方相应的优点来改进；有相同缺点的公母驴不宜再配种繁殖。

（3）按体尺类型选配。对体尺类型符合要求的母驴采用同质选配，巩固和完善其理想类型。对未达到品种要求的母驴可采用异质选配，如体格小，就选用体格大的公驴进行改良。

（4）按生产性能选配。如驮力大的公母驴同质选配，可得到驮力更大的后代。屠宰率高的公母驴同质选配，后代屠宰率会更高。同时，公驴比母驴屠宰率高，异质选配后代的屠宰率也会比母驴高。

（5）按后裔品质选配。对已获得良好驴驹的选配，其父母配对应继续保持不变。对公母驴选配不合适的，可另行选配。

无论采用何种选配都要注意年龄选配，一般是壮龄配壮龄，壮龄配青年，壮龄配老龄。青、老年公母驴之间都不应互相交配。

（三）骡和䯄骡的生产

骡的大小与马、驴的体型结构和体格大小高度相关。一般以大型公驴与重挽型母马交配，能产大型或重型骡；与轻挽型母马交配，也能产大型骡或中型骡；与乘型母马交配所产的骡，多偏轻细，即胸围和骨量不足。中型驴与不同类型母马交配多产中型骡。母本对后代的影响更显著，关中驴与轻型杂种和乘挽兼用型母马交配所产的骡，体型都较轻，与重型杂种和乘挽兼用型母马所产的骡，体型则较大。母马体格大的，其后代体格也较大。关中驴与不同类型的母马杂交所产的骡的体尺情况即反映出选择杂交亲本的重要性（表6-2）。

表 6-2　关中驴与不同类型母马交配所生骡的体尺比较

(资料来源：甘肃农业大学，1981. 养马学)

母马	体尺（cm）				体尺指数（%）		
类型	体高	体长	胸围	管围	体长率	胸围率	管围率
河曲马	141.7	145.7	170.8	17.4	102.8	120.5	12.3
关中挽马	152.0	154.5	185.0	20.0	101.6	121.7	13.2
蒙古马	133.6	133.7	160.9	16.6	99.3	120.4	12.4
伊犁马	134.9	133.4	157.0	16.6	98.9	116.4	12.3
乘挽型马	144.2	139.7	168.9	18.9	96.9	117.1	11.7

生产驮骡用的母驴，一般都用小型驴，在自然交配情况下，也不可能用大型公马交配，因而生产的驮骡都较小。用大型母驴繁殖的驮骡，体高也在140cm以上，其结构与骡相似，但体型略小。采用人工授精技术，可用大型公马精液给小型母驴授精，以增大驮骡的体型。

要获得大型的骡或驮骡，必须正确选配马和驴，并加强骡驹的培育。但要注意饲养管理和饲料营养水平对骡和驮骡的影响很大。

五、种间杂种不育

马、驴和斑马本是 3 个独立的物种，按物种分类的标准即已生殖隔离。但马和驴、驴和斑马杂交却能产生后代，特别是骡和驴骡的产生已经在生产中得到广泛应用。但杂种高度不育问题一直受到学术界关注。根据现代科学研究的进展，可以从以下几个方面给予解释。

（一）高度不育的原因

1. 染色体片段的同源性　在物种进化过程中，通过着丝粒的断裂、端粒-端粒的融合、染色体片段-端着丝粒的融合、着丝粒位置的移动和染色体局部的重排等途径，导致马属染色体的组成、结构和二倍体数的差异极大，使得构成杂种的体细胞染色体虽然来自父母双方，但同源性大大降低，其杂种后代在减数分裂时不能正常地进行染色体联会导致没有繁殖后代的能力。但这一解释还无法说明偶尔出现的马属动物间杂种后代产驹的事实。

2. 生殖隔离分子机制　马属物种分离时间较近，所以其单核苷酸（SNP）的自然累积相对其他物种来说较低，导致其基因组的相似度非常高。研究表明，家马和非洲野驴的 SNP 差异仅仅是 0.52%～0.57%，这个数据远远低于

人和大猩猩的 1.06%。Huang 等（2015）通过对家马和家驴基因组进行分析发现，家马和家驴基因组共线区大约达 1.89Gb，家马基因组的重复序列占41.4%，家驴的是 42%。基因组的高度相似或许是马属异种杂交能够产生后代的基础。但它显然不能解释为什么杂种高度不育。

马的着丝粒有两种类型，Carbone 等（2016）用马的两种着丝粒作为探针与驴和斑马染色体进行杂交，虽然在驴的所有染色体上至少识别到 1 个信号，但是很多信号位点并不在着丝粒的位置，这说明驴的着丝粒应该另有特征序列，同时这也可能是骡子偶尔能够形成成熟卵的基础，即在第 1 次减数分裂时，形成六价体从而实现染色体的联会，但这仍然只是推测，还需要大量科学实验来证实。

3. 生理学基础 用染色体的非同源性解释杂种不育问题有其合理的细胞遗传学基础，主张"回归论"的观点则断言，骡只有产生仅含马或驴的染色体组的精子和卵子时，与马和驴回交其后代才成为可育的，而且后代确实能回归为纯种的马或驴。马属动物不同物种间的杂种有的完全不能产生配子，有的可形成少量配子；有完全不育的，也有个别可育的；有的两性皆不育，有的雌雄皆可育，生育力表现不同层次水平和不同程度的多样性差异。例如，伯切尔斑马（*E. quagga burchellii*）比家马少 20 条染色体，但有人发现其雄性杂种可产生畸形精子，有时雌性杂种也可育。斑马比家驴少 18 条染色体，但其雄性杂种的精母细胞在细线/偶线期即停止发育，偶尔可形成极少的精母细胞和精子细胞。显然仅从同源染色体分配的概率的角度来说明杂种不育的多样性是不够的。赵振民等（2002）对多匹公骡精母细胞减数分裂进行了研究，不同公骡睾丸的发育状况存在较大的个体差异。有些可观察到一些初级精母细胞和少量次级精母细胞，但未观察到明显的变态期和成形期的精子，而且有些初级精母细胞已靠近或进入管腔中心。在减数分裂标本中，观察到较多粗线期前后的初级精母细胞，但减数分裂Ⅰ期以后的细胞很少见。明显存在大量的异常分裂象，主要是染色体断碎、粉碎、解体、紊乱以及出现染色体桥和环形、弧状畸变等。有些精母细胞看来是完成了减数分裂，并且最终可形成外观正常或畸形的精子。可以看到偶线/粗线期的精母细胞，有些染色体明显地并行靠在一起，粗线期染色体浓缩，有些片段加粗变厚，但有些片段显得细而单薄，好像没有配对。双线期时，联会解除不同步，有的已形成单个的染色体，有些仍盘绕缠结不能分开，以致终变期时仍黏着成团。有个别到达终变期的细胞似可观察到数目不等的约为单倍数的染色体成分，但看来是由单价体、双价体和多价体混合组成的。另外几匹骡的标本上除发现有成形期精子外，还发现极少数精母细胞内有类似于马的精母细胞联会复合体样的线段状物，电镜下可辨其某些片段呈双线性结构。

（二）可育性的概率

骡子产驹的概率很低，但事实上奇迹总会不断发生。自人类建立相关档案以来，古今中外大约记录了 60 条资料，最早的史籍记载是在公元前 600 年左右的古巴比伦，最近的报道是在 1988 年我国的甘肃。骡子生育的现象历来都是新闻媒体关注的焦点，科学家一直都在从不同的角度对其机理和机制问题进行研究。用染色体的非同源性解释骡子不育性问题，但对偶然出现的骡子可育性问题又不能自圆其说。事实上，骡子生育的现象既有它的遗传学基础又有它的统计学概率。已知骡子（驴骡也是如此）体细胞内有 63 条染色体，其中 31 条来自驴，32 条来自马，由于马和驴的染色体不是同源染色体，或者说它们之间的同源性很低，骡子的性母细胞在减数分裂Ⅰ期过程中染色体很少或不能配对，所以 63 条染色体分向细胞 A、B 两极的概率都是随机的，即每条染色体移向 A 极或 B 极的概率都是相等的即 1/2，则骡子可形成 A、B 两极包含多种染色体组合的配子，如 A/B 为 63/0，62/1…32/31，31/32…1/62，0/63 等，显然骡子形成可育配子的概率必须满足下列 2 个条件：

①A、B 两极的染色体分布必须呈 31：32 的分配。

②31 条全是来自驴的染色体，32 条全是来自马的染色体。同时满足这两个条件的概率就是骡子能形成可育配子的概率。

设 63 条染色体在 A、B 两极呈 31：32 分配的概率为 $P(A)$，则：

$$P(A) = C_{63}^{31}\left(\frac{1}{2}\right)^{31}\left(\frac{1}{2}\right)^{32} + C_{63}^{32}\left(\frac{1}{2}\right)^{32}\left(\frac{1}{2}\right)^{31} = 2C_{63}^{31}\left(\frac{1}{2}\right)^{63}$$

这其中，必有一种且只有一种 31 条染色体全是驴的染色体，32 条染色体全是马的染色体的情形。设 31 全是驴的染色体，32 全是马的染色体的条件概率为 $P(B/A)$，

$$P(B/A) = \frac{1}{C_{63}^{31}}$$

骡子产生可育配子的概率是上述两个概率同时发生的概率，即：

$$P(AB) = P(A) \cdot P(B/A) = 2C_{63}^{31}\left(\frac{1}{2}\right)^{63} \cdot \frac{1}{C_{63}^{31}} = 2\left(\frac{1}{2}\right)^{63} = \left(\frac{1}{2}\right)^{62}$$

可见，骡子产生可育配子的概率是极低的。应该清楚，在上述概率的配子中，骡子产生的包含 2 种配子，一半是驴的配子，一半是马的配子。

骡子能与驴或马配种生驹，就是骡子产生的这些可育的驴配子或马配子参与受精的结果。理论上，骡与马杂交所生的驹中会出现两种个体，骡和马比例为 1：1；骡与驴杂交所生的驹中骡和驴比例为 1：1。

理论上，公骡和母骡产生可育配子的概率都是一样的。但报道的事件大多是马骡的可育性高于驴骡，母骡的可育性高于公骡，或一般认为公骡是不

育的。

　　Jônsson 等（2014）报道了美国康内尔大学关于马骡和驴骡受孕率的统计结果，马骡的受孕率约是驴骡的 7 倍。Zong 等（1988）报道了马骡和驴骡从可育到不育表现出广泛的多样性。从概率上分析，驴骡和马骡能产生可育配子的概率是相同的。至于马骡可育性为何明显高于驴骡，或者一般认为母骡可育，公骡不育等问题，还要从遗传学、生理学、繁殖学等领域进一步加强研究。

第七章

驴的饲养管理

一、一般饲养技术

（一）基本饲喂要求

驴一般较马易养，因为它们采食慢、咀嚼细、不贪食、消化好，故疾病少。驴和马的习性不同，对饲料的利用情况也不同，故应分槽饲养。驴口小、食量少、咀嚼慢，喂的草就要求切短，饲喂的时间要加长。

在喂养上，做到定时、定量和少给勤添，这样有兴奋消化活动、促进消化液的分泌、提高饲料转化率的作用。在饲喂顺序上，先喂干草，再饮水，再喂拌料的草，到吃饱为止，下槽时或使役前再饮一次水。在拌料时，应"先少后多"，拌料要均匀，添草时，要吃完了再添，避免因贪食过急妨碍消化。拌草时加水，应"冬少夏多"使料能沾在草上即可。

饮水要干净，每次饮够，水的温度一般保持在 8～12℃为宜，做到饮新水。役后体温正高时，切忌饮冷水，因冷水能降低体温，引起感冒，肠胃过度收缩，发生腹痛。饲养程序不要轻易突然变更，更不要突然投大量豆科饲料，以免发生便秘或腹胀等胃肠疾病。草料种类要多样化。豆科和禾本科的混合干草最好。我国农村喂驴的饲草主要是作物秸秆，品质粗劣，应积极改进。

（二）日常卫生管理

日常卫生管理与牲畜健康有很大关系。圈内的粪尿分解和腐败后会产生氨和硫化氢，积累多了会影响牲畜健康。圈内潮湿污秽，有利于细菌繁殖，能引起疾病和蹄病。在潮湿和寒冷情况下，消耗机体热量过多，容易感冒；在高温高湿环境中，牲畜皮肤排泄机能发生障碍，水分不能大量蒸发散热，再受强烈日光照射，易发生热射病，圈内如果通风不良，氧气便会减少，二氧化碳含量增加，有碍于健康。因此，夏天应及时清除圈内粪尿，更换褥草，或垫上干土，多开窗户，使圈内通风良好，空气新鲜。使役或饲喂以后再放到圈外运动

场上，让其自由活动。在冬季要做好保温工作，圈舍温度保持在8℃以上，减少体温散失，要经常进行刷拭，保持畜体清洁促进血液循环，增进健康。蹄子要定期修理和钉掌。

二、驴的饲养和使役

（一）驴的消化生理特点

1. 胃容积小　驴是后消化道单胃草食家畜，驴精细咀嚼保障了胃及小肠对饲料的充分消化和吸收，同时减少饲草对精饲料消化的影响，所以驴采食时间较长。与牛相比，驴胃容积仅相当于同样大小牛胃容积的1/15，饲料在胃里的停留时间也较短。饲料在驴胃中停留8～10min后开始向肠道转移，2h后约有60%转移到小肠，4h后胃即排空，所以驴适合多餐饲喂。

驴胃具有分泌胃蛋白酶的能力，对精饲料进行初步消化。胃贲门括约肌发达，但其呕吐神经不发达，因此不具有反刍动物逆呕、嗳气等机制，采食易酵解产气的饲草料极易造成胃扩张。

2. 盲肠发达　驴属于后肠发酵类型。消化道的前段类似于典型的单胃动物，消化道的后段体积很大且寄生着数量巨大及种类繁多的微生物，类似于反刍动物的瘤胃，食糜在盲肠处的滞留时间较长，对粗饲料的消化起着重要作用，可使饲料中纤维素酵解成糖类而被机体吸收。驴盲肠内栖息的微生物群，能将粗饲料进行分解产生小分子有机酸，通过大肠血液循环供机体利用，由其供给的有机酸约占整个消化道总酸含量的40%。盲肠微生物除了分解粗纤维外，还与某些消化系统疾病和营养代谢病关系密切。

3. 肠道粗细不均　驴大肠和小肠的粗细差别非常大，如盲肠和大结肠内径可达26～28cm，而小肠仅为3～4cm，尤其在大小内径变换部位口径更小，这种较大的肠道内径差及食糜在肠道滞留时间较长的特点，使驴相比于其他家畜，更易发生结症。若驴患结症，可因无反刍、嗳气等机制，盲肠微生物发酵产生大量气体而导致驴胀气死亡。

（二）驴对营养物质的利用特性

1. 采食速度慢　驴无反刍食草的生理机制决定其需要较长时间的咀嚼，因此采食速度较慢，每天采食时间为10～15h。不同动物消化道容积差别较大，干物质采食量也不同。依据饲料种类以及驴生理状态，驴单位体重干物质采食量介于0.83%～2.6%。由于驴的体型较小，使役时比马和牛消耗更少的饲料。

2. 消化粗纤维能力比马强　驴比马具有更好的消化粗纤维的能力。马属动物对粗纤维的利用依赖于盲肠发酵。有研究表明，驴盲肠微生物消化纤维素的活性比马高13%，当饲喂小麦秸和小麦秸加精饲料时，发现驴挥发性脂肪酸产量（47~67.1mg/g）极显著高于小型马的脂肪酸产量（33.6~41.9mg/g）（$P<0.001$），其中丁酸、异丁酸、戊酸、异戊酸浓度均显著高于马（$P<0.01$）。驴对苜蓿和麦秸的干物质、粗蛋白质、总能、ADF和NDF等消化率显著高于小型马（$P<0.05$）。实际生产中发现，驴可以在低蛋白日粮条件下长期保持体重，而马不可以，这说明驴对蛋白质的需要量明显低于马。

3. 不同于其他反刍动物 驴对纤维素的后消化道消化与反刍动物的瘤胃消化不同，食糜中含有的物质组成也存在很大的差别，因此微生物对粗纤维的利用率也不同。驴对稻草中纤维素的消化率一般不超40%，约为反刍家畜的1/2。有研究指出，当饲喂低质量的麦秸饲草时，驴的能量利用率与山羊的能量利用率相似，但当饲喂苜蓿等优质饲草时，其能量利用率却高于山羊，驴对麦秸和苜蓿的消化率分别为49%和67%。

（三）营养需要和日粮组成

1. 营养需要

（1）能量。主要能量来源物质与其他动物一样，多为玉米、油脂、小麦及其副产品等。能量采食量不足时，会造成驴体重下降、母驴发情开始时间延迟、公驴精液品质下降、驴驹生长受限等；能量采食过剩时，驴易肥胖、易患毒血症（如蹄叶炎等）、母驴繁殖性能降低、使用年限减少等。

研究表明，驴的能量消耗比马低（表7-1）。使用NRC（1989）的公式，以干草和稻草为混合基础日粮时，与小型马相比，驴（133~217kg）用于维持的代谢能少，驴夏季和冬季的代谢能摄入量分别为马的54%和74%。

表7-1 驴与马能量消耗比较

（资料来源：Wood等，2005）

类别	休息	负重休息	工作	负重工作
马 [kJ/(kg·BW$^{0.75}$)]	15.18±0.57	21.25±1.38	25.80±1.57	30.80±1.17
驴 [kJ/(kg·BW$^{0.75}$)]	12.64±0.73	15.18±1.90	22.76±1.51	26.11±1.34

生长育肥驴营养参数见表7-2。

（2）蛋白质。蛋白质对驴的生长发育及生理、生殖健康等具有重要功能，也是营养需要的重要指标。蛋白质摄入不足容易引起驴消瘦，驴驹生长发育迟缓，种公驴精液品质下降，母驴乳品质、产奶量、繁殖机能下降等。

表 7-2　生长育肥驴营养需要参数

(资料来源：马秋刚，2019)

名称	单位	生长前期		生长后期		育肥期	
		公驴	母驴	公驴	母驴	公驴	母驴
干物质采食量	kg/d	3.09~4.01	3.00~3.89	3.17~4.15	3.35~4.38	5.22~6.90	5.04~6.66
精粗比	kg/kg	0.41~0.54	0.43~0.57	0.88~1.19	0.80~1.08	0.62~0.85	0.57~0.79
粗蛋白质	g/d	394.68~531.96	368.00~496.00	456.82~642.56	474.29~664.32	640.80~882.88	627.44~845.68
消化能	MJ/d	29.90~38.80	28.14~36.52	28.21~36.60	28.99~37.62	43.34~56.23	41.24~53.52
粗纤维	g/d	500.00~1 300.00	500.00~1 300.00	500.00~1 300.00	500.00~1 300.00	500.00~1 800.00	500.00~1 800.00
钙	g/d	24.60~39.60	24.60~39.60	36.64~60.46	32.83~54.17	57.99~91.13	64.60~101.51
总磷	g/d	10.66~17.16	10.66~17.16	20.49~33.26	14.90~24.58	20.99~32.99	19.91~31.28
非植酸磷	g/d	7.02~11.64	5.69~9.44	13.28~22.24	7.95~13.32	11.58~18.57	10.92~17.53
钙磷比	g/g	1.89~3.05	1.89~3.05	1.46~2.37	1.76~2.86	2.32~3.70	2.69~4.29
食盐	g/d	8.00~15.00	8.00~15.00	8.00~18.00	8.00~18.00	14.00~30.00	14.00~30.00

　　有关驴对蛋白质需要量的研究资料非常少。Mueller 等（1994）提出驴蛋白质需要量占干物质的 3.8%～7.4% 为宜。根据 NRC（1978）推荐标准，由小型马推测饲喂不同质量饲草时，成年驴的营养需要见表 7-3。

表 7-3　基于饲草质量的成年驴营养摄入量

(资料来源：魏子翔等，2018)

饲料质量	BW（kg）	DWI（kg）	DE		CP（g）	Ca（g）	P（g）
			Mcal/d	Mcal/(kg·BW)			
优质[a]	100	2.5	5.15	51.5	270	12.5	7.25
	200	5.0	10.3	51.5	540	25.0	14.5
劣质[b]	100	2.5	4.71	47.1	168	7.60	6.05
	200	5.0	9.43	47.1	336	15.2	12.1

　　注：[a] 提磨西草（初花期）营养成分：DE，2.1Mcal/kg；粗蛋白质，10.8%；钙，0.51%；磷，0.29%（干物质基础）；[b] 燕麦草（成熟）营养成分：DE，1.7Mcal/kg；粗蛋白质，6%；钙，0.26%；磷，0.22%（干物质基础）。

　　研究者多认为，驴对能量更敏感，在满足能量的需求前提下，蛋白质需求可以降低。Izraely 等（1989）研究表明，当驴单纯采食麦秸时，机体会出现氮负平衡；饲喂麦秸或苜蓿干草时，驴肾再吸收的尿素氮分别为 82% 和 48%；真蛋白消化率 86%～90%，驴对这些蛋白的利用特点为其耐受极低蛋白饲料提供了保障。

（3）水。驴每100kg体重需饮水5～10kg，饮水量为风干饲草摄入量的2～3倍。与其他家畜相比，驴耐饥渴能力较强，在断水条件下仍可继续采食数天。驴每天饮水量受饮水方式、气温、季节及饮水间隔的影响。驴通过保存体内的水分、增加肠道对水分的重吸收以减少出汗带来的影响。研究表明，除骆驼外，驴每千克体重水的需要量比其他家养动物均低。

（4）矿物质和维生素。矿物质和维生素在驴生长繁殖等方面发挥着重要作用。在生产实际中，通过饲喂新鲜牧草和舔砖满足驴对矿物质和维生素的需要，而规模化饲养则需要在饲料中补充以满足推荐标准。驴对矿物质和维生素的需要量可以参考NRC小型马的需要量，其推荐使用量是相同体重小马推荐标准的75%。这里推荐NRC（2007）颁布的马的赖氨酸和矿物质、维生素每日摄入量标准（表7-4）。

正常情况下，驴与马一样可以有效地吸收维生素C和维生素D，但不能合成维生素A和维生素D，维生素K和B族维生素合成也有限，这些维生素易缺乏，在驴的饲养中也应注意补充。在生产实际中，通过给驴饲喂新鲜牧草和马属动物矿物质舔砖或者添加维生素和矿物质补充料就可以满足驴的生长和生产需求。

2. 日粮组成　目前，关于驴的日粮配方国内外尚没有统一的标准，各地根据饲料来源、种类和饲养习惯自行配制。牧草或日粮质量直接影响驴的干物质摄入量，进而影响驴对其他营养物质的摄入。研究表明，在饲喂干草的情况下，自由采食的驴每日干物质的采食量是自身体重的1.3%～1.7%，干物质采食量的多少与季节有关（夏季使用低标准）。对于1头体重为180kg的驴来说，每日需求的干物质是2.5～3.1kg，小于同等体重马的干物质摄入量（体重的2.0%～2.5%）。依据这个标准，表7-5给出了成年驴维持需要的日粮配方，在使用干草的情况下，一般可以用干物质占日粮总量的90%来计算。

为满足驴的热能需要，要多喂给富含糖类的饲料。在劳役繁重时，能量消耗多，蛋白质代谢加强。还应供给一定的含脂肪和蛋白质丰富的饲料。粗蛋白质的给量，每头每日应给320～380g，约占精饲料的10%；食盐16～35g，占精饲料的0.5%～1.0%。每100kg体重可供给钙4～8g，磷3～6g，胡萝卜素10～15mg。

日粮中的饲草，每100kg体重供给2kg，精饲料占总饲料的35%。劳役轻时，饲草增多，精饲料减少；劳役重时，适当减草增料。精饲料组成大致为：麸皮30%，谷实类饲料50%，豆类和油饼类20%。

表 7 - 4 马的赖氨酸和矿物质、维生素每日摄入量（体重 200kg）

（资料来源：NRC，2007）

类型		泌乳量(kg/d)	赖氨酸(g)	钙(g)	磷(g)	镁(g)	钾(g)	钠(g)	氯(g)	硫(g)	钴(g)	铜(mg)	碘(mg)	铁(mg)	锰(mg)	硒(mg)	锌(mg)	维生素A(kIU)	维生素D(kIU)	维生素E(kIU)	维生素B_1(mg)	维生素B_2(mg)
成年	非使役		9.3	8.0	5.6	3.0	10.0	4.0	16.0	6.0	0.2	40.0	1.4	160.0	160.0	0.40	160.0	6.0	1 320	200	12.0	8.0
	使役		12.0	12.0	7.2	3.8	11.4	5.6	18.7	6.0	0.2	40.0	1.4	160.0	160	0.40	160.0	9.0	1 320	320	12.0	8.0
妊娠母马	9个月		13.7	14.4	10.5	3.1	10.3	4.4	16.4	6.0	0.2	50.0	1.6	200.0	160.0	0.40	160.0	12.0	1 320	320	12.0	8.0
	10个月		14.5	14.4	10.5	3.1	10.3	4.4	16.4	6.0	0.2	50.0	1.6	200.0	160.0	0.40	160.0	12.0	1 320	320	12.0	8.0
	11个月		15.4	14.4	10.5	3.1	10.3	4.4	16.4	6.0	0.2	50.0	1.6	200.0	160.0	0.40	160.0	12.0	1 320	320	12.0	8.0
泌乳母马	1个月	6.52	33.9	23.6	15.3	4.5	19.1	5.1	18.2	7.5	0.3	50.0	1.8	250.0	200.0	0.50	200.0	12.0	1 320	400	15.0	10.0
	2个月	6.48	33.8	23.6	15.2	4.5	19.1	5.1	18.2	7.5	0.3	50.0	1.8	250.0	200.0	0.50	200.0	12.0	1 320	400	15.0	10.0
	3个月	5.98	32.1	22.4	14.4	4.3	18.4	5.0	18.2	7.5	0.3	50.0	1.8	250.0	200.0	0.50	200.0	12.0	1 320	400	15.0	10.0
	4个月	5.42	30.3	16.7	10.5	4.2	14.3	4.8	18.2	7.5	0.3	50.0	1.8	250.0	200.0	0.50	200.0	12.0	1 320	400	15.0	10.0
	5个月	4.88	28.5	15.8	9.9	4.1	13.9	4.7	18.2	7.5	0.3	50.0	1.8	250.0	200.0	0.50	200.0	12.0	1 320	400	15.0	10.0
	6个月	4.36	26.8	15.0	9.3	3.5	13.5	4.6	18.2	7.5	0.3	50.0	1.8	250.0	200.0	0.50	200.0	12.0	1 320	400	15.0	10.0
育成马驹	4个月		11.5	15.6	8.7	1.4	4.4	1.7	6.3	2.5	0.1	16.8	0.6	84.2	67.4	0.17	67.4	3.0	1 496	135	5.1	3.4
	6个月		11.6	15.5	8.6	1.7	5.2	2.0	8.0	3.2	0.1	21.6	0.8	108.0	86.4	0.22	86.4	3.9	1 917	173	6.5	4.3
	12个月		14.5	15.1	8.4	2.2	7.0	2.8	10.6	4.8	0.2	32.1	1.1	160.0	128.0	0.32	128.0	5.8	2 236	257	9.6	6.4
	18个月		13.7	14.8	8.2	2.5	8.1	3.2	12.8	5.8	0.2	38.7	1.4	194.0	155.0	0.39	155.0	7.0	2 464	310	12.0	7.7
	24个月		13.2	14.7	8.1	2.7	8.8	3.5	14.2	6.4	0.2	42.9	1.5	215.0	172.0	0.43	172.0	7.7	2 352	343	13.0	8.6

表7-5 成年驴维持需要的日粮配方推荐（180kg体重）

（资料来源：玉山江等，2016）

季节	消化能（MJ/d）	干物质日需要量（kg）	推荐日粮配方
夏季	14.4	2.4	2.1kg麦草＋0.5kg优质干草或限时放牧
冬季	17.1	3.1	3.0kg麦草＋0.4kg优质干草

注：消化能的计算依据为麦草5MJ/kg、优质牧草8MJ/kg。

农区役畜饲草主要是农作物秸秆，一般都是铡短2～3cm，或粉碎或丝状，加水拌料饲喂，其喂量每天4～5kg，夏秋可加喂少量草料。喂精饲料时，一般要磨碎，豆科要炒熟或煮成半熟来喂。在蛋白质饲料中，驴特别爱吃豌豆，喂后干活时精神十足。驴在农闲期精饲料喂量一般为1～1.5kg，农忙期一般为2～2.5kg。可根据驴体格大小而适量增减，在有放牧条件的半牧区，无使役时可放牧饲养。驴合群性不如马，需要有人照看，晚上补饲干草、精饲料和食盐。

（四）使役管理

俗话说："三分喂手，七分使手"，这说明了合理使役的重要性。

1. 量力使役，防止疲劳过度 在使役时，要做到"量力定活、定时、定速度"。正常饲养条件下，驴在作业时，正常挽力相当于体重的13％～15％。在驮载时，驮重相当于体重的25％～30％，用平常的速度行进，驮运或拉车时，每小时保持3.5～4km，每天不超过8h为宜；骡子拉胶轮大车，每小时走5km左右，耕地控制在3.5km左右。

2. 按驴定役，合理配套 制订一套饲养、使役制度，规定劳役定额。饲养员和使役员要固定专人，明确责任，实行科学养畜，提高役用效率。使役时，根据体力情况和劳役的轻重缓急进行适当安排，合理配套。驴善驮和走圆周，可短途驮运或拉碾磨等。骡子体力强，富持久力，可拉车驾辕，或田间中耕、播种等。

3. 使役中和使役后的照料 在使役中保持有节律性的劳役和休息。工作时，体内消化代谢作用旺盛，增强体内有机物质的分解，肌肉中积累的磷酸和乳酸，刺激末梢神经，而引起疲劳。休息可使蓄积在肌肉中的乳酸和磷酸得到还原，解除疲劳。使役后，要让驴充分休息，以恢复体力。

饲喂后至少要休息30min后再使役，且开始要慢，逐渐加快，工作结束前，也要逐渐变慢，以至停止。驮载时，驮鞍两侧重量要均衡，装时要放松，不要太猛，以防鞍伤。拉车运输时，上下坡要慢，上坡时中心略前移，应放松口衔，调整重心。上坡须赶匀拉齐，用力均匀，不能硬赶，并多支辕，使牲畜

得到必要的休息。下坡时，重心略后移，应挂起口衔，使其头部高举，以调整重心，防止身体向前跌倒。后鞍要坚固结实，攀紧闸门，令车缓行，防止滑坡。耕地时，犁要稳要正，套绳长短要适合。牵引角与地面一般保持 10°～12°，深度要合适，快慢均匀，地垄过长时，可在中间停息片刻。役后体温升高，应防止着凉；卸套后慢步遛走 20～30min，使之安静和消汗；切忌把出汗的牲畜立即拉入凉圈舍内，或拴在有阴风的地方，应拴在向阳和避风的地方。冬季役后，不要立即卸下颈圈（草包）和鞍褥，应逐步松套，待身上汗消失后再卸下，或用草把擦拭，给其盖麻袋、毯子，免得受凉。农谚说："冬不揭鞍，夏不卸衔"，每次役后，需要检查畜体，如有擦伤或踢伤，应及时治疗。

（五）饲养方式

散养条件下，不同地区由于饲料种类、使役情况、驴的生理状况和饲喂习惯不同，饲养方式也不同。规模化养殖条件下，驴群实行统一饲料、统一饲养、统一管理，详见第九章《规模养驴》。

关中驴和庆阳驴多舍饲，每天喂 4 次，定时定量，其日粮组成和喂量，驴场和农户稍有不同。关中驴保种场的成年母驴每天喂麦秸 5kg，精饲料 2kg，种公驴配种期每天喂精饲料 3kg，非配种期每天 2.5kg。精饲料由玉米、麸皮、豆粕、骨粉和食盐组成。农户饲养的成年母驴每天喂精饲料 1.5kg，精饲料由玉米、麸皮和自产的菜籽饼、醋糟及谷物皮等组成。粗饲料多为麦秸或玉米秸，夏秋季节一些农户给驴补饲一定量的苜蓿和青草。

德州驴以农户舍饲为主，多拴养，固定槽位，公、母驴分槽饲养，春夏秋季舍饲和放牧饲养，冬天全舍饲，以青干草、粗饲料为主，辅以混合精饲料，喂料少给勤添，坚持喂夜草。供给充足、卫生的饮水。6 月龄断奶。

泌阳驴在早春即可放牧，每年牧草旺盛期采取半日或全日放牧，并于夜间补以 2.5～3kg 的青草。一般情况下，种公驴每天喂谷草 3.5～4kg，精饲料 2～2.5kg，配种任务较重时增至 3～4kg。母驴每天喂谷草 5～6kg，精饲料 1～1.5kg。一般每天饮水 3 次，夏饮水 5 次，冬饮温井水。夏饮日晒热水，平时不在有露水的草地放牧。不同季节给予不同种类的精饲料，有豌豆、大豆或豆饼、大麦、谷子、麸皮、玉米、甘薯干等。粗饲料有谷草、麦秸、麦糠、甘薯秧、花生秧、豆角等。冬春季多喂热量高的大豆，夏季喂性凉的豌豆和麦麸。在以麦秸为主的地区，为防止驴便秘，饲草内应常加麦麸，加水拌湿后饲喂。

云南驴产区农副产品丰富，草料充足，饲养方式以舍饲为主，农闲时也进行一些野外放牧，当地农户对驴饲养得较精细，一般分槽喂养，定时定量，饲喂时间充足，每天不少于 6～7h，饲草铡短至 3～5cm，精饲料要磨碎，有的精饲料炒熟或加盐煮喂，农闲时喂 2 次，每天喂精饲料 0.5～1kg，饲草 5kg；农忙时喂 3 次，每天喂精饲料 1.5～2kg。饲养户很重视夜间饲喂，每晚喂夜草 2～3 次，每天饮水 3 次，冬春季饮温水，一般下槽饮水。因畜种年龄和体况不同，每天饲喂量也有所不同，对种公驴饲养条件优厚，非配种季节每天喂黑豆 1.5～2kg，谷草 5～6kg。每年 12 月开始增加料量，到 3 月底配种旺季每天喂黑豆 2.5～3kg、谷草 3.5～4kg，喂食盐 40 克。有条件的，从春季开始每天加喂胡萝卜 1kg，大麦芽 0.25kg，夏季喂水拌麸皮 0.25kg，11 月底配种结束后即行减料。妊娠 6 个月的母驴减轻使役强度，加强饲养，每天喂精饲料 1.5～2kg、谷草 5～6kg。分娩 12d 内喂加盐小米汤，幼驹生后 10d 内跟随母驴生活，半月左右开始认草认料，2 月龄时补料 0.25～0.5kg，6 月龄断奶，断奶后喂给好草好料，自由饮水，冬季喂谷草、青莜麦和干草，夏季喂苜蓿、谷草、青草等，精饲料以黑豆煮熟加盐喂给。

　　云南驴中心产区的宽谷地带、湖盆和坝子是云南省较发达的农区，主要农作物有水稻、玉米、小麦、豆类、油菜、薯类，经济作物有烤烟、水果、油料作物、亚麻、辣椒、茶等。农副产品主要有农作物秸秆、糠壳、藤蔓和各类糟、粕、渣等。丰富的农副产品为发展养驴业提供了有利条件。产区草丛草场和灌丛草场的自然生产力因光、水、热条件不同呈现季节性的不平衡。草场植被群落以旱生禾草为主，豆科牧草较少。当地农民有丰富的饲养管理经验，"养驴相似马，马无夜草不肥，驴无夜草不壮"，饲养方式多为终年半放牧、半舍饲，白天田野放牧，夜间舍饲，喂干稻草或粉碎后的农作物秸秆 5～6kg，精饲料 0.5～1kg。母驴哺乳期，每天至少喂 1 次盐水浸泡过的胡皮豆约 0.5kg，帮助开胃，并防止腹泻。幼驹哺乳不少于 6 个月，断奶时喂给健胃药。

　　川驴主要采取放牧和舍饲相结合的饲养管理方式。夏秋季牧草丰盛，长期集中在离居民点较远的草场，或轮休地上自由放牧；冬春季节在离居民较近的草场或农耕地上放牧，主要饲喂农作物秸秆，夜间各户舍饲。使役期间，各地根据当地条件适当补饲少量青干草、芜根、茶叶、青稞或燕麦等。四川省阿坝县的种公驴在配种期间实行系牧，公驴配种期和产驹后母驴补喂少量青稞糠或糌粑面。

　　西藏驴食性广，以放牧为主，青草季节在山坡、林间、田头放牧。在山区放牧时，主要采食青稞草、麦草和杂草，多 9：00 出牧，20：00 归牧。冬春季节或劳役强度较重时补饲少量青稞、豌豆及菜类。一般无单独圈舍，拴于院内或院外，刮风、下雪也几乎露天过夜，长期恶劣环境的风土驯化，造就了驴较强的抗逆性能。

三、种公驴的饲养管理

（一）公驴的营养需要

一头优良而健壮的公驴，人工辅助交配，一个配种期可配75～80头母驴。种公驴要保持良好的体况，即中上等膘度。

在日粮中，必须有足够的热能、丰富的蛋白质、矿物质和维生素，这是保持公驴代谢机能旺盛和精液品质优良的重要条件。在配种开始前1～1.5个月（即准备期）加强饲养能改善精液品质。配种次数多时，蛋白质饲料需增加10%～15%。必要时，要补喂适量的动物性饲料（如鸡蛋、鱼粉、脱脂乳等）。在配种期公驴的日粮中，添加2～3枚鸡蛋，可以提高采精量和精子活率。干草应由豆科和禾本科混合组成。每天平均喂给食盐30～50g，骨粉或贝壳粉、鸡蛋壳40～60g。实践证明，当日粮中全价蛋白质、各种维生素和矿物质水平提高时，驴精液品质就迅速提高。种公驴的营养需要参数见表7-6。

表7-6　种公驴的营养需要参数

（资料来源：马秋刚，2019）

名称	单位	配种期种公驴	非配种期种公驴
日干物质采食量	kg/d	5.63～7.37	5.21～6.82
精粗比	kg/kg	0.30～0.40	0.23～0.30
粗蛋白质	g/d	697.06～995.80	624.26～891.80
消化能	MJ/d	38.00～54.63	33.60～48.30
粗纤维	g/d	1 300.00～2 700.00	1 300.00～2 700.00
钙	g/d	76.83～119.94	71.38～111.42
总磷	g/d	21.81～34.05	18.70～29.18
非植酸磷	g/d	10.70～15.70	8.45～13.45
钙磷比	g/g	2.33～4.13	2.62～4.42
食盐	g/d	17.50～35.00	17.50～35.00

（二）加强饲养，分段管理

给准备期的公驴增加营养，逐步增加饲料喂养量，降低粗饲料的比例，精饲料应偏重于蛋白质和维生素饲料，降低公驴的运动和使役强度。对配种期的公驴保持饲养管理的稳定性，不可随意改变日粮和运动，喂给的粗饲料最好是优质干草、苜蓿或其他青绿多汁饲料。对配种恢复期的公驴饲料量可减至配种期的一半，少给蛋白质丰富的饲料，多给清淡、易消化的饲料。

对种公驴采取"先粗后精"的饲喂方式，自由采食，做到定时、定量、定人，饲喂次数不少于 4 次/d。种公驴采精、运动后 1h 内不宜饲喂饲料，记录每头种公驴的日采食量。

（三）增强体质，合理使用

通过体力活动或有意识的运动训练可以增强体质，提高公驴精子活率。肥胖和休闲可导致公驴精神萎靡和精液品质恶化。因此，每天对种公驴按个体及配种情况进行 1.5～2h 的骑乘运动或从事 2～3h 轻度劳役或用特盘式运动架，把公驴系在架上，上下午各进行 1h 的驱赶运动，既节省人力，效果又好。但过久的运动或沉重的劳役对驴体质有不良影响。

公驴在饲喂后，任其在运动场上自由活动，适当运动、多接触阳光，对驴精子形成和驴的健康都有好的作用。但夏季炎热的中午，应让其在圈内休息。每天进行刷拭，促进血液循环，保持皮肤卫生，促进身体健康。

种公驴的任务就是配种，合理使用能提高种公驴的使用效率。种公驴交配或采精次数过少，会降低性反射，使精子衰老、数量减少，或完全丧失受精能力；相反，过度交配，同样会降低精液质量，导致繁殖力下降。年轻公驴每天交配不超过 1 次，壮龄公驴 1d 可交配 2 次，两次间隔 8～10h，每周应休息 1d。饮水和饲喂后不宜立刻配种，交配后须牵遛 15～20min，然后让其安静休息。

在配种季节应定期对驴进行精液品质检查，并称体重，以便了解公驴的营养和精液状况，及时调整饲料和交配次数。合理安排本年度配种计划，制订种公驴配种期作息日程表。

四、繁殖母驴的饲养管理

（一）空怀母驴

配种前 1～2 个月应增加精饲料喂量，每头母驴喂精饲料 1～2kg/d，分 3 次饲喂，先干后湿，先粗后精，自由饮水。对过肥的母驴，应减少精饲料喂量，增喂优质干草和多汁饲料，加强运动，使母驴保持中等膘情；粗饲料自由采食。繁殖母驴的营养需要参数见表 7-7。

母驴一般 2.5 岁或体重达到成年体重 70% 以上开始配种。如果是经产母驴，配种时间为产后第 1 次发情持续期的 1～5d。人工授精应采取隔日配种

法，配种 2 次即可。如果母驴长期处在乏情期，可利用外源激素（如促性腺激素）等物质或环境条件刺激，诱导母驴发情。一般情况下，给母驴肌内注射促性腺激素或绒毛膜促性腺激素前列烯醇等，可诱导母驴发情。

表 7 - 7　繁殖母驴的营养需要参数

（资料来源：马秋刚，2019）

名称	单位	空怀母驴（体型偏瘦）	空怀母驴（体型适中）	空怀母驴（体型肥胖）	妊娠前期（初产母驴）	妊娠前期（经产母驴、非哺乳、不挤奶）	妊娠前期（挤奶或哺乳）	妊娠后期
干物质采食量	kg/d	4.16～6.66	3.92～6.27	4.16～6.66	4.62～6.58	4.82～6.87	5.67～8.08	4.97～7.08
精粗比	kg/kg	0.24～0.35	0.17～0.25	0.12～0.18	0.23～0.34	0.28～0.40	0.47～0.67	0.44～0.63
粗蛋白质	g/d	470.4～676.2	420.8～604.9	426.4～613.0	486.4～694.8	520.0～742.8	831.6～1 188.0	666.1～951.6
消化能	MJ/d	28.05～43.01	24.61～37.73	24.52～37.59	28.50～41.66	31.30～45.38	47.88～73.67	40.15～58.69
粗纤维	g/d	700～2 200	700～2 200	700～2 200	700～2 200	700～2 200	700～2 200	700～2 200
钙	g/d	57.44～82.81	49.08～72.64	52.76～80.23	56.52～88.23	59.92～93.53	99.16～150.57	67.97～106.10
总磷	g/d	14.71～21.20	14.77～21.86	11.69～17.78	16.57～25.87	17.48～27.29	28.76～43.66	18.27～28.52
非植酸磷	g/d	6.20～9.00	8.06～11.00	4.38～7.00	8.57～11.00	9.2～12.00	17.6～20.00	10.60～13.00
钙磷比	g/g	2.40～4.60	1.82～4.02	3.01～5.21	1.90～4.10	2.09～4.29	1.95～4.15	2.22～4.42
食盐	g/d	13.00～26.00	13.00～26.00	13.00～26.00	6.00～10.50	6.00～12.00	8.00～13.50	7.50～13.50

（二）妊娠母驴

1. 妊娠初期　母驴受胎后头 1 个月内，胚胎在子宫内尚处于游离状态，遇到不良刺激很容易流产，所以最好停止使役。妊娠 1 个月后，可照常使役。母驴妊娠初期，胎儿尚小，营养需要与平时差别不大，营养需要参见表 7 - 7。

2. 妊娠后期　妊娠期前 9 个月胎儿增重很慢，每头喂精饲料 0.3～0.6kg/d；胎儿体重的 80% 是在最后 3 个月内完成的，妊娠期后 3 个月每头喂精饲料 2～3kg/d，宜补饲适量优质的青绿饲料。到妊娠最后的 3 个月，胎儿生长发育比较快，需要的营养物质最多，特别是到妊娠最后阶段，胎儿的骨骼生长特别快，需要较多矿物质。因此，需要增加精饲料、矿物质和富含维生素的青绿多汁饲料，要喂品质优良的干草。母驴妊娠后 3 个月的日粮配方推荐见表 7 - 8。

表 7 - 8 母驴妊娠后 3 个月的日粮配方推荐（以活重 180kg 的驴为例）

（资料来源：玉山江等，2016）

妊娠时间		消化能（MJ/d）	干物质日需要量（kg）	推荐日粮配方
夏季	9 个月	14.4	2.0～2.4	1.1kg麦草＋精饲料＋1.3kg优质牧草＋放牧
	10 个月	17.1	2.0～2.4	0.4kg麦草＋精饲料＋1.8kg优质牧草
	11 个月	18.6	2.0～2.4	2.2kg优质干草＋精饲料＋放牧
冬季	9 个月	19.8	2.5～3.1	1.0kg麦草＋精饲料＋1.7kg优质牧草＋放牧
	10 个月	20.7	2.5～3.1	0.4kg麦草＋精饲料＋2.2kg优质牧草
	11 个月	22.1	2.5～3.0	2.5kg优质干草＋精饲料＋放牧

注：消化能的计算依据为麦草 5MJ/kg、优质牧草 8.5MJ/kg；精饲料主要营养成分是蛋白质、维生素和矿物质。

3. 防止妊娠中毒 母驴妊娠后期，因缺乏青绿饲料，精饲料给量少，饲料单一，运动少，不使役等因素，导致驴肝机能失调，形成高血脂及脂肪肝，产生有毒的代谢产物，出现全身中毒病症，称为妊娠中毒，表现为产前不吃，故也称产前不吃病或脂血症，死亡率较高。为预防母驴出现这种现象，在妊娠后半期，要及早地适当增加精饲料，饲草、饲料做到多样化，还需补充青绿多汁饲料，并注意适当运动，以增强其代谢机能。在分娩前 2 个月左右，逐渐减少日料中的豌豆和玉米量，喂给易消化、有轻泻性的、质地松软的饲料。在产前几天，日料总量应减少 1/3，多饮温水，每天做缓慢驱赶运动。

（三）泌乳母驴

1. 接产和护理

（1）产前准备。气候寒冷时，要备好产房，产房要温暖、干燥、无贼风，光线要充足。产前 1 周要把产房打扫好，地面进行消毒，铺上垫草。加强护理，注意母驴的临产表现。提前准备好接产用具和药品。如剪刀、热水、药棉、毛巾、消毒药品等。

（2）人工助产。正常情况下，母驴产驹不需助产。正生时，胎儿的前两肢伸出阴门之外，切蹄底向下，称为正前位；倒生时，两后肢蹄底向上，产道检查可摸到胎儿的臀部，称为尾前位。母驴大多躺着产驹，但也有站立产驹的。因此，要注意保护驴驹，以免摔伤。无论正生还是倒生，只要是头部或臀部伴随着前肢或后肢同时伸出，均属顺产。但倒生时，助产者应随母驴的努责尽快将胎儿拉出，以防胎儿窒息死亡。凡胎儿的头部、腿部或臀部部位发生变化，不能顺利产出者均属难产。母驴分娩时如出现难产则需要人工助产。常见的难

产和相应的助产方法有以下几种。

①胎位不正助产。

a. 头颈侧弯。胎儿两前肢已伸出产道，而头弯向身体一侧。助产者用消毒好的助产绳将胎儿两肢系好，将胎儿送回子宫。助产者可将手深入子宫，抓住胎儿眼眶处，将胎头扶正，然后拉出。

b. 胎头下垂。胎儿头伏在两肢下方，弯到胸部。助产者可将手伸入阴道，抓住胎儿下颌，然后将胎儿头部上举，拉出产道。

c. 胎头过大。胎头过大，产出困难。助产者用手抓住胎儿两前肢，手伸入阴道，抓住胎儿下颌，将胎儿头扭转方向，试行拖出。

②前肢异位助产。指胎儿一前肢或两肢姿势不正发生的难产。

a. 腕关节（前膝）屈曲。即头前位分娩时，前肢腕关节屈曲，增大胎儿肩胛围的体积，难以产出。如是左侧腕关节屈曲则用右手，右侧腕关节屈曲则用左手。助产者先将胎儿送回子宫，用手握住管部，向上方高举，然后将手放于下方球节部，暂时将球节屈曲，再用力让球节伸向产道内。

b. 肩关节屈曲。即前肢在肩关节处曲向胎儿体侧或腹下。助产者先用手握住屈曲的上膊或前膝，推退胎儿，并将腕关节导入骨盆入口，使之变成腕关节屈曲，再按整复腕关节屈曲的方法处理。

③后肢异位助产。前位分娩时，一肢或两肢飞节发生屈曲。助产者用手握住屈曲的后肢系部或球节，尽力屈曲后肢所有的关节，同时推退胎儿，一般可整复。

④抱头难产助产。分娩时一前肢或两前肢在胎儿头部上方。助产者用绳子拴住胎儿先位肢的系部，再用力推退胎儿肩关节，即可复位。

（3）接产。

①保证驴驹呼吸顺畅。无论顺产还是难产，只要驴驹头部露出后，就要用消毒毛巾把驴驹口鼻内的黏液擦干净，以免黏液被吸入肺内。

②断脐。驴驹产出后，若脐带未断，接产人员可手握住脐带向驴驹方向捋挤，使脐带内血液流向驴驹，在距驴驹腹壁5～8cm处用手掐断。用5％碘酒充分浸泡脐带断端。若脐带流血不止，则要用消毒线结扎。

③驴驹护理。驴驹产下后，应及时将驴驹移近母驴头部，让母驴舔驴驹，或人工擦干驴驹全身黏液。用无味消毒水，如0.5％的高锰酸钾彻底洗净并擦干母驴乳房，一般驴驹产后自行站立可辅助吃母驴初乳，如果出生后30min驴驹尚不能站立，则需人工挤奶对其补喂初乳。驴驹生下前几天，体温调节能力差，不能很好地适应外界条件，又较怕湿寒，容易发生胃肠疾病，因此要做到圈舍无贼风，保持干燥，光线充足，褥草干净、铺厚。产后3～5d，天气良好时，可将母驴和驴驹放到驴舍通风向阳处，自由活动。第1次时间要短，以后逐渐延长时间。初生至2月龄的驴驹，每隔30～60min即喂乳1次，每次

1～2min，以后可适当减少吮乳次数。

（4）母驴护理。产后1h，胎衣可以完全排出，应立即将胎衣、污染的垫草清除、深埋。若5～6h胎衣仍未排出，应请兽医诊治。用高锰酸钾或聚维酮碘或戊二醛癸甲溴铵溶液消毒，洗净并擦干母驴外阴、尾根、后腿等被污染的部位。产房换上干燥、清洁的垫草。

产后12h以内要及时给母驴和幼驹注射破伤风抗毒素疫苗。

2. 饲养管理

（1）母驴分娩后，应饮温麸皮水1周。母驴分娩后7d内，应控制草料喂量，10d后恢复正常喂量。

（2）泌乳母驴的日粮配制既要满足身体正常发育的维持需要，又要满足母驴泌乳的需要。在泌乳阶段，应给母驴补充充足的优质牧草和干草，并注意蛋白质、维生素和矿物质的平衡。这一阶段的日粮配方推荐见表7-9。

表7-9　泌乳母驴的日粮配方推荐（以活重180kg的驴为例）

（资料来源：玉山江等，2016）

产后时间		消化能（MJ/d）	干物质（kg）	日粮配方（干物质）
夏季	1个月	27.5	2.4～3.0	2.4kg优质干草＋放牧，并添加精饲料或者高油脂精饲料
	2个月	27.3	2.4～3.0	2.6kg优质干草＋放牧，并添加精饲料或者高油脂精饲料
	3个月	26.5	2.4～3.0	2.6kg优质干草＋放牧，并添加精饲料或者高油脂精饲料
	4个月	26.5	2.4～3.0	2.6kg优质干草＋放牧，并添加精饲料
	5个月	24.5	2.4～3.0	2.5kg优质干草＋放牧，并添加精饲料
	6个月	23.6	2.4～3.0	2.4kg优质干草＋放牧，并添加精饲料
冬季	1个月	30.2	2.7～3.1	3.0kg优质干草＋放牧，并添加精饲料或者高油脂精饲料
	2个月	30.0	2.7～3.1	3.0kg优质干草＋放牧，并添加精饲料或者高油脂精饲料
	3个月	29.2	2.7～3.1	3.0kg优质干草＋放牧，并添加精饲料或者高油脂精饲料
	4个月	28.2	2.7～3.1	3.0kg优质干草＋放牧，并添加精饲料
	5个月	27.2	2.7～3.1	2.8kg优质干草＋放牧，并添加精饲料
	6个月	26.3	2.7～3.1	2.8kg优质干草＋放牧，并添加精饲料

注：优质干草为9.0MJ/kg；精饲料的主要成分是蛋白质、维生素和矿物质添加剂；在干草条件下，日粮中干物质比例按90%计算。

混合精饲料中豆饼应当占 20%～30%，麸类占 15%～20%，其他为谷物类饲料。为了提高泌乳力，应多补喂青绿多汁饲料，如胡萝卜、饲用甜菜或青贮饲料等。哺乳期一般为 5～6 个月，哺乳前期每头喂精饲料 2.2～2.8kg/d；哺乳后期每头喂精饲料 1.4～2.0kg/d。

（3）产房应保证温暖、干燥、无贼风，光线充足；要注意让母驴尽快恢复体力。产后 10d 左右，应当注意观察母驴的发情，以便及时配种。

五、驴（骡）驹的培育

（一）胎儿期的生长发育

驴驹胎儿期在母体子宫内生长发育最快，完成成年体尺的一半以上，在正常饲养条件下，驴驹出生时，体高已达到成年驴的 65%，体重达成年驴的 10%～12%（表 7 - 10）。

表 7 - 10　关中驴、德州驴初生和 6 月龄生长发育情况

（资料来源：甘肃农业大学，1981. 养马学）

驴别	关中驴								德州驴							
	体高（cm）		体长（cm）		胸围（cm）		体重（kg）		体高（cm）		体长（cm）		胸围（cm）		体重（kg）	
年龄		占成年的%		占成年的%		占成年的%		占成年的%		占成年的%		占成年的%		占成年的%		占成年的%
初生（出生3d）	85.33	65.66	60.67	45.55	69.72	50.22	30.6	12.92	87.9	68.7	61.3	47.2	71.9	51.8	27.8	10.4
6个月 实测数	108.9	83.8	98.29	74.18	101.78	73.31	102.2	43.7	113	88.3	102	78.3	111	72.6	127.3	47.6
6个月 本阶段增长数	23.57	18.14	37.62	28.24	32.06	23.09	71.6	30.32	25.1	19.6	40.7	31.1	39.1	20.8	99.5	37.2
成年 实测数	129.95	100	133.18	100	138.83	100	236.14	100	128	100	130	100	138.9	100	267.2	100
成年 本阶段增长数	44.62	34.34	72.51	54.45	69.11	49.78	205.54	87.08	40.1	31.3	68.7	52.8	67.0	48.2	239.4	89.6

胎儿的营养是由母体获得的，要保证胎儿充分发育，必须注意孕驴的饲养，特别是最后 2～3 个月。

（二）哺乳期驴驹的培育

驴驹哺乳期约 6 个月，是它生后生长发育最快的阶段，完成出生后体格增长的一半左右。这一时期对饲养管理条件要求很严格，其生长发育的好坏，与将来的经济价值关系极大，所以要给以良好的饲养和管理。

驴驹出生后 1～2 个月，每增重 1kg，大约需要 10kg 母乳；在 1 月龄以前，1d 内吸吮母乳 50～60 次，因此新生驴驹必须与母驴生活在一起。正常饲养条件下，德州驴在哺乳期平均日增重 0.4kg 左右，母驴平均泌乳量每天 4kg 左右，基本上可满足驴驹的需要。如果母驴泌乳量不足或无乳时，可喂牛乳或山羊乳。由于牛乳和山羊乳的乳脂率高于驴乳，而乳糖含量低于驴乳，因此在用牛乳、山羊乳喂驴驹时，应加水稀释（1∶1），并加糖少许，适当补钙，温度保持在 35～37℃，开始每 1.5～2h 喂 1 次，以后可适当延长，也可寄养于泌乳多的母驴。

驴驹生下后 15d 左右，便试食草料，到 1～2 月龄时，开始喂精饲料，最初将小米煮八成熟，或麸皮、大麦粉用温水调成粥状饲喂。开始每天给 150～200g，到 2 月龄时，逐渐增到 0.5kg；断奶时增加到 0.75～1.0kg。每天喂食盐和骨粉或贝壳粉各 10～15g。有放牧条件的，最好让驴驹跟随母驴放牧，促进其运动，这样既可促进母驴泌乳，又可促进驴驹的生长发育。

驴驹生下后如发生便秘，胎粪不下，可用温水 1 000mL，加甘油 10～20mL，进行灌肠。如腹泻，粪呈灰白色或带绿色，应减少母驴精饲料量，同时隔离驴驹吃乳。如果下痢，多因母驴乳房不干净，或吃带病菌饲料，或因天气寒冷，驴驹久卧湿处所引起。因此，应保持圈舍干燥，勤换干净的褥草并勿让幼驹久卧湿地，防止吃霉烂的饲料，保持母驴乳房干净卫生；饲料中补充少量的食盐和矿物质。实践证明，每天在饲料中添加 10～20mg 的氯化钴，并加食盐或碳酸氢钠，可消除异嗜癖。

有些地区，土壤中缺乏硒或饲料中缺乏维生素 E，引起驴驹白肌病或坏死性肝退化症，严重者造成死亡。经常供给孕驴多年生豆科牧草，如青苜蓿等，或注射亚硒酸钠，每次 20～25mg，对预防此病有很好的效果。

在泌乳阶段，每 2 周对驴驹称重 1 次，以检测驴驹生长发育是否正常。生长速度过快或生长发育不良时，应注意调整日粮。

（三）驴驹断奶后的培育

驴驹一般在 6～7 月龄时断奶，断奶是驴驹出生后的一个重要转折点。断奶后第 1 年正是驴驹快速生长的阶段，体高要达到成年驴的 90% 以上，体重达到成年驴的 60% 左右（表 7 - 11）。有谚语：“是驴不是驴，一步长成驴。”可见对断奶驴驹加强饲养管理的重要性。骡的早期生长发育也很快，出生 3 个月主要体尺已达到成年的 70% 以上，1.5 岁时可达到成年体尺的 80% 以上（表 7 - 12）。

　　驴驹断奶后到2岁时是体长、胸围和体重相对增长的重要阶段，特别是到 2～2.5岁时最明显（表7-13）。

表7-11　驴驹1周岁时生长发育情况表
（资料来源：甘肃农业大学，1981. 养马学）

	关中驴				德州驴			
	体高 (cm)	占成年 的（%）	体重 (kg)	占成年 的（%）	体高 (cm)	占成年 的（%）	胸围 (kg)	占成年 的（%）
成年	129.95	100	236.14	100	128.0	100	267.2	100
一岁	117.82	90.67	142.49	60.52	119.3	93.2	151.3	55.6

表7-12　骡各阶段体尺及其占成年时的百分比
（资料来源：于文翰，1986）

	生后3d		3月龄		1.5岁		2.5岁		3.5岁	
	体尺 (cm)	占成年的百 分比（%）	体尺 (cm)	占成年的百 分比（%）	体尺 (cm)	占成年的百 分比（%）	体尺 (cm)	占成年的百 分比（%）	体尺 (cm)	占成年的百 分比（%）
体高	91.5	64.9	117.9	83.1	133.4	94.1	136.7	96.5	141.8	100
体长	66.9	45.6	106.8	74.5	130.2	90.8	138.0	96.2	143.4	100
胸围	76.3	44.7	120.9	70.9	141.3	82.8	151.0	88.5	170.6	100
管围	10.3	55.4	14.5	78.0	16.2	87.1	17.7	96.2	18.6	100

表7-13　驴驹各龄阶段各部位体尺情况
（资料来源：甘肃农业大学，1981. 养马学）

各阶段年龄	断奶至1岁		1～2岁		2～3岁	
驴品种	关中驴	德州驴	关中驴	德州驴	关中驴	德州驴
体高（cm）	8.92	6.3	5.3	9.7	5.23	3.9
体长（cm）	12.88	7.4	8.6	15.0	7.23	6.1
胸围（cm）	14.97	6.3	12.98	19.0	10.77	6.5
管围（cm）	0.95	1.2	0.11	1.0	1.23	1.2
体重（kg）	40.29	24.0	50.7	85.1	48.48	42.5

　　这一时期应给驴驹创造较好的饲养和锻炼条件，以促进其生长发育，提高 其役用性能。公驹比母驹容易受营养不良的影响，特别是1.5～2岁性成熟后， 影响更为显著。因此，在饲养上应格外加以照顾，在日粮中精饲料量应多给 15%～20%。但也要注意，如过早地增加营养，会使性成熟过早，不利于后期 生长发育。关中驴驹不同年龄日粮量见表7-14。

表7-14 关中驴驹不同年龄日粮量（kg）

（资料来源：甘肃农业大学，1981. 养马学）

性别	6～12个月		1～2.5岁		2.5～3岁	
	精饲料	干草	精饲料	干草	精饲料	干草
公	1	2	2	4.5	3	6
母	0.75	2	1.5	4	2	5

六、驴（骡）的驯致和调教

畜谚说："四高六粗"是说驴4岁体高长足，6岁完成体躯深广度的增长。在驴驹生长发育阶段，应对驴、骡进行合理调教，这对其日后体质、体型和禀性有重要作用，并可提高其工作能力。在调教之前，先经过驯致，主要包括佩戴笼头、牵行、拴系等。从哺乳期开始，经常抚摸，搔其尾根部，或轻轻刷拭，或给以喜欢吃的食物。在人驹亲和的基础上，逐渐进行举肢、扣蹄、检温、戴笼头、牵行、拴系等训练。

调教的目的是训练驴驹学会各项科目和劳役，以发挥其能力。驴驹到2岁时，开始进行使役调教，可做轻便的农活或短途运输。调教时，先让其熟悉各种套具、挽具和口衔、口令。开始先让它跟着走，待习惯后，再慢慢进行工作。在调教、使役过程中，发现有疲乏现象，应立即停止调教或使役，使之保持旺盛的食欲和饱满的精神。正式使役中，最初每天不多于4～5h，分上、下午两次进行。中间注意休息，每周休息1d。经过一段时间的训练，根据实际表现逐渐延长使役时间，但最多每天不超过5～6h。套包、挽具等大小要合适，质地柔软，以免造成外伤，口衔松紧要合适，不能太紧或太松，不要磨伤受衔部，如因肩部疼痛不前，可以在解除套包的肩胛上涂擦明矾。

在调教或使役期间，饲养条件必须与调教相适应，每天饮水3～4次，调教前和调教后2h再给水、喂料。调教后用草把擦干身上的汗液，尤其是鞍下或套包下的皮肤，并擦拭四肢，以缓解其疲劳。

非种用公驴驹，到2周岁去势，去势过早会影响其生长发育。去势最好在春季或秋季进行。留作种用的公驴，还应编号、烙印。

七、驴体刷拭和护蹄

为了驴体的清洁、美观和健康，要对驴进行刷拭和护蹄，要求做到对驴体表层肌肉进行按摩，刺激皮肤的血液和淋巴循环，清除皮肤分泌物、皮屑及脱

落的被毛，使被毛保持松散，防止传播虱子和皮肤病。春、秋换毛季节，种驴和役驴的刷拭更为重要。

（一）驴体刷拭

1. 工具　草刷或草把、鬃刷或棕刷、木梳、铁刨、蹄钩、洗涤桶、擦布、蹄钩等。草刷是用一种质地较硬的草制成的，用它除去黏在驴体上的垫草、粪便和泥污。草把可以替代草刷使用。鬃刷有两种，一种是用粗硬的猪鬃做的，用来刷驴体；另一种是用较细长而柔软的棕制作的，用它刷驴的面部和敏感部位。棕刷质地也比较柔软，经常用于刷头、颈和尘土，不能用于刨驴体。梳子有木质、角质和铁质的，以铁质的较好，坚固耐用，用它梳理长毛。蹄钩用于清除蹄底污物。洗涤桶是装清水用的。擦布用来擦洗天然孔（眼、鼻、口、肛门等）。

2. 刷拭方法　先用草刷或草把除去黏在驴体上的垫草和粪块。若粪尿未干可用湿布擦净。用质地较硬的草刷粗略地刷拭，驴的左侧用左手持刷，刷右侧时用右手持刷。人站在离驴体适当位置，面向驴的后躯，从耳后开始向后刷，刷子要轻微倾斜，顺毛推动到躯体后端，把手腕反转一下，将刷子下边收集在一起的尘土和污物刮下。刷时动作要快速、有力、确实，不要用刷子撞击驴体。

用鬃刷刷驴体时，一般的程序是：先左后右，由前向后，从上到下，依次进行，一手持刷，一手拿铁刷，每刷 3～4 次，刷子就要在铁刨上刮两三下，以去掉刷子上的脱毛和尘土，然后再刷。刷时先逆毛刷出，再顺毛拉回，手臂要伸长，重去轻回，对不易刷到或容易被忽略的部位，如胸下、腋间、颚凹等处要仔细刷到。背、肋部可做划弧式刷。腰部要轻刷、尻、股部应自下而上，由后向前刷，肷及腰角处、颜面部，都要顺毛刷，用力要轻。

待全身刷完后，用梳子梳理长毛。用一块干净的湿布擦净耳、长毛、口、鼻孔及肛门。再用另一块湿布先逆后顺将全身擦一遍，并用毛刷顺毛刷 1 次。

役驴 1d 刷拭 1～2 次，即上午出工前和下午完工回来后。休闲驴 1 次/d，种公驴 2 次/d。在上午和下午运动之后进行；若每天刷 2 次，每次可刷 30min。倘若驴干重活回来，身上有汗水或黏有泥土，则刷拭时间要长。

刷拭完毕后，用手指逆毛方向划动，观察皮肤的洁净情况，若皮肤呈现灰色或刷拭者手指尖灰尘较多，表明刷拭不充分。下颌之间、耳内侧、颈部、膝部、飞节、腹部下面、腋间和股内侧，容易被疏忽，检查时应注意。

（二）护蹄

"无蹄则无马"，说明马属动物护蹄的重要性，蹄的健康状况与驴的生产力关系很大。驴在运动的情况下，蹄角质生长与磨损可以保持平衡，如果磨损过甚或不足，都会引起蹄形不正常。因此，要做好平时的护蹄工作并定期削蹄，役驴要按期装钉蹄铁。

护蹄方法是每天刷拭之后，用蹄钩除去蹄底脏物或石子，用水洗净护蹄，见有角质过长或蹄的某一部位不正时就需要修削，以保持正蹄形。为了保护正蹄形，厩床必须平坦干燥，休闲驴每天也应进行适当运动。

八、削蹄与蹄铁

（一）用具及材料

削蹄的用具及材料包括蹄铲、蹄锉、双刃蹄刀、剪钳、钉节刀、装蹄踵、修蹄台、二柱栏、保定绳等。

（二）削蹄的方法

1. 削蹄前检查　为正确地削蹄和装蹄，在削蹄前须对驴的前肢势、蹄形、肢蹄负重状态、运步情况和蹄铁等进行细致检查和正确判断，找出问题，制订出削装蹄方案。检查分为站立检查、运动检查和举肢检查。

2. 驴的保定　保定驴的方法很多，以操作方便、安全为宜，常见的有二柱栏保定法（图7-1）。

图7-1　二柱栏保定法

（资料来源：甘肃农业大学主编，1981. 养马学）

3. 取出旧蹄铁　将驴蹄固定后，用钉节刀切断钉节，再从蹄踵部用钉节刀刃撬起铁尾，用剪钳将旧蹄铁取出。取出旧蹄铁时，须注意防止漏钉或钉伤。

4. 削蹄技术要领　削蹄背面时要防止过削。应先测蹄尖壁长度，大蹄约四指半（84～88mm），小蹄约三指半（74～78mm）。对延蹄的切削，要求比正常蹄留得稍长些。一般蹄尖壁应留的长度根据蹄铁号数确定。蹄铁号数与蹄铁

长度可参考马和骡的蹄铁号数，见表7-15。

表7-15 马和骡蹄铁号数与蹄壁长度

（资料来源：甘肃农业大学，1981. 养马学）

骡蹄铁号数	0	1	2	3	4	5	6	7	8	
马蹄铁号数		0	1	2	3	4	5	6	7	8
蹄尖壁长度（cm）	74	76	78	80	82	84	86	88	90	92

前蹄的蹄尖壁长度约为蹄踵壁的2倍，后蹄尖壁为蹄踵壁的1.5～2倍，按此比例削切蹄负面，蹄角度基本上可以达到前蹄45°～50°，后蹄55°～60°的要求。

削切蹄负面时，除要求蹄壁保持一定长度外，还要求内外侧蹄壁同高，负面平坦，左右蹄的大小及蹄角度相同。

削蹄底时，要削除蹄底的枯角，并削成适当的穹隆度。注意观察蹄底角质的颜色变化和角质的硬度，如发现蹄角颜色淡、较润而软，淡黄色线增宽，指压时有波动感，则应停止削切，防止过削。正常驴蹄底面见图7-2。

削蹄叉时，要削出蹄叉固有的形状。蹄叉的高度应与蹄负面同高。装蹄铁驴的蹄叉要高出蹄负面，约为蹄铁厚的1/2。如蹄叉过削，则有害于蹄的机能，且易引起蹄叉干燥、萎缩，甚至发生蹄叉腐烂和蹄踵狭窄。

削蹄支时，要保持内外侧蹄支同高。蹄支与蹄支后端相连接的部位要彻底削开。蹄支对蹄的负重和防止蹄踵狭窄有一定作用，因此不宜过削。

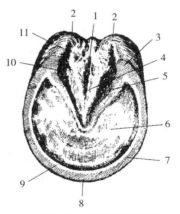

图7-2 正常驴蹄底面

1. 蹄叉中沟 2. 蹄球 3. 蹄支角 4. 蹄叉
5. 蹄支 6. 蹄底 7. 蹄负缘 8. 蹄底外缘
9. 白线 10. 蹄叉侧沟 11. 蹄踵
（资料来源：侯文通，2019. 驴学）

修整蹄形用蹄锉顺着角系管的方向将蹄壁下部壁面凹凸不平部位锉平，使其保持应有的正常形状，轻轻地锉去蹄壁下缘锐角。在蹄叉尖前方蹄壁中央锉出铁唇座位。

削蹄后要求蹄部负重的部位是蹄壳部（蹄白线外），修蹄时需要切除多余的蹄壳以保证角度。修蹄时也要修正肉蹄，使其高度低于蹄壳部以不负重。

不正蹄形的切削要点：

（1）广蹄。少削负面及蹄底，适当锉削蹄壁外缘。

（2）低蹄。少削蹄踵，必要时适当削蹄尖壁下部。

（3）高蹄及夹蹄。多削负面，适当切削蹄底、蹄叉及蹄支尖。

（4）外向蹄及内夹蹄。少削蹄底及蹄叉的内半部。

（三）削蹄注意事项

（1）修蹄应该在妊娠前期或空怀期进行。妊娠后期（产前1月）和产后初期（产后1月）不宜进行。也可以在妊娠4～7个月时修蹄，修蹄幅度要小于平时。

（2）如果驴蹄系部过长，或者蹄本身角度已经倾斜比较厉害，时间超过1个月以上，需要2～3次慢慢修正过来，不能一次修正过来。每次修正时间间隔15d。

（3）对于阴阳蹄，或者双蹄的高度不一样的，要修蹄到同一高度，让负重在一个水平线上。

（4）种公驴需要每2个月修1次；驴驹3个月以上的，需要及时修正歪蹄和裂蹄。每2～3个月检修1次。

九、驴的驮具和挽具

（一）驮具

1. 驮鞍　由左右两块鞍板构成拱形，其上面再以两块横的拱木固定。在拱木之间，构成鞍座，恰好能放置鞍架。鞍下再垫以棕皮、羊毛或棉花填充的软鞍垫，以保护背部，以免被磨伤。

2. 鞍架　是具有四脚的木架，形似坐凳。其宽度略大于鞍座，以便于装卸。其两侧横档，货物可捆在鞍架上方及两侧。

3. 鞦　由鞦盖、鞦耳及坐皮等组成。鞦盖是三角形，置于尻的上方，借两侧的鞦耳和坐皮相连，以固定坐皮。坐皮是宽6～7cm的革带，装于臀股后方，左右两端结在鞍的后基脚，以增加鞍对鞦的固定作用，并防驮鞍前移。

4. 攀胸　相当于靷，它的作用是防鞍位后移，是用一根宽度适当的皮带，绕过前胸，两端结于鞍的前方。在新式驮具中，如军用驮鞍，用于携带机枪或小山炮等武器，故构造较复杂，多由铁质及皮质制成。

（二）挽具

挽具因驴的用途不同（如辕驴、稍驴、骖驴或副驴等）而有不同的名称和组成，其中以辕驴的挽具较为复杂而齐全。

1. 挽鞍（辕鞍） 以挽鞍支持车辕的负重，有木制或铁制的鞍架，即前后两个鞍桥，用以攀搭腰。在鞍桥下面的左右，固定上两块鞍板，鞍板下面垫有皮制的鞍磨，在其下面再垫有软的鞍垫，以防磨伤背部。鞍前与颈部的枷板，鞍后和尻上鞦相连，以固定其位置，防止前后移动。

2. 搭腰 由数层皮子制成，长约 60cm，宽 8～9cm，其作用是支持辕杆重量。上方搭在鞍的前后桥之间轴辘上，可以滑动，以及减轻车辆行动时达于驴体的震动力，两侧下端有大的铁环或铜环，用皮制的搭腰爪子套在辕杆前端。

3. 套包和枷板 套包也称颈圈，里边填充草，外边包上帆布和皮子。在套包前的左右两侧架着两个圆木棒制作的枷板，这是挽力的支点。在枷板的中部各穿有两个孔洞，用以连接挽索。枷板的上下两端用绳拴住，下端为活结，套驴时，只要解开下端的活结，即可将驴套上。

4. 套索 套索的前端连接在枷板上。辕驴的套索用几根皮条，后端挂在辕杆上，前套的套索多为结实的粗麻绳，通过车体的前下侧方的铁环，将后端固定在车轴上。

5. 肚带 肚带是防止上坡时车辕仰起而设的装置。它是一条比搭腰窄的软皮带，两端以皮圈扣在辕杆前端，右端固定于辕杆上，待驴进辕后，另一端套于左侧辕杆上。因此，肚带和搭腰起着保持辕杆上下稳定的作用。

6. 鞦 是用皮子做成的宽皮带，下坡时用以制止车体下滑，也称坐皮，借此让驴使车体后退。挽鞦必须通过驴臀部，两侧连接在搭腰爪子上，由鞦盖和鞦梁保持其水平。

第八章

驴的生产性能

一、繁殖性能

（一）驴的繁殖力

1. 繁殖力的概念　繁殖力是指动物维持正常繁殖机能、生育后代的能力。繁殖力是家畜重要的生产力。影响繁殖力的因素很多，除繁殖方法、技术水平外，公母畜本身的生理条件起着决定性作用。对于公驴而言，繁殖力决定于其性欲、交配能力、所产精液的数量和质量（精子活率、密度、畸形率等）；对于母驴而言，繁殖力决定于其性成熟时间、发情表现的强弱、排卵是否正常、发情次数、卵子的受精能力、妊娠时间、胚胎发育质量、哺乳和护仔性能等。可以看出，家畜的繁殖力是一个包括多方面的综合性概念，来自家畜本身那些影响繁殖力的因素实际上也是构成家畜繁殖力的主要内容。

2. 驴的繁殖力指标　就整个畜群来说，繁殖力的高低是综合每个个体的繁殖指标，以平均数或百分比表示。由于驴的繁殖力主要是通过母驴产驹体现的，常用的繁殖力指标是对群体而言，而且是针对母驴制订的，但绝不能忽视精液质量等来自公驴繁殖力的影响。对于个体而言，一般不用这些指标衡量，更强调的是个体的配种能力、受孕能力以及利用年限等。

（1）情期受胎率。指在一个发情期，受胎母驴头数占配种母驴头数的百分比。

（2）第1情期受胎率。第1次配种就受胎的母驴数占第1情期配种母驴总数的百分比。包括青年母驴第1次配种或经产母驴产后第1次配种后的受胎率。

（3）总受胎率。年内妊娠母驴头数占配种母驴头数的百分比。这一指标主要反映了驴群的受胎情况，是衡量年度配种计划完成情况的重要指标。

（4）分娩率。指分娩母驴数占妊娠母驴数的百分比。这一指标反映了母驴维持妊娠的质量。

（5）繁殖成活率。指本年度新断奶成活的驴驹数占本年度适繁母驴的百分比。它是母驴受配率、受胎率、分娩率和驴驹成活率的综合反映。

驴的繁殖力因品种、营养水平、饲养管理和使役状况等不同，差异很大。一般情期受胎率为40%～50%，全年受胎率为80%左右，产驹率50%左右。管理好的驴场受胎率可达90%，产驹率达80%～85%。

（二）驴的繁殖规律

1. 初情期与性成熟期 初情期是指公母畜有初次发情表现并能够产生正常的精子或卵子、具有受精可能性的年龄阶段。初情期过后，生殖器官进一步发育成熟，生殖机能进一步完善，具备正常繁殖能力的年龄阶段称为性成熟期。在实践中初情期与性成熟不易区分，初情期和性成熟期主要是指家畜所达到的生理阶段，初情期更多的是针对母畜而言的。

公驴在1～1.5岁达到初情期，1.5～2.5岁达到性成熟；母驴在8～12月龄开始进入初情期，1.5～2.5岁达到性成熟。公母驴初情期和性成熟的早晚决定于品种、气候环境、饲养管理条件和个体差异等因素。在北方寒冷地区，驴初情期和性成熟期一般晚于温带地区。在牧区放牧条件下，处于不良饲养条件的驴往往不及良好饲养条件下的早熟。如地处中温带北部边缘的蒙古驴、滚沙驴、库伦驴公驴性成熟年龄为18月龄；南温带环境下的关中驴、庆阳驴公驴为12～15月龄；生长在北亚热带的泌阳驴公驴为12月龄左右。青藏高原气候区域的川驴，由于海拔高，冬春气温低，饲草条件差，因而公驴性成熟年龄推迟到1.5～2岁。

不同生态条件下，母驴性成熟年龄的变化有一定规律性。生活在北方寒冷地区的滚沙驴、库伦和西吉驴母驴的性成熟年龄介于1.5～2.0岁；地处北亚热带的泌阳驴母驴为12月龄左右；渤海沿岸的渤海驴母驴8～9月龄时就有发情表现。各地母驴生殖生理规律与生态条件的关系见表8-1。

2. 初配年龄 指初次配种的年龄。性成熟后驴机体继续发育，待到一定年龄和体重时方可配种。公驴的配种适龄因品种、气候及饲养管理条件等的差别而不同。一般介于2.5～3岁。在北方寒冷地区和高原气候区域生活的公驴，其配种适龄在3岁以上，而西藏驴公驴到4岁时才配种使用。地处南温带和北亚热带的公驴则为2.5岁左右。

公驴的繁殖年限与营养情况、配种利用程度和个体差异有关，与气候条件关系不大。公驴的精液品质进入炎热季节有明显下降的现象，但产生影响的气温界限还不清楚。

母驴配种开始年龄常依其生长发育情况，并不完全依年龄而定，一般为2.5～3岁。生活在中温带的滚沙驴、库伦驴、凉州驴母驴的配种年龄为3岁。

在高原气候区域下的云南驴、西藏驴母驴也为3岁。地处南温带的关中驴、庆阳驴、广灵驴和德州驴母驴为2.5~3岁，生长在北亚热带边缘的泌阳驴母驴为2~2.5岁。不同气候带下母驴配种年龄的差别，不只是由于生态条件不同，更重要的与饲草、饲料和放牧条件优劣有关。

3. 发情季节 母驴是季节性多次发情的家畜，即母驴在发情季节会发生多次发情和排卵，出现发情周期。母驴发情较集中的季节称为发情季节。在非发情季节，母驴卵巢机能处于静止状态，不出现发情和排卵，称为季节性乏情。母驴发情在春、秋季最为明显，发情季节较马稍早，而终止却较马迟。朱裕鼎（1965）研究发现，母驴的发情期多在4—7月，占全年情期总数的80.2%，少数（19.8%）分布在3月、8月、9月和10月。不同地区或不同品种的驴，发情季节稍有不同。例如，陕西省关中地区驴2月初即开始发情，3—5月为发情旺季，此时配种受胎率较高；6—7月天气已热，少有发情，受胎率也低；9月天气渐凉，母驴又进入发情季节，但农民一般不愿秋季配种，以避免产秋驹。在高寒地区母驴发情、配种、受胎，以5—7月较多。

驴属于长日照动物，即在春季日照时数逐渐延长的情况下发情交配的动物。母驴的发情季节与光照时间、光照度关系很大。春季正是光照时间由短变长的季节。光照时间的周期性变化是温带地区的一种自然现象，这种变化对驴生殖生理有很大影响，可能是控制母驴发情的重要环境因素之一。光通过眼睛传递给垂体前叶，刺激垂体前叶分泌促性腺激素，促性腺激素通过血液循环运输到卵巢，进而促进卵巢分泌甾体激素。卵巢分泌的甾体激素和垂体前叶分泌的促性腺激素相互作用，维持驴发情周期的协调与平衡。驴在光照时间和光照度逐渐增加的刺激下开始发情。

当然光照时间的长短并不是控制发情季节的唯一因素。还包括光照度、食物、温度、湿度等许多因素，这些因素往往共同作用于动物机体。例如，光照度发生变化时，温度也同时发生变化，不过在诸多共同产生影响的因素中，往往在一个时期有一个因素起主导作用。又如天气很冷的春天里，母驴就不能很早从乏情期过渡到正常的发情期，这就说明温度的影响。早春在阳坡放牧，驴能吃到青草，发情季节可以提早开始；反之，如长期营养不足，则发情季节开始得较迟，结束得较早。由此可以看出，发情季节的变化，不是单一生态因子的影响，而是各生态因子的综合作用。其中，光照、温度、湿度的影响是持续的、深远的，它们通过已经适应环境的遗传性能反映出来；而饲草饲料、牧地植被（家畜有机环境的生态因子）的影响也十分重要。但这些是可以变化的、补偿的。

处于不同气候带下驴的发情季节也有差异。地处中温带的河北省坝上地区张北县的早春季节，气温在0~9℃，母驴很少发情，或虽有发情表现，然而

多不正常，其发情盛期在5—7月，到了8月就进入淡季了。在高寒地区母驴发情、配种、受胎，以5—7月比例较高。处于南温带下的河南省许昌、漯河一带，母驴的繁殖季节在2—9月，配种旺季在3—5月，而8—9月妊娠的仍占10%以上。关中驴发情一般从2月陆续开始，3—5月给母驴饲喂青苜蓿时，这时发情最旺盛；夏收以后，6—7月天气炎热，母驴发情有偏少的趋势；8—9月天气变凉爽，母驴发情又增多了。高原气候区下，在海拔2 600m左右生活的川驴，发情开始于3月，而在海拔4 000m以上生活的西藏驴，由于2—3月正值隆冬寒春季节，光照度总量不够，牧草枯黄、营养价值很低，所以4月才开始发情。地处高原气候区域边缘的南亚热带的云南驴每年发情较早，从2月开始。

4. 发情周期　母驴到了初情期后，在生理或非妊娠条件下，生殖器官乃至整个机体发生一系列周期性变化（非发情季节除外），一直到性机能停止活动的年龄为止。这种周期性的性活动，称为发情周期。发情周期是母驴一种正常的繁殖生理现象。发情周期的计算是母畜从这一次发情期开始到下一次发情开始的间隔时间。一般分为4个时期：发情前期、发情期、发情后期和间情期。不同发情阶段母驴的发情表现和卵巢发育程度不同，表现出不同的生理特征。根据外观表现和直肠检查等方法可以判断母驴所处的发情阶段（见第九章规模养驴），由于发情周期是一个渐进变化的生理过程，这几个时期前后之间并不能截然分开。母驴的发情周期因品种、个体、年龄不同而略有差异，但整个发情周期的长短有一定规律，一般来说为21～25d。母驴发情周期稍长于马，地区不同发情周期略有差异。甘肃省河西一带母驴发情周期为18～36d。母驴个体间差异大，即同一母驴前后各次发情周期天数也有不同。一般来说，母驴的发情周期随天气逐渐变暖而延长，北京地区以8月天气最热，母驴的发情周期也最长；8月以后天气又渐渐变得凉爽，发情周期也随之变短。朱裕鼎（1965）研究发现，北京房山县母驴的发情周期以4月、9月、10月最短，平均为20～21.5d；8月最长，平均为27.3d；5—7月居中，平均为23.7～24.1d。

母驴发情周期天数与不同区域下的生态条件没有规律性的关系。母驴在妊娠、泌乳期间不发情，非发情季节不发情，营养不良、衰老等引起的暂时性或永久性卵巢活动减弱以致不发情等现象都属于生理性乏情。由于卵巢和子宫疾病的原因引起的不发情，属于病理性乏情。

5. 发情持续期　从发情开始到发情结束这段时间称为发情持续期。母驴发情持续期比马稍短，平均5～6d，最短者3d，长者可达8～9d。驴发情持续期的长短，因年龄、营养状况及使役轻重不同而不同，壮龄及营养状况好者，持续期较长；老龄或营养不良及使役重者持续期较短，发情也不正常；上年产过驹，来年的持续期也较长。不同地区的母驴发情持续期基本一致，气温对其长短有一定影响，温暖地区稍短，寒冷地区稍长。据朱裕鼎（1965）在北京房山县观察，母驴的发情持续期以8月最短，平均为4.5d；4—6月最长，平均为5.9~6.8d；7—10月居中，平均为5.0~5.5d。上述差异，除了气温的变化外，应该认为随着气温的上升，青草逐渐增多，饲料条件的改善也是延长驴发情持续期的重要因素。

6. 卵泡发育过程　母驴发情时，卵巢和卵泡发生一系列变化，有卵泡发育的一侧卵巢显著变大，卵泡发育经历发育初期、发育期、生长期、成熟期、排卵期和黄体形成期等过程，表现出卵泡发育一系列特征：卵泡由小变大、卵泡壁由厚变薄、卵泡腔内的液体由少变多、卵泡的张力由弱变强、接近排卵时卵泡的张力消失，直至卵泡破裂，排出卵子（见第九章规模养驴）。一般在发情开始后3~5d母驴排卵，即在发情停止前1d左右排卵。排卵后，卵巢体积显著变小，原有卵泡处呈两层皮或不定型的软柿状，压迫时无弹性。排卵1~2d，在卵泡破裂处形成新的黄体。

德州母驴排卵时卵泡的平均直径为43.4mm；排单卵的比例为78%，其中左侧卵巢排卵比例为66.67%，右侧卵巢排卵比例为33.33%；排双卵比例为16%，其中左侧卵巢排双卵的比例为87.5%，右侧卵巢排双卵的比例为12.5%，没有出现两侧卵巢同时排卵的情况，卵泡退化或未排卵的比例为6%（冯玉龙等，2017）。

驴的卵泡发育较马快，历时短，成熟卵泡质地比马硬，不正常卵泡比马多，呈扁形，或不待膨圆即排卵的卵泡比马多。配种季节母驴膘情好，则发情正常而明显，发情周期正常，卵泡发育快，排卵率高，情期受胎率也高。气温变化对母驴卵泡发育影响极大，如在北方地区早春季节，室外温度在5℃左右时，母驴卵泡发育迟缓，发情持续期延长；春末夏初室外温度为15~20℃时，卵泡发育成熟快，发情持续期正常；炎热季节，室外温度为30~35℃时，休情期延时，发情持续期显著缩短，卵泡发育过程加快。在同一季节里，天气骤变对卵泡的发育速度也有影响。如在夏初温暖季节里，天气突然变冷，卵泡发育期就会延时，甚至出现卵泡发育停止的现象；炎热季节里突然下雨，天气凉爽，卵泡发育迅速加快，排卵期提前。早春气温偏低，营养不良，卵泡发育迟缓，发情持续期大多偏长；而在5—6月，因气候适宜，青草开始生长，营养状况好转，发情和卵泡发育基本正常；到7—8月，母驴虽然能采食到大量青草，但因天气炎热，气温较高，卵泡发育迟缓或停滞。

母驴产后短期内出现的第1次发情，称为产后发情。产后发情第1次配种称为"血配""配血驹"或"配热驹"。一般产后发情表现不明显，但通过直肠检查有卵泡发育而且可以排卵。驴产后发情排卵与饲草饲料、营养水平有很大关系，似乎与纬度、气温、光照等环境因素关系不大。据研究，关中驴

63.6％的母驴产后发情排卵，时间集中在 12～18d，平均为 15.9d；泌阳驴为产后 8～16d，德州驴多数为产后 10～15d。

7. 妊娠期 母驴发情接受配种后，精子和卵子结合受精，称为妊娠。从妊娠起到分娩止，胎儿在子宫内发育的这段时期称为妊娠期。驴的妊娠期决定于遗传，与品种、年龄、营养状况以及环境等因素有关。驴的妊娠期较马长，平均为 355d（331～374d），驴怀驴骡妊娠期略长，也比马怀骡时间（平均 338.7d）长，一般为 1 年零 3～5d 至 10～12d，个别的达到 13 个月。冬季配种因光照短而使胚胎附植迟缓，营养水平不足妊娠期延长，母驴怀公驹较怀母驹妊娠期稍长些。

（三）不同品种驴的繁殖特点

1. 泌阳驴 成熟较早，公驴性成熟在 1 岁左右，初次配种年龄在 3 岁，直到 4 岁才能正式作种用。公驴的繁殖年龄可达 13 岁以上，有"小公牛、老叫驴"之说，一个配种季节 1 头公驴可负担 80～100 头母驴的配种任务，一次准胎率达 80％以上。成年种公驴可每天采精（或本交）1 次，在配种旺季可每天 2 次，但不能连续使用。公驴每次的射精量为（64.9±24.6）mL，精子密度中等，精子活率在 0.8 以上。

泌阳母驴的初次发情年龄为 10～12 月龄，第 1 次配种年龄以 3 岁为好，发情周期 18～21d，发情持续期 4～7d，发情季节不很明显，全年均有发情，但多集中在 3—7 月，妊娠期平均为 357.4d，产后第 1 次发情为 8～16d，受胎率正常情况下可达 70％以上，一般 3 年 2 胎。繁殖年限长，可达 15～18 岁，终身可产驹 8～12 头，甚至多达 16 头。公驹初生重 23.3kg，母驹初生重 21.8kg。

2. 关中驴 关中驴在一般舍饲条件下，1.5 岁时体高即达到成年体高的 90％以上，母驴开始发情，公驴有性欲表现，公母驴 2.5 岁均可开始配种，公驴 4～12 岁配种能力最强，可利用到 18 岁。母驴 2.5 岁开始配种。发情的季节性较明显，3—6 月发情旺季，发情周期 17～26d，平均 21d，发情持续期 5～8d，妊娠期 365d。3～10 岁时的繁殖能力最强，一般利用至 14～15 岁，终生产驹 5～8 头。公驹初生重 26kg，断奶重 95kg；母驹初生重 23kg，断奶重 85kg。

3. 西藏驴 西藏驴公驴 3 岁性成熟，母驴 3.5～4 岁开始配种，发情配种无明显季节性，夏季配种较多，多采取自然交配，母驴发情周期 14～36d，平均 22d，发情持续期 5～8d，妊娠期 350d 左右，一般 2 年 1 胎，在气候条件好的地方 1 年 1 胎，终生产驹 8 头，最多可产 15 头。

不同品种驴的繁殖性能有一些差异，其他驴种的繁殖特点见表 8-1，从中可以看出不同地方品种母驴的繁殖特点，也能看出不同地区的母驴生殖生理规律与生态条件的关系。

表8-1 母驴生殖生理规律与生态条件的关系

（资料来源：洪子燕等，1986）

观察地点	产地自然条件						品种及类群	性成熟期（月龄）	开始配种年龄（岁）	繁殖季节（月）	配种旺季（月）	发情周期（d）			发情持续期（d）			妊娠期（怀驹）（d）		产后第1次发情（d）	
	气候带	气象站	海拔（m）	年平均气温（℃）	年最低气温（℃）	年降水量（mm）						情期数	平均天数	范围	情期数	平均天数	范围	平均天数	范围	平均天数	范围
陕西省神木	中温带	神木	940.3	8.5	−28.1	475	滚沙驴	18~24	3	3~8	4~6	—	22	14~28	—	—	—	—	—	—	—
宁夏区西吉	中温带	西吉	1 600~2 200	5.4	−25.0	434.5	西吉驴	18~24	3	3~8	4~6	—	21	17~28	—	—	5~8	350	340~365	—	14~18
甘肃省武威、敦煌、酒泉	中温带	武威	1 500~1 700	7.9	−30	162.5	凉州驴	24	3	3~7	4~6	—	21	18~27	—	—	5~7	360	355~365	—	—
陕西省佳县、米脂	中温带	佳县	847.2	8.8	−26	450	佳米驴	18~24	3	2~9	3~8	—	20	—	—	—	—	—	—	—	—
河北省张北	中温带	张北	1 393.3	2.5	33.9	399	蒙古驴	18~24	3	4~8	5~7	—	22.5	—	—	5.5~6	—	—	—	—	—
陕西省武功	南温带	咸阳	330~780	13~17	−15	575.6	关中驴	12	2.5~3	2~9	3~5	3 167	23.61	12~38	—	6.3	3~15	364.9	331~390	15.9	12~18

（续）

观察地点	气候带	气象站	海拔(m)	年平均气温(℃)	年最低气温(℃)	年降水量(mm)	品种及类群	性成熟期(月龄)	开始配种年龄(岁)	繁殖季节(月)	配种旺季(月)	发情周期(d) 情期数	发情周期(d) 平均天数	发情周期(d) 范围	情期数	发情持续期(d) 平均天数	发情持续期(d) 范围	妊娠期(怀驴) 平均天数	妊娠期(怀驴) 范围	产后第1次发情(d) 平均天数	产后第1次发情(d) 范围
甘肃省 庆阳	南温带	庆阳	1 000~1 700	10	−30	300~500	庆阳驴	12~18	2~2.5	3~8	4~6	—	24.7	16~45	—	—	—	—	—	—	—	—
山西省 广灵、灵丘	南温带	广灵	1 000~1 800	7.1	−34	420	广灵驴	15	2.5~3	2~9	3~5	568	21.0	10~33	568	5~8	3~14	365	355~375	—	7~12
山东省 德州	南温带	德州	80	12.8	−27	573.7	德州驴	12~15	2.5	2~9	3~7	37	22.2	14~36	104	6.7	3~10	—	—	—	10~15
河北省 黄骅、沧州	南温带	黄骅	315	12.4	−20.6	633.7	渤海驴	12	2~2.5	2~9	3~5	—	—	15~20	—	—	3~5	365	—	—	8~12
河北省 博野	南温带	安国	37	12.2	−23.7	535.2	当地毛驴	—	—	—	—	16	22.5	11~29	32	5.4	3~8	—	—	12.3	10~16
北京市 房山	南温带	房山	478	11.6	−25.7	607.5	当地毛驴	—	—	3~10	4~7	161	2 371	8~14	289	6.04	2~18	—	—	—	—
河北省 逐鹿	南温带	逐鹿	539.9	8.8	−23.3	389.9	当地毛驴	8~12	2.5~3	2~10	3~5	—	22	18~26	—	6.8	3~10	—	—	—	3~10

（续）

观察地点	产地自然条件 气候带	气象站	海拔 (m)	年平均气温 (℃)	年最低气温 (℃)	年降水量 (mm)	品种及类群	性成熟期 (月龄)	开始配种年龄 (岁)	繁殖季节 (月)	配种旺季 (月)	发情周期 (d) 情期数	平均天数	范围	发情持续期 (d) 平均天数	范围	妊娠期 (怀驴) 平均天数	范围	产后第1次发情 (d) 平均天数	范围
辽宁省 辽阳、新金、盖县、复州	南温带	新金	44.9	8.8	-21.9	750.4	辽宁驴	—	—	3—9	4—6	428	23.8	11~39	5.4	4~7	—	345~363	—	—
四川省 巴塘、会理	高原气候区域	巴塘	2 589.2	12.4	-12.8	516.8	川驴	18~24	2.5~3	3—10	4—6	—	—	20~30	5	4~8	362	355~372	—	2~16
河南省 泌阳、淮阳	南温带	泌阳	80	14.2	-19	850	泌阳驴	12	2~2.5	2—9	3—6	48	22	15~30	5	4~8	360	356~365	—	—
云南省 永胜、祥云	高原气候边缘的南亚热带	祥云	1 996.6	14.7	7.7	822.5	云南驴	24	2~2.5	2—7	4—5	—	—	20~30	—	—	—	—	—	—
西藏省 日喀则	高原气候区	浪卡子	4 000	2.4	-25	200~500	西藏驴	24~36	3	4—8	5—6	—	—	—	—	—	—	—	—	—

（四）繁殖驴骡应注意的问题

1. 提高受胎率　一般公驴配母马受胎率高，为 70％～80％；驴配驴受胎率次之，为 50％～60％；而公马配母驴受胎率最低，为 30％左右。在繁殖驴骡时，要求种公马精力充沛，精液品质好；同时加强母驴饲养管理，减轻劳役，保持性欲旺盛，保持子宫无病，再做到适时配种，便可以提高受胎率。

2. 解决难产问题　驴骡驹比驴驹个体约大 10％，故驴产骡较困难，而且驴怀骡羊膜较厚，分娩时不易自破，羊水较多（比怀驴时多 3～4 倍），若不注意，容易发生幼驹在分娩时被羊水淹浸而窒息死亡。特别是当饲养管理不好、母驴体弱、分娩时努责无力时，更容易引起事故。因此，母驴受胎后，应注意饲养，尤其在妊娠末期，还要注意运动和补喂青饲料，以满足其对胡萝卜素的需要，使母驴保持体力以便于分娩，且可获得健壮幼驹。临近分娩时，要有专人照料，做好产前准备和助产工作，以避免难产或驴驹死亡。

二、产肉性能

（一）驴肉的营养与保健价值

驴肉的肉质嫩，肉味鲜美，素有"天上龙肉，地下驴肉"的美称。在东北亚、中非、北非、部分西欧国家和中东国家都有食用驴肉的习惯。中国东北和黄淮平原的养驴地区人们有吃驴肉的习惯。人们爱吃驴肉，不仅因其营养价值高，还在于它有多种保健作用。驴肉营养成分具有"三高三低"的特点，即高蛋白、高必需氨基酸、高必需脂肪酸；低脂肪、低胆固醇、低热量，这些营养特点决定了驴肉较其他畜肉有更高的营养价值和保健价值。

1. 蛋白质含量高　与其他畜禽肉相比，驴肉蛋白质含量高，比羊肉多14.6％，比猪肉多 15.8％，比牛肉多 16.9％，比鸡肉多 21.1％。驴肉蛋白质含量较高，能量、脂肪、糖类和胆固醇含量较低，符合人们对肉食品营养价值的需求（表 8-2）。

2. 必需氨基酸含量丰富　洪子燕等（1989）在洛阳某市屠宰场测定从农村收购来的当地驴 14 头，其中公驴 8 头，母驴 6 头，年龄 7～15 岁，体重（152±8.39）kg。研究发现，驴肉中蛋白质含量与猪肉差异不大，但脂肪含量明显低于猪肉。驴肉中含有 17 种氨基酸，包括人体所需的 8 种必需氨基酸，其中赖氨酸、苯丙氨酸的含量明显高于长白猪肉（表 8-3）。

表 8-2　驴肉与其他畜禽肉主要营养成分比较

（资料来源：杨月欣等，2002；洪子燕等，1989）

	水分 （%）	能量 （每100g，kJ）	蛋白质 （%）	脂肪 （%）	糖类 （%）	灰分 （%）	胆固醇 （每100g，mg）
河南毛驴	77.09±0.29	—	20.66±0.26	1.79±0.19	—	1.07±0.02	—
驴肉	70.8	485	23.5	5.0	0.4	1.1	65
牛肉	72.9	523	20.1	5.7	2.0	1.0	106
羊肉	71.1	849	20.5	7.0	0.2	1.1	70
猪肉	71.0	1 653	20.3	6.6	1.1	0.9	126
鸡肉	72.0	699	19.4	5.0	1.3	1.0	82

注："—"为未测定。

表 8-3　驴肉与猪肉氨基酸含量比较（每100g，g）

（资料来源：洪子燕等，1989）

名称	驴肉（$n=10$）	长白猪肉（$n=10$）
天冬氨酸	7.414	8.753
苏氨酸	3.935	4.135
丝氨酸	3.175	3.445
谷氨酸	11.702	14.414
甘氨酸	3.888	4.049
丙氨酸	5.146	5.156
胱氨酸	1.288	0.919
缬氨酸	4.286	4.515
蛋氨酸	1.883	2.425
异亮氨酸	4.068	4.332
亮氨酸	7.435	7.335
酪氨酸	2.614	2.595
苯丙氨酸	4.605	3.507
赖氨酸	7.567	6.992
组氨酸	3.368	3.654
精氨酸	5.557	5.717
脯氨酸	2.874	2.850

尤娟等（2008）报道，驴肉中的氨基酸总含量为23.5%，包括人类所需要的8种必需氨基酸和10种非必需氨基酸，必需氨基酸占总氨基酸的

39.4%，其中赖氨酸含量最高占 9.0%；非必需氨基酸占 59.3%，其中含量最高的是谷氨酸 15.1%。与其他畜禽肉相比，驴肉中的赖氨酸、组氨酸和天冬氨酸含量明显高于其他畜禽肉，见表 8-4。驴肉的 8 种必需氨基酸除了异亮氨酸稍低于 FAO/WHO 标准模式外，其余 7 种必需氨基酸含量均高于FAO/WHO 标准模式，表明驴肉的必需氨基酸含量较符合人体对氨基酸的需要量。

表 8-4　驴肉和其他畜禽肉氨基酸含量比较（%）

（资料来源：尤娟等，2008）

名称	分类	驴肉	羊肉	猪肉	牛肉	鸡肉
异亮氨酸	必需	3.9	4.8	4.9	5.1	—
亮氨酸	必需	8.6	7.4	7.5	8.4	11.2
赖氨酸	必需	9.0	7.6	7.8	8.4	8.4
蛋氨酸	必需	2.5	2.3	2.5	2.3	3.4
苯丙氨酸	必需	4.3	3.9	4.1	4.0	4.6
苏氨酸	必需	4.6	4.9	5.1	4.0	4.7
色氨酸	必需	1.4	1.3	1.4	1.1	1.2
缬氨酸	必需	5.1	5.0	5.0	5.7	—
必需氨基酸合计		39.4	37.2	38.3	39.0	33.5
组氨酸	半必需	4.8	2.7	3.2	2.9	2.3
精氨酸	半必需	5.9	6.9	6.4	6.6	6.9
丙氨酸	非必需	6.9	6.3	6.3	6.4	2.0
天冬氨酸	非必需	9.5	8.5	8.8	8.9	3.2
谷氨酸	非必需	15.1	14.4	14.5	14.4	16.5
甘氨酸	非必需	4.3	6.7	6.1	7.1	1.0
胱氨酸	非必需	1.7	1.3	1.3	1.4	—
脯氨酸	非必需	3.1	4.8	4.6	5.4	—
丝氨酸	非必需	4.0	3.9	4.6	3.8	4.7
酪氨酸	非必需	4.0	3.2	3.2	3.2	3.4
非必需氨基酸合计		59.3	58.7	59.0	60.1	40.0

注："—"表示微量，即低于目前应用的检测方法的检出限或未检出。

3. 不饱和脂肪酸含量丰富　驴肉的不饱和脂肪酸含量为 55.8%，均高于其他几种畜肉，其中多不饱和脂肪酸含量是羊肉的 1.3 倍，是猪肉的 3.1 倍，是牛肉的3.0倍，是鸡肉的2.4倍（表8-5）。不饱和脂肪酸对人体胆固醇的代谢有很好的作用，能降低血脂，防止血管动脉粥样硬化，对冠心病和高血压有良好的医疗保健作用。不饱和脂肪酸中亚油酸和α-亚麻酸是人体生理需要但自身不能合成、只能依赖从食物中摄取的多不饱和脂肪酸，称为必需脂肪酸。驴肉富含亚油酸和亚麻酸这两种必需脂肪酸，特别是亚油酸含量高达10.1%，且脂肪酸中n-3，n-6不饱和脂肪酸丰富，具有较合理的脂肪酸组成。必需脂肪酸是线粒体和细胞膜磷脂的重要组成部分，参与脂质代谢和精子形成，也是合成前列腺素的前体，具有清除血液污垢、降低血清胆固醇、增强细胞膜通透性、促进组织修复等一系列生理功能。

表8-5 驴肉和几种畜禽肉脂肪酸含量的比较（占总脂肪酸%）

（资料来源：尤娟等，2008）

脂肪酸	驴肉	猪肉	牛肉	羊肉	鸡肉
月桂酸 $C_{12:0}$	0.2	0.1	—	0.1	0.4
肉豆蔻酸 $C_{14:0}$	4.1	1.5	2.8	2.8	0.8
棕榈酸 $C_{16:0}$	33.2	28.5	26.3	26.3	37.3
硬脂酸 $C_{18:0}$	6.7	14.9	21.4	15.0	14.5
饱和脂肪酸合计	44.2	45.0	50.5	44.2	53.0
肉豆蔻油酸 $C_{14:1n5}$	0.4	—	—	—	—
棕榈油酸 $C_{16:1n7}$	8.1	4.8	3.7	—	4.0
油酸 $C_{18:1n9c}$	33.0	45.6	40.8	44.6	37.0
顺-11-二十碳一烯酸 $C_{20:1}$	0.4	—	—	—	—
单不饱和脂肪酸合计	41.9	50.4	44.5	44.6	41.0
亚油酸 $C_{18:2n6c}$	10.1	3.3	3.9	8.2	5.4
亚麻酸 $C_{18:3n3}$	1.8	1.2	0.7	2.3	0.4
花生四烯酸 $C_{20:4n6}$	2.0	—	—	—	—
多不饱和脂肪酸合计	13.9	4.5	4.6	10.5	5.8
不饱和脂肪酸合计	55.8	54.9	49.1	55.1	46.8

注："—"表示低于检出线或未检出。

4. 胆固醇、脂肪、能量含量低 驴肉中的胆固醇含量、脂肪含量和能量与其他畜肉相比都是最低的（表8-2）。因此，驴肉是高血压、肥胖症、动脉硬化患者和老年人最理想的肉食品。

5. 矿物质和维生素含量丰富 驴肉中含有多种人体必需的矿物元素和维生素（表8-6），这些维生素和矿物元素参与人体代谢，对增强人体免疫能

力，维持机体自身稳定性有十分重要的作用。

表 8-6 驴肉与其他畜肉维生素和矿物元素比较（每 100g）

（资料来源：华旭等，2008）

名称	驴肉	羊肉	牛肉	猪肉
维生素 A（μg）	72	11	7	16
维生素 B_1（mg）	0.03	0.15	0.04	0.26
维生素 B_2（mg）	0.16	0.16	0.14	0.11
维生素 B_5（mg）	2.50	5.20	5.60	2.80
维生素 E（mg）	2.76	0.31	0.65	0.95
钙（mg）	2.00	9.00	23.00	11.00
磷（mg）	178.00	196.00	168.00	130.00
钠（mg）	46.90	69.40	84.20	57.50
镁（mg）	7.00	17.00	20.00	12.00
铁（mg）	4.30	3.90	3.30	2.40
锌（mg）	4.26	6.06	4.73	0.84
硒（μg）	6.10	7.18	6.45	2.94
铜（mg）	0.28	0.11	0.18	0.13
钾（mg）	325.00	403.00	216.00	162.00
锰（mg）	—	0.08	0.19	0.10

注："—"为未检测到。

（二）宰前处理与屠宰指标

1. 屠宰驴的宰前处理　将待宰驴运输到定点屠宰场，进行编号，活驴进场（厂）后停食，充分休息，不少于 12h，充分饮水，空腹 24h 后由兽医检疫人员检疫合格后签发《准宰证》或《准宰通行证》进行屠宰。宰前驴体充分沐浴，体表无污垢。屠宰采用颈动脉放血法；剥皮、去头蹄、去内脏、冲淋之后测胴体重。按照常规的胴体分割方法进行分割；取下整块的背最长肌和臀肉各 2kg 左右，急冻保存之后带回实验室进行检测。驴的屠宰技术目前尚没有国家统一标准，2020 年中国畜牧业协会驴业分会出台的行业标准《驴屠宰技术规范》（T/CAAA 049—2020）可供参考。

2. 屠宰指标

（1）宰前活重。屠宰前空腹 24h 后临宰时的实体重量。

（2）胴体重。屠宰的驴除去头、四肢（从前膝关节和飞节截去）、皮、尾、血和全部内脏，而保留肾和其周围脂肪的整体重量。

（3）净肉重。剔骨后净肉重，要求精细剔骨（骨上带肉不超过 2～3kg）。

（4）骨重。胴体重与净肉重之差。

（5）皮重。剥下的干净带毛皮张用电子磅称得的重量。

（6）屠宰率。屠宰率＝新鲜胴体重/宰前活重×100％。

（7）净肉率。净肉率＝净肉重/宰前活重×100％。

（8）胴体产肉率。胴体产肉率＝净肉重/胴体重×100％。

（9）肉骨比。肉骨比＝净肉重/骨重×100％。

（10）出皮率。出皮率＝皮重/宰前空腹重×100％。

（11）腹脂率。腹脂率＝腹脂重/胴体重×100％。

（12）骨重率。骨重率＝骨重/胴体重×100％。

（13）净皮率。净皮率＝皮重/宰前活重×100％。

（14）脏器指数。脏器指数＝脏器重量/宰前空腹重×100％。

（15）脏器脂肪率。脏器脂肪率＝脏器周围脂肪重/脏器重×100％。

（三）驴的产肉性能及影响因素

驴的役用性能弱化以后，肉用性能日益受到人们的重视。由于历史原因，人们对驴的肉用性能研究不多，至今不少地品种缺乏肉用性能方面的资料。过去的一些资料多是对淘汰役用驴的肉用性能研究，近年来有对不同品种、不同年龄、不同营养水平条件下驴的肉用性能进行研究的报道。驴成年后经育肥，部分品种屠宰率可达 50％以上，净肉率可达 40％以上。为便于比较，编者按照屠宰指标的现行计算方法对不同研究者提供的资料中存在错、漏项目进行了调整和完善（表 8-7）。一般来说，大型驴育肥后产肉能力大于小型驴，表现为大型驴的屠宰率和净肉率高于小型驴。

驴的产肉性能与品种、年龄、营养水平、性别等多种因素有关。

1. 品种 周楠等（2015）比较了 7 月龄德州驴、广灵驴、关中驴、泌阳驴、庆阳驴、疆岳驴和云南驴母驴的产肉性能。结果表明，宰前活重大的驴品种胴体重较高，体重小的驴品种，胴体重较低（表 8-8）。在比较的 7 个品种中，德州驴宰前活重最大，胴体重和净肉重也最高，显著高于其他各品种（$P<0.05$）；广灵驴和泌阳驴宰前活重次之，其胴体重和净肉重低于德州驴而显著高于庆阳驴、疆岳驴和云南驴（$P<0.05$），云南驴宰前活重最低，其胴体重和净肉重也最低（$P<0.05$）。

从屠宰率和净肉率比较，疆岳驴屠宰率显著高于关中驴、泌阳驴、庆阳驴和云南驴（$P<0.05$），德州驴和广灵驴的屠宰率显著高于云南驴（$P<0.05$）。德州驴的净肉率显著高于关中驴、庆阳驴和云南驴（$P<0.05$），云南驴净肉

表8-7　不同品种的产肉性能

品种	宰前活重（kg）	胴体重（kg）	净肉重（kg）	屠宰率（%）	净肉率（%）	眼肌面积（cm²）	肉骨比	资料来源
吐鲁番驴（公）	354.00±5.66	197.50±4.95	147.5±1.41	55.75±0.49	41.67±0.27	58.95±0.78	2.93±0.13	常洪等（2011）
吐鲁番驴（母）	301.67±17.01	157.77±4.65	115.83±5.25	52.35±1.57	38.41±0.43	64.59±1.15	2.77±0.20	常洪等（2011）
新疆驴（公）	141.00	69.85	52.2	49.54	37.01	23.11	2.95	常洪等（2011）
新疆驴（母）	137.17	77.33	62.5	56.38	45.53	27.92	4.20	常洪等（2011）
淮北灰驴（公）	162.5±13.2	79.0±6.6	65.2±6.4	48.6±2.9	40.1±2.2	39.06±9.16	4.72	常洪等（2011）
淮北灰驴（母）	143.3±15.6	56.7±4.5	46.0±5.2	36.9±2.7	32.1±1.9	35.39±8.25	4.30	常洪等（2011）
云南驴（2公3母）	107.06	58.70	39.84	54.83	37.21	—	2.11	常洪等（2011）
凉州驴（5公7母）	127.21±4.38	61.32±10.32	39.73±8.05	48.20±5.41	31.23	47.61±15.28	1.84	汤培文等（1993）
陕北毛驴（公）	100.67±5.13	42.36±0.10	31.36±1.40	42.15±2.20	30.53±1.05	15.71±2.06	3.11±0.62	胡建国等（1989）
长垣驴（3公2母）	—	—	—	52.7	41.6	48.1	3.8	常洪等（2011）
佳米驴（1公2母）	154.00±1.47	78.47±3.45	59.03±3.15	50.94±1.68	38.32±1.74	—	4.02±0.57	侯文通（2016）
佳米驴（骟驴）	188.74±24.97	92.82	66.11±9.49	49.28±2.50	35.05±2.03	50.37±8.83	3.0	雷天富等（1983）
河南毛驴（公母不详）	130.17±25.63	78.94±16.13	47.43±11.07	61.42±11.80	36.44	40.23±13.25	3.35	洪子燕等（1989）
泌阳驴（2公3母）	173.97±6.11	84.05±4.90	60.71±2.56	48.29±1.41	34.91±1.23	38.43±11.26	2.91±0.26	王立之等（1984）
关中驴（2公5母）	—	—	—	39.0±1.84	—	—	—	常洪等（2011）

（续）

品种	宰前活重（kg）	胴体重（kg）	净肉重（kg）	屠宰率（%）	净肉率（%）	眼肌面积（cm²）	肉骨比	资料来源
晋南驴（母）	243.33±11.93	126.57±5.34	98.73±4.85	52.10±3.49	40.62±2.40	—	3.56±0.31	冯志华等（1984）
晋南驴（骟驴）	257.88±4.07	130.75±1.77	102.6±2.26	50.70±0.11	39.79±1.51	—	3.69±0.61	冯志华等（1984）
青海毛驴（公）	123	57.9	41.82	47.1	34.0	—	2.60	常洪等（2011）
苏北毛驴（公母不详）	175	75.25	59.5	43	34	—	3.78	常洪等（2011）
西吉驴（骟驴）	210.8±22.56	102.24±13.56	79.37±11.12	48.5±2.59	37.56±1.96	32.63±5.8	3.48±0.35	邵喜成等（2011）
品种不详（公）	146.7	78.6	55.9	53.5	38.1	—	3.5	韩俊彦等（1982）
品种不详（母）	107.5	55	37.3	50.9	34.7	—	2.9	韩俊彦等（1982）
北山驴（骟驴）	102.6±17.78	44.06±9.75	33.21±6.58	42.94±2.77	32.37	—	3.08	董正心等（1986）
北山驴（母驴）	126.7±15.27	59.29±12.48	44.37±7.13	46.79±5.12	35.02	—	2.99	董正心等（1986）
疆岳驴	174.5±12.47	83.78±5.97	63.26	48.01±2.33	36.25±1.95	—	2.60	陈远庆等（2016）

注：北山驴为甘肃一地方品种；疆岳驴为正在培育的杂交育成品种，尚未鉴定。对部分提供个体的资料进行了"平均值±标准差"的计算。

表 8-8　不同品种驴胴体指标比较（$n=6$）（kg）

（资料来源：周楠等，2015）

品种	宰前活重	胴体重	净肉重	骨重	皮重
德州驴	132.80±6.83[a]	68.71±6.97[a]	51.78±6.54[a]	16.23±1.55[a]	9.07±0.17[a]
广灵驴	115.20±6.52[b]	56.93±3.98[b]	41.38±52.98[b]	15.70±1.09[ab]	9.02±0.29[a]
关中驴	107.10±6.74[bc]	51.42±5.61[bc]	37.33±3.39[bc]	14.13±2.26[bc]	8.38±0.48[ab]
泌阳驴	118.50±8.35[b]	57.33±5.79[b]	42.17±3.42[b]	15.17±1.17[abc]	7.83±1.17[b]
庆阳驴	99.67±6.74[c]	47.88±4.13[c]	34.53±2.70[c]	13.34±1.50[c]	7.87±0.65[b]
疆岳驴	101.22±12.29[c]	53.30±4.71[bc]	37.85±4.01[bc]	14.15±1.41[bc]	8.92±0.69[a]
云南驴	65.00±14.56[d]	28.83±6.65[d]	18.17±3.67[d]	9.92±1.36[d]	4.51±0.90[c]

注：同列上标相同小写字母表示品种间差异不显著（$P>0.05$），不同小写字母表示差异显著（$P<0.05$）。

率显著低于其他各品种（$P<0.05$）。云南驴胴体产肉率显著低于其他各品种（$P<0.05$）。德州驴的肉骨比显著大于其他各品种（$P<0.05$），云南驴的肉骨比显著低于其他各品种（$P<0.05$）（表 8-9）。

表 8-9　不同品种驴屠宰指标比较（$n=6$）

（资料来源：周楠等，2015）

品种	屠宰率（%）	净肉率（%）	胴体产肉率（%）	肉骨比（%）
德州驴	51.76±4.66[ab]	38.98±4.21[a]	75.23±2.50[a]	3.11±0.39[a]
广灵驴	49.41±1.75[ab]	35.92±1.66[ab]	72.68±1.06[a]	2.59±0.16[b]
关中驴	47.94±2.88[bc]	34.81±1.19[b]	72.73±2.45[a]	2.69±0.34[b]
泌阳驴	48.34±2.75[bc]	35.62±2.20[ab]	73.80±4.69[a]	2.78±0.07[b]
庆阳驴	48.03±2.37[bc]	34.65±1.32[b]	72.18±0.96[a]	2.60±0.13[b]
疆岳驴	52.94±4.36[a]	37.53±2.85[ab]	70.94±2.39[a]	2.69±0.33[b]
云南驴	44.54±4.29[c]	28.18±2.88[c]	63.80±9.17[b]	1.82±0.18[c]

注：同列上标相同小写字母表示品种间差异不显著（$P>0.05$）；不同小写字母表示差异显著（$P<0.05$）。

2. 年龄　同一品种不同年龄的驴产肉性能差异很大（表 8-10）。周楠等（2014）比较了改良德州母驴不同年龄阶段的产肉能力，发现 8～10 岁改良德州母驴的屠宰率和净肉率都显著低于 7 月龄、18 月龄、2.5 岁、3.5 岁和 6.5 岁的。7 月龄肉骨比最低，显著低于其他年龄（$P<0.05$）。但年龄过小和过老的驴，产肉能力都不高。侯文通（2016）研究认为，断奶驴不宜育肥肉用；成年退役驴以 63d 强度肥育较好；1.5 岁的驴可短期（63d、83d）强度育肥生产

优质驴肉，或育肥数月生产高中档驴肉。

表 8-10 改良德州母驴不同年龄阶段的屠宰性能指标

（资料来源：周楠等，2014）

年龄	宰前活重（kg）	屠宰率（%）	净肉率（%）	胴体产肉率（%）	肉骨比（%）
7月龄	$110.00^a\pm6.46$	$48.85^b\pm2.40$	$35.35^{bc}\pm2.27$	72.58 ± 6.87	$2.56^a\pm0.29$
18月龄	$165.67^b\pm10.82$	$48.59^b\pm1.53$	$36.01^c\pm0.76$	74.16 ± 2.67	$3.07^b\pm0.29$
2.5岁	$211.00^c\pm9.21$	$48.68^b\pm2.36$	$35.87^c\pm0.73$	73.78 ± 2.61	$3.47^{cd}\pm0.17$
3.5岁	$226.67^d\pm6.68$	$48.07^{ab}\pm0.65$	$35.82^c\pm0.46$	74.52 ± 1.35	$3.57^d\pm0.12$
6.5岁	$257.83^e\pm14.22$	$47.03^{ab}\pm1.00$	$34.45^{ab}\pm0.38$	73.27 ± 1.52	$3.60^d\pm0.39$
8～10岁	$281.50^f\pm12.05$	$46.38^a\pm0.46$	$33.36^a\pm0.60$	71.92 ± 1.27	$3.21^{bc}\pm0.18$

注：同列上标不同小写字母表示差异显著（$P<0.05$）；相同小写字母或无字母表示差异不显著（$P>0.05$）。

3. 营养水平 饲料营养水平会影响驴的产肉性能。研究表明，饲粮精饲料比例过高或过低对驴盲肠微生物纤维二糖酶和木聚糖酶活性均有潜在的影响（江春雨，2015）。盲肠作为驴的"瘤胃"，其内容物质量的改变可能会影响营养物质的消化吸收，进而影响驴的生长性能和产肉性能。李文强等（2017）研究表明，随着精饲料水平的提高，屠宰率和净肉率逐渐提高，净皮率逐渐降低，精饲料比例达到1.50%时达到显著水平（$P>0.05$）。

4. 性别 同一品种，公母驴产肉性能也有差异。一般来说，成年公驴的体型大于成年母驴，其产肉能力大于母驴，如表8-7所示，吐鲁番驴和淮北灰驴的宰前活重、屠宰率和净肉率均是公驴大于母驴，所以不少地方将不作种用的公驴早期去势役用或育肥用。也有一些品种，如新疆驴虽然宰前活重公驴高于母驴，但屠宰率和净肉率却是母驴高于公驴。另外，性别的影响也与年龄阶段有关，刘桂芹等（2017）研究发现，对7～8月龄的改良德州母驴的育肥性能要远高于公驴，体重在193kg前，公驴的日增重大于母驴，随后母驴大于公驴，全期母驴比公驴日增重高9.44%；母驴屠宰率显著高于公驴（$P<0.05$）；母驴腹脂率、肝脂肪率、肾脂肪率和肺脂肪率极显著高于公驴（$P<0.01$）；母驴出皮率显著低于公驴（$P<0.05$）。

（四）影响驴肉品质的因素

肉品质是肉的外观、口感、营养价值等物理和化学特性的综合体现，是一个相对复杂的概念，目前没有统一标准。通常肉的品质包括肌肉质量（外观、颜色、系水力）、背膘质量（外观、脂肪硬度、脂肪组成）和食用品质（pH、大理石纹、嫩度、多汁性、香味、鲜味、熟肉率、风味和营养成分等），受众

多遗传和环境因素的影响。

驴肉品质检测常用的指标有：pH、水分、系水力、肌内脂肪、肌肉剪切力、储存损失率、失水率、熟肉率、肉色和大理石花纹评分等。从整个切面来看，肉应该呈现较为均一的色泽和大理石状花纹（肌内脂肪），花纹的多少与肉的多汁性、嫩度和风味有关。洪子燕等（1989）对河南毛驴的部分肉品质进行了初步研究，结果表明，肌肉中的糖原含量与乳酸的含量呈负相关（$r=-0.646$），驴肉的储存损失率明显较猪肉低，说明驴肉的持水性良好（表 8 - 11）。驴肉肌纤维直径约为同样方法测定的尼克小公鸡胸肌纤维直径（11.18 ± 0.17）μm 的4.7 倍。驴肉碘价较高，说明驴肉中不饱和脂肪酸含量较高。

表 8 - 11　河南毛驴肉部分理化品质
（资料来源：洪子燕等，1989）

| 项目 | 熟肉率 | 储存损失率（%） | | 失水率（%） | | | 肌纤维直径（μm） | pH | 乳酸（mg） | 肌糖原（mg） | 碘价（g） |
		24h	96h	12h	16h	20h					
河南毛驴	63.02± 2.21	3.16± 0.55	8.0± 0.64	9.25	11.76	10.32	53.53± 1.23	6.42± 0.05	172.38± 35.87	1 211.13± 152.31	65.48± 1.45
长白猪	62.95± 1.41	7.11± 0.48	17.13± 0.83					6.08± 0.10			67.20± 6.98

驴的品种、性别、年龄、营养水平、胴体不同部位和储存加工等都是影响肉品质的重要因素。

1. 品种　品种是影响肉品质的重要因素。每个品种含有的控制肉品质性状的基因不同，肉的化学成分含量就会不同。李福昌等（1993）对德州驴肉和华北小毛驴肉的物理化学性状进行了比较研究，结果表明，德州驴肉较华北小毛驴肉的嫩度好，失水率比华北小毛驴肉高，且肉色稍浅，肌内脂肪含量也较少。德州驴肉肌间脂肪酸的酸价明显高于华北小毛驴肉，说明德州驴肉肌间脂肪的游离脂肪酸含量较高。周楠等（2015）系统地比较了几个品种驴肉的品质，结果表明，广灵驴、关中驴和德州驴背最长肌的剪切力值显著低于泌阳驴和云南驴，庆阳驴背最长肌的剪切力最低（表 8 - 12）。相比其他品种，德州驴背最长肌的瘦肉率最高。

2. 性别　性别能显著影响动物生长发育和肉品质。Hernández - Briano 等（2018）研究了性别和屠宰前活重对 Catalan 杂种驴胴体特征、非胴体成分以及肉和脂肪色泽的影响，发现去势驴的胴体重、屠宰率比母驴高，皮下脂肪亮度比母驴亮，而母驴的胴体冷却损失率、半腱肌色度和皮下脂肪色度较去势驴高。邢敬亚等（2019）研究表明，德州驴生长期母驴胴体率和腹脂率显著高于公驴（$P<0.05$），肌肉剪切力、大理石花纹评分和游离脂肪酸含量极显著高于公驴（$P<0.01$）。

表 8-12 不同驴种背最长肌品质指标比较

（资料来源：周楠等，2015）

品种	蛋白含量（%）	脂肪含量（%）	水分（%）	剪切力（kgf*）	瘦肉率（%）
德州驴	22.87±0.54[a]	1.25±0.92[abc]	76.87±1.32[ab]	3.49±0.81[cd]	61.58±3.91[a]
广灵驴	21.50±2.30[a]	2.22±0.67[a]	73.82±2.60[d]	3.18±0.29[cd]	55.33±3.43[b]
关中驴	22.15±1.27[a]	2.35±1.42[a]	76.02±1.26[abc]	3.23±0.85[cd]	53.78±1.64[b]
泌阳驴	22.91±0.35[a]	0.63±0.20[c]	76.46±1.28[abc]	5.33±2.31[ab]	58.42±4.95[ab]
庆阳驴	22.06±0.88[a]	1.33±0.29[abc]	75.12±1.64[bcd]	2.57±0.23[d]	54.67±3.24[b]
疆岳驴	22.06±0.89[a]	1.99±0.58[ab]	74.71±1.72[cd]	3.69±1.21[bcd]	59.29±3.48[ab]
云南驴	22.76±0.49[a]	1.09±0.50[bc]	76.15±6.10[abc]	6.55±1.79[a]	59.43±3.64[ab]

注：同列上标相同小写字母表示品种间差异不显著（$P>0.05$），不同小写字母表示差异显著（$P<0.05$）。

3. 年龄 年龄对驴肉品质的影响主要表现在驴肉的嫩度、大理石花纹和系水力等指标上。随着动物年龄增大，其皮下脂肪含量增加，但脂肪沉积能力减弱，肌肉中的大理石花纹减少，肉的嫩度减小，肉品质逐渐下降。侯文通（2016）对不同年龄驴（断奶、1.5 岁和成年）的肉品质进行了分析，发现驴肉中的干物质、脂肪和能量含量随着年龄增长而上升，育肥后随年龄增长，胴体优质肉比例在增加，但粗蛋白质和粗灰分含量下降。Polidori 等（2011）研究发现，18 月龄时屠宰驴的肌肉蛋白质含量、肌间脂肪含量、剪切力值较 12 月龄屠宰率均有提高。周楠等（2014）研究表明，7 月龄和 18 月龄改良德州母驴臀肉脂肪含量显著低于 8～10 岁（$P<0.05$），7 月龄的臀肉剪切力显著低于 18 月龄、2.5 岁、6.5 岁和 8～10 岁（$P<0.05$）。

4. 营养水平 大量研究表明，不同营养水平对动物肉品质有显著影响。饲喂高能量日粮可提高驴的生长速度，加快蛋白质合成速度，饲喂高蛋白日粮可提高瘦肉率，从而影响驴肉的品质。在肉牛饲养上饲料中添加青草、亚麻籽、富含多不饱和脂肪酸的油脂，可增加牛肉中的 $\Omega-3$ 多不饱和脂肪酸和共轭亚油酸含量，并降低饱和脂肪酸含量（Scollan 等，2006）。高水平维生素 E 对于稳定肉中所含的高水平长链多不饱和脂肪酸是必不可少的。然而，通过饲喂青草不仅能增加肉中 $\Omega-3$ 多不饱和脂肪酸和共轭亚油酸含量，而且因为饲草中含有大量维生素 E，其保质期也会有所延长（Smet 等，2004）。林靖凯等

---

* 千克力（kgf）为非法定计量单位。1kgf＝9.806 65N。——编者注

（2019）提供的资料表明，给驴饲喂占体重1％、1.5％、2％的精饲料时，随着精饲料水平的提高，驴肉的脂肪含量显著增加。刘桂琴等（2015）研究表明，用复方阿胶浆药渣作为粗饲料饲喂驴，驴肉中谷氨酸、天冬氨酸等鲜味氨基酸含量显著提高，苯丙氨酸含量显著降低（$P<0.05$），说明复方阿胶浆药渣作为粗饲料喂驴可以提高肉的嫩度，改善肉的风味和驴肉食用品质。

5. 胴体不同部位　胴体不同部位的肉质等级不同，其食用价值也不同。不同肌肉部位来源的驴肉，其嫩度、肌内脂肪含量及肉色深浅都有较大差别。李福昌等（1993）研究发现，驴肉的肌肉嫩度优劣顺序为腰大肌＞背最长肌＞半膜肌＞臂二头肌，肌内脂肪含量从高到低的顺序为背最长肌＞腰大肌＞半膜肌＞臂二头肌，肉色由深到浅顺序为臂二头肌＞半膜肌＞腰大肌＞背最长肌。周楠等（2014）比较了改良德州母驴的肉品质，发现除7月龄外，其他各年龄阶段背最长肌的脂肪含量都高于臀肉的脂肪含量，各年龄段的背最长肌瘦肉率均高于臀肉，说明驴的背最长肌拥有很好的储脂功能，有生产雪花驴肉的潜力。李秀等（2019）利用气相电子鼻检测分析仪等对不同部位驴肉的风味成分进行了测定，发现驴肉中的挥发性物质以醛类为主，其肋、脊、腿、颈部肌肉中的醛类占比分别为82.07％、79.63％、76.64％、76.39％，腿部与其他部位的驴肉在风味上存在显著差异；非挥发性成分中的呈味核苷酸以5′-肌苷酸二钠为主，呈味强度值排序为腿＞肋＞颈＞脊；呈味氨基酸主要包括丙氨酸、甘氨酸、赖氨酸和亮氨酸，并且呈味氨基酸含量顺序为颈＞脊＞肋＞腿。原振清等（2020）对德州驴不同部位肌肉组织中氨基酸含量进行了比较，结果表明，臂三头肌中的多数单一氨基酸（AA），如苏氨酸、缬氨酸、赖氨酸、精氨酸、丝氨酸、谷氨酸、甘氨酸、丙氨酸、酪氨酸和脯氨酸含量，以及必需氨基酸（EAA）、非必需氨基酸（NEAA）、总氨基酸（TAA）、支链氨基酸和功能性氨基酸含量都较高；背最长肌次之，股二头肌最少。背最长肌与臀肌氨基酸的平衡性较好，具有较高的EAA/NEAA、EAA/TAA，蛋白质营养价值较高，臂三头肌与股二头肌的蛋白质营养价值较低。从鲜味方面看，臂三头肌的甘氨酸、精氨酸、丙氨酸、谷氨酸及呈味氨基酸的含量较高，口感更好，鲜味更佳。

6. 储存加工　因为肌肉本身含有丰富的水分、蛋白质、脂肪、维生素、矿物质等，在储存加工过程中，会因遭受微生物污染、空气氧化等而导致肌肉纤维组织结构被破坏，进而影响肉质甚至食用安全。国内外许多研究显示，电刺激对肉品质有重要影响。如电刺激会导致肌肉收缩，肌肉中ATP被消耗，糖酵解速度加快，形成大量乳酸，使pH降低速度加快，从而改变肉的酸度和色泽。电刺激能显著降低驴肉的剪切力值，从而改善驴肉的嫩度等（Polidori，2016）。王维婷等（2018）研究发现，相对于常规冷却和快速冷却，延迟冷却能够减少冷却损失，有利于驴肉嫩度的改善。敖冉等（2016）研究了驴肉在低温成熟过程中理化指标、颜色和质构的变化，结果表明，驴肉的 pH、蒸煮损失率、肌原纤维小片化指数、挥发性盐基氮含量等理化指标之间相互影响、相互作用，最终共同促进了驴肉的成熟；随着成熟过程的进行，驴肉表皮颜色由紫红色变为暗红色，脂肪逐渐由白变黄；驴肉的硬度、内聚性、咀嚼性和黏附性均呈现先增高后降低的趋势，在屠宰后的第 2 天均达到最大值，此时驴肉的品质最差，但随着成熟过程的延续，驴肉品质又开始逐步上升。另外，屠宰后的冷却时间、温度、加工方式、方法等都会影响肉的品质。

三、产皮性能

驴皮的主要用途是生产阿胶。阿胶为驴的干燥皮或鲜皮经煎煮、浓缩制成的固体胶，属我国传统名贵中药，主产于山东、浙江、河北、河南、江苏等地，以山东省东阿县生产的最为著名，目前阿胶名声有被"东阿阿胶"取代之势。阿胶由明胶朊、骨胶、朊水解产物及硫、钙等成分构成，水解产生多种氨基酸，如赖氨酸和蛋氨酸等，有补血滋阴、润燥止血的功效，能改善体内钙平衡，促进钙的吸收。近年来，阿胶用以辅助治疗癌症，具有较好的效果。1949年以后，《中华人民共和国药典》历次修订，阿胶均载入其中。

（一）阿胶的药用价值

1. 阿胶的主要成分 研究发现，驴皮胶中含有大量蛋白质、氨基酸、脂类、糖类、核酸及微量元素等有效成分，多种成分联合构成其药理活性的物质基础。

（1）氨基酸种类齐全，含量丰富。驴皮胶中含有 17 种氨基酸，氨基酸质量分数为 86.66%±1.80%，必需氨基酸为 16.14%±0.38%（表 8-13）。在所有氨基酸组分中，以甘氨酸（Gly）含量最高，其质量分数为 21.40%±0.31%。Gly 已被证明在氧化反应、细胞损伤及药物中毒等方面均有保护作用。近年来，研究发现 Gly 还具有抗炎及免疫调节作用。

表 8-13　驴皮胶中氨基酸和核苷含量

（资料来源：张磊等，2018）

氨基酸	质量分数（%）	相对含量	核苷	含量（$\mu g/g$）	占比（%）
天冬氨酸	6.29±0.07	7.34	胞嘧啶	3.74±1.68	1.95
苏氨酸	2.00±0.03	2.33	尿嘧啶	12.78±0.75	6.68
丝氨酸	3.06±0.04	3.57	腺嘌呤	23.57±0.43	12.31
谷氨酸	9.26±0.15	10.81	鸟嘌呤	25.35±0.14	13.24
甘氨酸	21.40±0.31	25.00	次黄嘌呤	12.40±1.26	6.48

（续）

氨基酸	质量分数（%）	相对含量	核苷	含量（μg/g）	占比（%）
丙氨酸	9.86±0.37	11.51	黄嘌呤	35.46±1.59	18.52
胱氨酸	0.11±0.01	0.13	尿苷	14.12±0.15	7.38
缬氨酸	2.89±0.07	3.37	胸腺嘧啶	11.30±0.46	5.90
蛋氨酸	0.24±0.08	0.28	肌酐	0.93±0.26	0.49
异亮氨酸	1.62±0.06	1.89	鸟苷	32.25±1.16	16.85
亮氨酸	3.45±0.10	4.02	2′-脱氧鸟苷	15.64±3.27	8.17
酪氨酸	0.64±0.05	0.74	β-胸苷	3.88±0.11	2.03
苯丙氨酸	2.15±0.07	2.51			
赖氨酸	3.81±0.09	4.44			
组氨酸	0.80±0.04	0.93			
精氨酸	7.31±0.15	8.53			
脯氨酸	10.92±0.13	12.75			
必需氨基酸	16.14±0.38	18.84			

谷氨酸（Glu）、丙氨酸（Ala）、脯氨酸（Pro）的相对含量都超过 10。Glu 是脑中含量最多的氨基酸，作为神经递质参与学习及睡眠等行为调节；Ala 可参与葡萄糖诱导的动物体内胰岛素分泌的生理调节；Pro 与组织生长、机体免疫及体内多胺合成密切相关。

（2）核苷类生物活性物质含量丰富。核苷参与细胞信号传导及生物酶的调控等生物反应，核苷及其衍生物具有多种生物活性。由表 8-13 可见，驴皮胶中总核苷含量达到（191.42±5.00）μg/g，各成分的含量介于 0.93～35.46μg/g，含量最高的核苷为黄嘌呤，占核苷总量的 18.52%；次黄嘌呤和嘧啶含量也很高。研究发现，次黄嘌呤对心血管疾病作用显著；次黄嘌呤及黄嘌呤均被证实具有舒张气管、平喘等药理作用；尿嘧啶可抑制 5-氟尿嘧啶的分解，而且在抗癌抗肿瘤方面应用广泛。

（3）脂肪酸比例符合人类健康要求。驴皮胶中共含有 21 种脂肪酸，其中饱和脂肪酸 9 种，占总脂肪酸含量的 26.52%；单不饱和脂肪酸和多不饱和脂肪酸各含 6 种，分别占总脂肪酸含量的 33.36% 及 40.14%。食品中的脂肪酸比例组成对于人体健康至关重要，饱和脂肪酸、单不饱和脂肪酸、多不饱和脂肪酸的比例，我国和许多国家推荐的比例为 1:1:1。研究发现，驴皮胶中三者的比例为 1:1.2:1，接近于推荐的比例。另外，$n-6$ 及 $n-3$ 型多不饱和脂肪酸的含量及组成对于人体健康具有重要影响，高比例的 $n-6/n-3$ 可以导致冠心病、癌症、炎症及自身免疫缺陷等多种疾病的发生。世界卫生组织推荐的这一比例为6∶1，我国营养学会推荐为（4～6）∶1，驴皮胶中 $n-6/n-3$ 的比例为5.26∶1，驴皮胶中不饱和脂肪酸的组成接近于人类健康的需求。可见驴皮胶在为人类提供最佳营养物质的同时，也为人类提供了很多具有药理活性的物质，人类食用阿胶能实现食补和药补的统一。

2. 阿胶的主要功效　阿胶药用始载于《五十二病方》，至今已2 500余年，一向被奉为滋阴补血、延年益寿之佳品，有"补血圣药"之美誉。阿胶具有补血滋阴、润燥、止血的功效，用于血虚萎黄、眩晕心悸、肌痿无力、心烦不眠、虚风内动、肺燥咳嗽、劳嗽咯血、吐血尿血、便血崩漏、妊娠胎漏，乃华夏养身之瑰宝，历史悠久，《神农本草经》将其列为上品，《本草纲目》将其列为滋补佳品，历代均被作为女性美容养颜佳品。《中华人民共和国药典》（2010年版）记载，阿胶味甘，性平；归肺、肝、肾经；可补血滋阴，润燥，止血；用于血虚萎黄、眩晕心悸、肌痿无力、心烦不眠、虚风内动、肺燥咳嗽、劳嗽咯血、吐血尿血、便血崩漏、妊娠胎漏。归纳起来，阿胶的主要功效或药用价值包括：①补血；②止血；③治疗妇科疾病；④保胎，安胎防止产后病；⑤治疗男性消瘦和身体虚弱；⑥清肺润燥治咳嗽；⑦改善睡眠；⑧防癌抗癌；⑨治腹泻；⑩扩张血管；⑪防治老年疾病，延缓衰老；⑫美容养发；⑬健脑益智；⑭提高亚健康人群免疫力；⑮特殊职业者抵抗辐射。

（二）驴皮的鉴别

一头驴产湿驴皮15kg左右，大约得5kg干皮，手工制胶没有腥臭味，胶面光滑，一掰就碎，用手电筒照射透明发亮为佳品。驴皮的质量决定了阿胶的质量，正确鉴别驴皮是阿胶生产的重要环节。

1. 驴皮的组织结构　驴皮由外及里有3层结构。最外层是较薄的表皮层；中间最厚最致密的是真皮层；下层是皮下层，即脂肪层。

（1）表皮层。由单层鳞状上皮构成，称为角质，厚度占驴皮1%～1.5%，很薄，在制胶上无价值，组成表皮层的角质蛋白具有疏水性，比胶原蛋白对化工材料有较高的稳定性。不过，由于表皮层溶于碱水溶液中，所以在炮制处理过程中，往往加入碱性物质，促使其溶解。

（2）真皮层。介于表皮层、皮下层之间，其重量和厚度占驴皮的90%以上，是制阿胶的重要原料。真皮层又可分为乳头层和网状层，与表皮层相连的称乳头层，与皮下层相连的称网状层。真皮层主要是由构造、编织和化学组成上彼此不同的胶原纤维、弹力纤维和网状纤维构成。此外，真皮层中还含有细胞、汗腺、腊腺、血管、淋巴、神经、毛囊、肌肉、纤维、角质和矿物质等成分。

（3）皮下层。是一层较软的疏松结缔组织，由排列疏松的胶原纤维和弹力

纤维构成，纤维间有许多脂肪细胞、肌肉纤维和血管等。脂肪的含量依据种类、屠宰时间和驴的肥瘦不同而异。一般脂肪含量为0.5%～3.0%。虽然皮下层也有少量胶原纤维，可以提取少量的胶，但胶的质量很差。

2. 驴皮的鉴别方法

（1）依据生产地区与品种。不同生产地区的驴皮质量不相同，出胶率也不相同。从毛色、皮板涨幅大小即可将不同地区来源或不同品种的驴皮区别开来。按涨幅大小可将驴皮分成大型驴皮、中型驴皮、小型驴皮。一般来说，大型驴皮皮板肥厚、出胶率高；小型驴皮皮板廋薄、出胶率低。从毛色上看，以栗色和黑色皮较好，且黑（栗）白界线清晰明显者为上等皮。

（2）依据生产季节。驴皮的生产季节直接影响出胶率，以秋冬生产的驴皮质量好，出胶率高。一般秋皮和冬皮的出胶率在70%左右，而春皮在40%左右，夏皮在30%左右。

①秋皮。立秋至立冬产的皮，其皮板肥厚，板面细致，油性大，呈肉红色，皮纤维（指皮板内的主要3种纤维：胶原纤维、网状纤维、弹性纤维）编织紧密，毛中短，光泽强，平顺。

②冬皮。立冬至雨水产的皮板足壮光润，有油性，板面黄白色，针毛长，底绒厚，光泽好，初冬皮质量与晚秋皮相同。

③春皮。雨水至谷雨产的皮，皮板薄，厚薄不均，枯干无油性，呈灰黄色，毛绒黏乱，胎软，质量次，出胶率较低。

④夏皮。立夏至谷雨产的驴皮，皮板厚薄明显不均，板面显粗糙，呈灰黑色，油性差，弹性弱，皮板僵硬，毛短无绒，光泽发暗，质量最次，出胶率极低。

（3）依据驴皮部位。

①头。头皮较大，耳大且较宽，耳长12～25cm，耳内侧灰白色或血红色，较光滑；嘴皮、眼圈部多呈灰白色；两鼻孔中间稍上方有一个不太明显的小毛旋；鬃毛起始点位于两耳根后部。

②肩膀部。除纯黑色的驴外，大多数驴皮有一个较明显的十字架（背线）；鬃领窄短，鬃毛短而数量少，向后不超过肩部，少数略超过肩部。

③躯干。整张驴皮略呈长方形。皮长80～160cm，宽55～140cm，四肢对称生长于躯干两侧，长40～60cm，宽10～20cm。

④腿。表面有横斑；夜眼呈黑色、圆形。

⑤后腹部。多数后腹部两侧无毛旋，少数后肷处有较松散的毛旋，且不明显，腹部多呈灰白色。

⑥尾部。呈圆锥形，基部直径2～5cm，尾长28～46cm，从尾根部约总长的3/4处有短毛，尾梢部的1/4处有少量长毛。

⑦外表皮被毛。毛细、软、短，无锋尖，光泽差，颜色有纯黑色（多见于德州驴和关中驴）、皂色、灰色、青色，一般多为灰色（庆阳驴、凉州驴），除黑色或其他深色皮外多数中间有一暗黑色背线；夏天毛短冬天毛较长、凌乱。

（4）病皮鉴别。病皮对用药安全和阿胶的质量影响很大，而且病皮直接危害阿胶加工人员的身体健康，要严禁用病皮作为原料皮制作阿胶。

①炭疽皮。炭疽杆菌能引起严重的人兽共患疾病，被炭疽杆菌感染的驴皮为炭疽皮。其特征为皮板肉面颜色黑暗，鲜皮血液凝固不良，皮板干燥后僵硬明显，有较大的腥味，夏季苍蝇躲避此皮，在皮板的前肩部、腹部、头须部有多处痈肿。

②鼻疽皮。鼻疽杆菌也能引起的严重人兽共患疾病。被鼻疽杆菌感染的驴皮为鼻疽皮。鼻疽皮特征为后腿变厚，如同橡皮样，在四肢、胸侧、腹下的皮板上有鸡蛋大小的溃疡面，中央凹陷如火山口状。

③疥癣皮和癣癞皮。疥癣皮是由疥螨虫感染后形成的病皮。特征是驴皮大面积脱毛，有糠麸状黄棕色痂皮，脱毛边缘不规则，脱毛处发厚，是由于疥螨雌虫在驴皮下打洞而形成的。癣癞皮是由皮肤真菌传染后形成的病皮。特征是驴皮皮板上带有界线明显的脱毛圆斑，皮板表面有鳞屑或红斑状隆起，有的结成痂，痂下的皮板受损成蜂巢状，有许多小的渗出孔。

（5）劣质皮鉴别。

①油烧板。驴的鲜皮遇急热后，皮板中脂肪溶化而渗入皮纤维中间，油脂在日光、空气、酶及其他微生物作用下发生酸败，并在氧化过程中放出热量，致使皮纤维变性使驴皮胶化。油烧板板面发黑，挂有一层油垢，此种皮丧失制胶价值。

②虫蛀皮。是皮蠹蛀蚀皮板和咬断毛干所造成的。皮蠹主要是黑皮蠹和白皮蠹，将皮板蛀成许多小眼和弯曲的小沟，虫蛀板被毛脱落，严重者驴皮被虫蛀成光板。虫蛀皮制胶价值低，成品透明度差，有云朵状斑痕，易龟裂、软化，难以保存。

③受闷霉烂板。鲜皮防腐不当或干皮遇水，皮板中的蛋白质在霉菌等微生物和酶的作用下逐渐分解，致使皮纤维发生霉烂。外观生皮毛被局部脱落，皮板光泽发暗，呈灰暗色或灰青色，有的有水湿的痕迹。此种皮由于皮纤维霉烂，出胶率极低，成品质量低下，外观发黑、味臭。

④陈皮。由于存放驴皮的环境温度较高，或生皮存放时间较长，皮板油性减退，光泽发暗，板面多带黄色油渍，毛被无光泽。此种皮出胶率低，成品质量差，有斑痕，易软化，易龟裂，保存时易发霉。

⑤农药污染皮。某些收购驴皮的企业使用大量农药防治虫蛀，造成了驴皮的农药污染。这种驴皮上有残留的农药刺鼻气味，容易造成阿胶加工人员农药

中毒现象，应坚决禁止使用这种驴皮熬制阿胶。

3. 真伪驴皮的鉴别 市场上常见的伪皮有马皮、骡皮、小黄牛皮、小水牛皮及山羊板皮、绵羊板皮等，尤其以马皮、骡皮混入者较多。虽然这些皮也有制胶价值，但制胶质量远不如驴皮，价格上与驴皮有较大差距。常用以下方法鉴别马皮和骡皮。

①水试法。用开水烫驴皮，毛易脱落；而马、骡皮不易脱毛。

②火试法。用剪刀剪下小块驴皮，放在火焰上燃烧，可闻到较大的腥味，质量越好的驴皮，腥味越大；而马、骡皮燃烧时腥味小，焦臭气味大。

③手试法。用手揭开驴皮，驴皮不易分层，强力撕开后分层处呈网状；而马、骡皮易分层，分层处呈片状。

其他动物皮从皮张大小、性状和被毛颜色等方面极易与驴皮相区分。

（三）阿胶的制作工艺

最早的阿胶制作工艺距今已有2 500多年的历史，在漫长的岁月中阿胶制作工艺除去在细节上的更新和进步之外，传统阿胶制作的大体工艺和流程一直"遵古炮制"，并未发生很大变化。《中华人民共和国药典》（2005年版）对阿胶的制法规定如下：将驴皮漂泡、去毛、切成小块，再漂泡洗净，分次水煎、滤过，合并滤液，用文火浓缩（加适量黄酒、冰糖、豆油）至稠膏状，冷凝、切片、阴干。这样的流程与千年前几乎并无二致。当然，随着科技进步阿胶制作工艺无论从生产条件还是生产设备上，都有了明显的改进，逐步从手工炼制转变为机械化、自动化。

1. 原药材的整理、炮制

（1）鲜皮处理。活驴击晕后，放血、剥皮，刮除皮板上的肉屑、脂肪、凝血，按皮张的天然形状，肉面向上，把皮张各部位都平整地展开。将四肢皮垂直折向背部中线，左右两侧向中间对折，宽度不超过40cm，尾部与背中线垂直，头部朝上，尾部侧露，装入塑料袋中。

湿皮分毛色、分类、剔除杂质后，摊开，晒干，不要重叠、暴晒，置通风干燥处。

（2）领料。依生产技术部开具的生产指令出原料/领料单领取驴皮，双人复核原料质量，确定数量，核对进厂编号与实物是否相符，是否符合本厂对原料驴皮的有关规定。核对无误后，双人签字。

（3）拣选。将驴皮置于挑拣台上，通张抖动，剔除杂质和非药用部位。

（4）漂泡。将拣选后的驴皮放于泡皮池内，加水至水面高出驴皮5～10cm，泡皮4～6d，每天换水1次，将驴皮浸至皮板柔软，浸透后捞出。

（5）洗皮。捞出后投入洗皮机，用饮用水洗皮。将浸泡后的驴皮清洗干净，除去附着的油脂和肉屑。

（6）刮毛。将泡好的驴皮放在刮皮架上，用刮皮刀将背毛刮去。

（7）切块。将刮去毛后的驴皮置于割皮架，用割皮刀按工艺要求将皮割成小于 40cm² 的不规则小块，投入洗皮机内。

（8）二次洗皮。将割成块的驴皮投入洗皮机内，放入饮用水，进行二次洗皮。冲洗至水清，目检合格，取出皮块，置洁净的不锈钢运料车内，并将填写好的状态标牌，挂在运料车上，标明品名数、数量、批号等，转送至提取工序。

2. 提取

（1）投料。与质监人员共同检查前道工序所送原料信息准确无误后，提取工将原料投入蒸球内，填写交接记录。

（2）焯皮。提取工按投料量加入碳酸钠，按投料量 15～20 倍加入饮用水，当加入规定水量后关闭进水阀，固定密封盖，转动蒸球，打开蒸汽阀门，送入蒸汽加热，蒸汽压小于 0.2MPa，温度达 60～80℃时，关闭进气阀门，焯皮40min，蒸球停止转动，打开排气阀，放出焯皮水，再加饮用水，冲洗至焯皮水清澈透明。

（3）第 1 次提取。向蒸汽球内加入投料量 12～14 倍的饮用水，用水表计量，达到规定水量后，关闭进水阀。启动蒸球，通入清洁蒸汽，压力表指示压力介于 0.1～0.13MPa，温度达到 115～120℃时调整进气压力，压力控制在0.06～0.1MPa，动态提取，保温 118～120℃，120min 后将胶汁经过滤罐过滤到储液罐内。

（4）第 2 次提取。向蒸球内加入投料量 12～14 倍的饮用水，用水表计量，加水量达到规定水量后，关闭进水阀，启动蒸球通入蒸汽，控制压力表指示压力 0.06～0.1MPa，保持 118～120℃90min，将胶汁过滤至储液罐内。

（5）第 3 次提取。向蒸球内加入投料量 1 倍的饮用水，用水表计量加水量，通入蒸汽，温度达到 100℃时，停气，将胶汁过滤至储液罐内。

（6）出渣。第 3 次提取胶汁过滤完毕后，打开蒸球的密封盖，放出毛渣，运往规定地点处理。

（7）分离。将储液罐内的胶液泵入分离机，离心，除杂，离心后的胶液泵入浓缩罐。

3. 初浓缩

（1）提沫。将分离过的胶液泵入浓缩罐中，进行快速浓缩，然后将胶汁再放入夹层锅内，调节蒸汽压力为 0.08～0.1MPa，将胶液加热至沸，待胶沫与胶汁分离，稍关蒸汽阀门，缓缓加热，开始提沫，每次提沫后，向罐内加入饮用水 10kg，反复操作 3～4 次，直到胶汁表面仅有少量黄沫泛起，胶汁呈清凉

透明状时，倒入夹层锅内。

（2）胶头处理。将上批本品种胶头（块型不合格）称重，用胶头量的3～4倍饮用水溶化后，经120目筛过滤，并入本批胶液中。

4. 真空浓缩　将提沫完毕与胶头混合的胶汁泵入真空浓缩器中，调节蒸汽压力至0.08～0.09MPa，真空度0.04～0.08MPa，进行真空浓缩，1h，停止真空浓缩。

5. 终浓出胶　将真空浓缩器的全批胶汁，泵入洁净区的可倾式夹层锅内，继续浓缩，桶装阿胶用铲挑起挂铲时（俗称"挂旗"）将冰糖用等量饮用水溶解后，依次加入冰糖水、豆油、黄酒，经120目筛，滤入胶液中混匀，继续浓缩，当胶汁达到规定出胶水分（23％～27％）时出胶。

6. 胶凝　将浓缩合格的膏状阿胶，趁热注入已涂有豆油的洁净不锈钢凝胶箱或盘内，胶液自然冷凝，使其凝固成大胶块，此过程称为胶凝。将本批药品附上品名、数量、批号等标识，再运到凝胶间内，并使胶箱中的胶液面保持水平，自然凝胶12h后挖胶。冷凝室温度控制在0～10℃，冷凝8～10h后挖胶，将胶坨放置在冷凝架上，冷凝至适宜硬度，称重后做好记录，接下一步工艺。

7. 切胶　从上一工序领取胶坨，将胶坨切成大胶条，再切成一定规格的小胶片，这一过程也称为开片。每一小块阿胶块长10cm，宽4～4.5cm，厚1.6cm。

8. 翻胶　切胶后的胶块需摆在晾胶床上，放置阴凉处冷却凝结，温度0～10℃。每隔2～3d翻动1次，使两面水分均匀散发，翻胶持续半个月。

9. 闷胶晾胶　将翻胶后的胶块，整齐地装入木箱内密闭闷之，此过程称为闷胶，又称伏胶、瓦胶等。闷胶1周之后，胶块内部水分向外扩散会使胶块表面变软，此时取出胶块摊晾，至胶块表面变硬后，再放入木箱继续闷胶，如此反复经过3～4次闷胶晾胶过程，直至水分挥发完毕，胶块表面不再变软，该过程持续2个月左右，成品阿胶水分含量降低到15％以下，便能达到胶块平整、干燥的效果。

10. 擦胶　闷胶晾胶结束后用粗布蘸取专门调制的擦胶水擦拭胶块表面，擦去在晾制过程中胶块表面上的污垢、油皮污染物等，以洁净胶块。目前，阿胶生产企业擦胶多沿用传统的手工操作，以保持粗布擦胶、布纹清晰的阿胶品相。

11. 验胶印字　对擦好的胶块进行质量检验，不合格的剔除，在合格的成品阿胶块上印上规定的字样。

12. 包装　对印字后的阿胶根据不同需要进行包装，即为成品阿胶，可上市流通。

四、产乳性能

驴乳是乳中珍品，其营养成分接近人乳的99%，所以可用来代替母乳喂养婴儿，也是老年人和缺钙人群的重要食物来源。驴乳营养丰富，对人体有多种保健价值，有很大的市场开发潜力。

(一)驴乳的营养价值

1. 驴乳营养成分丰富 驴乳与人乳和其他畜乳营养成分比较见表8-14。美国34%的母亲选择哺乳动物乳品替代母乳喂养婴儿，但2%～8%的婴儿对牛乳过敏，已有越来越多的人开始接受驴乳。

表8-14 驴乳与人乳和其他畜乳营养成分比较（%）

（资料来源：张岩春等，2008）

种类	水分	蛋白质总量	酪蛋白	乳清蛋白	脂肪	糖类	灰分
人乳	87.8	1.2	0.5	0.7	3.8	7.0	0.2
驴乳	90.2	1.68	0.78	0.9	1.46	6.3	0.39
马乳	88.8	2.2	1.3	0.9	1.7	6.2	0.5
山羊乳	87.7	3.6	2.7	0.9	4.1	4.7	0.8
牛乳	87	3.5	2.8	0.7	3.7	4.8	0.7

2. 驴乳富含人体必需脂肪酸 驴乳中富含必需脂肪酸，尤其是亚油酸，其含量占总脂肪酸的27.95%；驴乳中亚油酸＋亚麻酸的含量占脂肪酸的30.7%，均远远高于牛乳、人乳和马乳（表8-15）。由此可见，驴乳是人体必需脂肪酸的最佳来源之一。人体缺乏必需脂肪酸，会引起生长迟缓、生殖障碍、皮肤损伤（出现皮疹等），并可引起心脑血管、胃、脾、肝、肾、前列腺和视觉等多方面的疾病。

表8-15 驴乳和人乳及其他家畜乳脂中不同脂肪酸的比例（%）

（资料来源：陆东林，2006）

脂肪酸	驴乳	人乳	牛乳	马乳
棕榈酸 $C_{16:0}$	28.55	23.61	32.31	27.26
硬脂酸 $C_{18:0}$	1.75	5.83	7.82	0.97
油酸 $C_{18:1}$	28.10	26.27	22.44	21.33

（续）

脂肪酸	驴乳	人乳	牛乳	马乳
亚油酸 $C_{18,2}$	27.95	9.57	2.59	13.19
亚麻酸 $C_{18,3}$	2.75	0.62	0.91	4.34
亚油酸＋亚麻酸	30.7	10.19	3.50	17.53

3. 驴乳是天然的富硒食品　驴乳硒含量为每 100g 10μg，是牛乳的 5.2 倍（牛乳每 100g 1.94μg），也远高于羊乳（每 100g 1.75μg）和马乳（每 100g 1.77μg）。硒是人体生长发育不可缺少的物质，被称为"生命的火花"。可激发人体免疫细胞产生蛋白质抗体，消除体内的有害物质，保护细胞膜和染色体，保护核糖与核酸大分子结构及其功效。阻断癌细胞代谢、抑制癌细胞分裂和生长，从而起到抗癌作用。硒参与胰岛细胞调节及糖化代谢的生理活动，阻止过氧化物自由基的形成，起到延年益寿的作用。人体缺硒患动脉硬化和心肌梗死、高血压的概率升高。

4. 驴乳生物学价值高　驴乳属于乳清蛋白类乳品，乳清蛋白是目前国际上公认的营养价值全面的天然蛋白质之一，被营养界誉为"蛋白质之王"。驴乳中的乳清蛋白占总蛋白含量的 64%，人乳的占 71%，比羊乳和牛乳高出 2 倍以上。

乳蛋白中含有两类蛋白质，即酪蛋白和乳清蛋白。酪蛋白属于难溶性蛋白质，较难消化吸收；乳清蛋白属于可溶性蛋白质，更易被人体消化吸收。人体必需的 9 种氨基酸在酪蛋白中的含量占氨基酸总量的 48%，在乳清蛋白中的含量占 53.1%。酪蛋白的蛋白质效率比为 2.9，乳清蛋白为 3.6。营养学界把全蛋白质的生物学价值定为 100，酪蛋白为 77，乳清蛋白为 104。一般把酪蛋白的含量高于乳清蛋白的乳类称为酪蛋白性乳类，把酪蛋白含量低于或接近乳清蛋白的乳类称为乳清蛋白性（或乳白、乳球蛋白性）乳类。人乳、驴乳、马乳属于乳清蛋白性乳类，而牛乳、羊乳、骆驼乳则属于酪蛋白性乳类。在各种家畜乳中，驴乳的酪蛋白和乳清蛋白的比例最接近人乳，因此其生物学价值也最高（表 8-16）。

表 8-16　驴乳和人乳及其他家畜乳酪蛋白和乳清蛋白的比较（%）

（资料来源：陆东林，2006）

种类	酪蛋白	乳清蛋白
人乳	29.0	71.0
驴乳	35.7	64.3
羊乳	75.4	24.6

（续）

种类	酪蛋白	乳清蛋白
牛乳	80.2	19.8
马乳	50.7	49.3
山羊乳	75.4	24.6
绵羊乳	77.1	22.9
水牛乳	89.7	10.3
骆驼乳	89.8	10.2

5. 驴乳属于天然低脂肪、低胆固醇食品 驴乳的脂肪含量为 1.47%，胆固醇含量为每 100g 2.2mg（据新疆医科大学公共卫生学院测定），而人乳、牛乳、羊乳的胆固醇含量分别为每 100g 11mg、每 100g 15mg 和每 100g 31mg，即驴乳中胆固醇含量仅为人乳的 20%、为牛乳的 14.7%、为羊乳的 7.1%（陆东林等，2006）。驴乳属于典型的低脂、低胆固醇食品，适合心血管疾病、肥胖症等患者饮用。

6. 驴乳药用价值高 驴乳因其独特的成分自古以来就成为一种医疗用品和滋补营养品。早在 1 300 多年前，《千金要方》中就记载了驴乳的药用价值。明代《本草纲目》称驴乳味甘、冷利、无毒，主治小儿热急黄等。医疗实践证明，驴乳对许多疾病，如慢性支气管炎、肺结核、口腔和消化道溃疡、习惯性便秘、产后或重病后二次贫血等，都有一定的医疗康复作用。驴乳还具有改善睡眠，提高记忆力，快速消除疲劳，调节神经系统功能，从而提高人体活力的作用。

（二）驴的产奶量

随着养驴产业链的发展，我国已拥有丰富的驴乳资源，年产奶量已达到几千万吨。母驴终生产驹 8～10 胎，每胎妊娠 360d，泌乳期约 150d。整个哺乳期的平均产乳量为每天 1.2～2.0kg。驴乳最原始的作用是保障幼驹哺乳所需，驴的役用性能弱化后，其乳产品的开发日益受到人们的重视。目前就国内而言，还没有专门的乳用型品种，关于驴的产乳特征和产乳性能国内研究的资料不多，疆岳驴是新疆岳普湖县 20 世纪 70 年代引入陕西关中驴与本地新疆驴杂交选育的优质类群，具有培养成乳用型的潜力，虽未进行鉴定，但群体遗传性能稳定，产乳性能高，目前新疆驴乳业已成为当地的特色产业。本书以肖国亮等（2015）对疆岳驴产乳性能的研究资料为主，说明驴的泌乳特征和产乳性能。

1. 泌乳性能 按泌乳期产奶量的高低，将驴分为高产驴、中产驴和低产

驴，挤乳量在 500kg 以上的为高产驴，300～500kg 的为中产驴，挤乳量在 300kg 以下为低产驴。疆岳驴挤乳量特征分析见表 8-17。

表 8-17 疆岳驴挤乳量特征分析

(资料来源：肖国亮等，2015)

组别	日均挤乳量（kg）			总挤乳量（kg）		
	均值	最高值	最低值	均值	最高值	最低值
高产驴（n=18）	2.97±0.39[A]	5.95	1.20	678.48±92.41[A]	893.29	527.00
中产驴（n=8）	2.58±0.35[A]	4.50	1.00	439.52±47.11[B]	491.68	389.08
低产驴（n=10）	1.40±0.54[B]	3.25	0.40	106.11±92.48[C]	283.50	3.58

注：同列上标不同大写字母表示差异显著（$P<0.05$），相同字母为差异不显著（$P>0.05$）。下表同。

对于高产驴最高挤乳量可达 5.95kg/d，如按照日产奶量＝挤乳量×24/挤乳时间来计，在一个泌乳期内，最高产奶量达 893.29kg，推测其实际产奶量可突破 1t。对于中产驴日产奶量最高值也可达 4.5kg，实际产奶量可达 0.5t。

2. 泌乳时间 高产驴、中产驴和低产驴的泌乳天数存在很大差异，高产驴泌乳天数显著高于中产驴和低产驴（$P<0.05$），而中产驴显著高于低产驴（$P<0.05$）（表 8-18）。尽管高产驴的日均产奶量与中产驴间无显著差异，但产奶天数显著高于中产驴，说明高产驴总产奶量高主要是产奶天数比中产驴多。低产驴日均单产很低，产奶天数也少。

表 8-18 疆岳驴泌乳时间特征分析

(资料来源：肖国亮等，2015)

组别	泌乳天数（d）			平均泌乳周数	平均泌乳月数（按 30d/月）
	平均值	最高值	最低值		
高产驴（n=18）	229.89±12.75[A]	238	203	32.80	7.60
中产驴（n=8）	171.80±22.74[B]	203	147	24.57	5.73
低产驴（n=10）	68.83±46.64[C]	140	14	9.83	2.29

在调查的 36 头泌乳母驴中，对泌乳时间持续月数进行分析：泌乳时间超过 5 个月的约占 70%。超过 7 个月的占调查总数的 46%，而低于 5 个月的占 31%。其中，有 3 头驴在泌乳期超过 8 个月时挤乳量仍高于 2kg/d，说明疆岳驴有选育为乳用型驴种的潜力。

对泌乳时间约 8 个月的驴来说，前 3 个月的泌乳量占总产量的 46.28%±2.78%；对泌乳时间为 6～7 个月的驴来说，前 3 个月的泌乳量占总产量的 52.14%±2.91%，大多数驴的泌乳高峰期在第 2 个月或第 3 个月出现，且泌乳高峰一般持续 4 个月。

3. 挤乳量 疆岳驴的平均日挤乳量为 2.37kg，平均日挤乳量低于 2kg 的驴占 31%，平均日挤乳量高于 2kg 的驴占 69%，高于 3kg 的驴占 23%。相应地，整个泌乳期总挤乳量高于 700kg 的驴占 23%，总挤乳量为 500~700kg 的驴占 29%，这两者占群体总数的 52%。

4. 不同挤乳时间段的挤乳量 采用旋片式真空泵挤乳小车，每天于 8:00、13:30、19:30 挤乳 3 次，每次用时 1h 左右。每个时间段重复挤乳 2 次（简称"3+2"模式）。下午挤乳后，让母驴哺喂驴驹 2.5~3h。在这种挤乳模式下，挤乳量高低顺序为早＞中＞晚，而 3 个时间段中第 1 次挤乳量均显著高于第 2 次，3 个时间段的第 2 次挤乳量总和占全天挤乳量的 31.98%（表 8-19）。

表 8-19 一天中不同挤乳时间段的挤乳量差异

（资料来源：肖国亮等，2015）

数值	早（%）			中（%）			晚（%）		
	第 1 次	第 2 次	总值	第 1 次	第 2 次	总值	第 1 次	第 2 次	总值
平均值	26.79± 2.48^A	11.83± 1.50^D	38.62± 3.22^a	21.51± 3.07^B	10.66± 2.32^{DE}	32.17± 3.36^b	19.72± 2.78^C	9.49± 1.82^E	29.21± 3.86^c
最高值	31.08	15.98	47.06	27.94	14.34	36.80	23.43	12.28	35.07
最低值	22.23	9.50	32.87	13.24	6.52	25.83	11.92	5.85	17.77

注：不同大写字母指 3 个时间段分次数据具有显著差异（$P<0.05$）；不同小写字母指 3 个时间段总值间的数据具有显著差异（$P<0.05$）。

可以看出，采用连续两次挤乳方式，第 2 次的挤乳量还是很客观的。这种"3+2"的挤乳模式虽是一种传统模式，但与"3+1"的挤乳模式相比，在不改变饲喂管理方式、不增加喂料量的情况下，可提高驴群的产奶量，但这种挤乳方式劳动强度较大。

经回归分析，挤乳持续时间与总挤乳量间存在极显著的相关性（$P<0.001$）；日均挤乳量与总挤乳量间也存在极显著的相关性（$P<0.001$）。研究者发现，当总泌乳时间高于 6 个月时，最高泌乳月挤乳量占总挤乳量的比例为 18.58%±1.81%；当总泌乳时间为 4~6 个月时，最高泌乳月挤乳量占总挤乳量的比例为 25.43%±4.00%。按泌乳高峰月相对挤乳量比率＝泌乳峰月挤乳量/总挤乳量×总挤乳天数/30 来计算，对于所有泌乳驴来说，泌乳峰月相对挤乳量比例为 1.35±0.14。

实际生产中，并不是所有的驴都用于产乳，通常情况下有经验的养殖户，会挑选产驹 2~4 胎次的母驴作为挤乳母驴；母驴挤乳时间不宜过早，最佳挤乳时间为母驴产驹后 3~4 周龄，且要有 7~10d 的过渡期（根据驴驹生长及适

应能力而定）。

意大利地区的驴种，泌乳期（295±12）d 内，平均驴产奶量为（490±36）kg。Bordonaro 等（2012）报道，意大利 Ragusano 品种驴的日最高产奶量为 3.0kg，与疆岳驴的高产驴群和中产驴群产奶量相比意大利地区的驴种产奶量较低。

（三）影响产奶量的因素

不同地域和品种的驴产奶量差异很大，意大利西西里岛驴泌乳期约 300d，总产奶量高达 500kg。受孕季节可影响驴的产奶量和质量，驴发情和受孕季节多在春季，在春季产驹时，驴的产奶量和质量都是最好的。日粮多样性和饲喂优质青鲜饲料有利于提高驴的产奶量，并可显著提高乳脂率和全乳固体含量。采用日挤乳 3 次，每次挤乳 2 遍的"3＋2"挤乳模式比"3＋1"模式更能提高驴的产奶量。研究表明，虽然驴乳在整个哺乳期内总构成会有变化，但 pH、乳清蛋白和氨基酸含量等物理化学指标不会明显改变，更不会影响其营养价值。

五、役用性能

（一）役用性能的指标与测定

驴适合驮运、骑乘、耕地、拉车、拉磨等。随着社会经济的发展，驴的役用性能在不少地区被弱化，但在一些山区和偏远农村，驴仍然是农业生产和农民生活的主要役力，役用性能仍然是驴的重要生产性能之一。常用换力计（0～300kg）、七寸步犁、两轮大车、木橛、卷尺等测定驴的役用性能。衡量驴役用性能的常用指标有以下几种。

1. 平均挽力　测定平均挽力时，将挽力计直接安装在吊杆、农具或车辆之间进行测定（图 8-1）。如无挽力计，可根据事先计算好的挽力系数估计其挽力。各种道路的挽力系数（抗力系数）如下：

图 8-1　驴挽力测定
（资料来源：杨再）

干实的好路（如公路）：0.05

干路（但路基不坚实）：0.07

有很多浮土的路：0.07

泥路：0.10

挽力（kg）＝挽重（kg）×挽力系数

2. 最大挽力　有 3 种方法可测定驴的最大挽力。

（1）根据驴能力大小，开始的载重量应使其能拉动行走为准，在行进中随时加重，直到拉不动为止，其最高的记录即为驴的最大挽力。测定时最好用七寸步犁或两轮大车，将挽力计拴在七寸步犁（或双轮双铧犁）与被测定的驴之间，以吆喝声促使驴牵引，犁头入土时由浅入深，直至驴拉不动为止，此时挽力计上所指的数值即为驴的最大挽力，连测3次，每次休息10min，取3次平均值。

（2）将挽力计的一端用铁索拴在树干上，另一端拴在驴轭后5m的绳上，以鞭声或吆喝声促使驴猛拉3次，求其平均数，即为最大挽力。

（3）在平坦的道路上，在驴肩端高处水平的地方，挽曳木橇，测定牵引50m距离的最大挽力。测定时先用挽力计测定木橇的阻力，根据木橇上承载的铁板数，将木橇的平均阻力按60kg、80kg、100kg调节成差距为20kg的级别。然后，从牵引阻力小的开始，逐渐增加木橇上铁板的数量，以在50m距离中一次不停地完全牵引的最大阻力数，作为驴的最大挽力。

3. 最高载重量 如无挽力计，无法进行最大挽力测定时，可测其最高载重量。利用普通的四轮大车或汽车，根据驴的能力大小，车内预先装载一定重量的货物，令驴牵引，在行进中每行走5～6m加重一次，直到驴非常吃力而拉不动时，令驴停下，计算车上的载重量，加上大车自重，即为该驴的最高载重量。

4. 耕作能力 测定前，先测量驴每分钟脉搏或心跳次数，呼吸次数和体温，然后令驴耕作1h或更长时间，随即测量其工作后的生理指标，以后经过10min、15min、20min、25min、30min时测定其生理指标各1次，以观察其恢复的程度，最后确定恢复时所需的时间，并结合驴作业时的表现，是否有疲劳感、出汗或卧倒不起等情况，以判断驴的持久力大小。最后计算驴在规定时间内所犁的土地面积和耕作质量，即为该驴的耕作能力。

5. 挽曳速力 测定时，可按年龄、性别及营养状况大致相同的驴挽曳一定载重量的大车，在同一地点、同一距离、同一赶车声中，由起点到终点，随即计算其行走所耗的时间。并测定其恢复正常呼吸、脉搏和体温所需要的时间。

驴的役用性能存在品种、个体和性别的差异，与营养状况也有很大关系，不同研究者由于测定方法不同，也会导致品种间或同一品种役用性能的差异。

（二）不同品种的役用性能

不同品种驴的役用性能差异很大，同一品种个体差异也很大。一般来说，大型品种或个体大的驴其役用性能较大，主要用于耕地、拉车，小型品种主要用于拉磨、碾场等。不同地区由于人们的生活习惯不同，人们对驴的使用方向不同，如晋南驴平原地区多用于挽车，少量耕作，在山区、沟壑地区行车不便，驴常用于驮运和骑乘。关于驴的役用性能报告的资料不多。表8-20列举了我国不同品种驴的主要役用性能。

表 8-20　不同品种驴的役用性能

品种	最大挽力	最高载重量	耕作能力	挽曳速力	驮力	资料来源
新疆驴				单套母驴拉胶轮车，载重140kg，沥青路上行走1 000m需4min (20±14) s；行走3 000m需13min (35±7) s	成年母驴驮重80kg，6h行程30km，短距离最大驮重达150kg。骑乘一般日行30km	王培基等 (2007)
青海毛驴			用山地步犁在砂质土上翻地，1h 22min 30s完成254.42m²	在柏油路上单套子车载重236kg，行程16km用时2h 59min 5s	在砂石路上骑乘，负重69kg，快步行走500m时用1min24s；在柏油路上骑乘，负重54kg，行程16km用时2h25min。驮重60kg行程18km需3h40min	
凉州驴			一头去势驴与马或骡河套，日耕地1 400m²	单驴套车载重200～250kg，平路可日行50～60km	驮载70kg可日行30km	王世泰等 (2019)
西吉驴		最高载重 (架子车) 为450kg	一对驴驾山地步犁可耕地1 000～1 333.4m²		山地驮运公驴，去势驴可驮70～80kg，母驴可驮60～70kg	邵喜成等 (2011)
陕北毛驴	151.0kg，相当于体重的96.7%		一对耕地2 000m²用时6.5h	在平坦的柏油路上行走1 000m需时12min6s，3 000m需时37min12s	去势驴平均驮重77.94kg，最高驮重达100kg以上，占自身体重的60%以上。成年人骑乘去势驴行土路50km，用时10h20min	
太行驴	公驴192.7kg 母驴173kg			单驴一天可磨面50～90kg，碾米100kg	长途驮运75kg，可日行70km，短距离驮运最大驮重可达100～125kg	

（续）

品种	最大挽力	最高载重量	耕作能力	挽曳速力	驮力	资料来源
库伦驴	146.5kg，相当于体重的76.98%		双套犁每天耕地4 000～4 700㎡	单驾小胶轮车可载重200～250kg	驮重100kg；在产区的沟谷地带，骑乘速率为10km/h	
苏北毛驴	156.32kg，相当于体重的73%～80.2%		一头驴与一头牛配套，一天可耕2 000多㎡；一头驴可以轻松地拉一盘耙	一头驴（公或母）载货750～1 000kg，日行30～50km；轻载，在平坦路面上，最快的速度，1 000m用200s，2 000m用420s。磨小麦面10～15kg/h，磨玉米面8～12kg/h	驮重50～70kg	孙嫣等（2003）
淮北灰驴	公驴（151.83±11.32）kg			公驴挽重车150kg，漫步，1 000m时速为(5.45±0.17) km，3 000m时速为(5.25±0.19) km		
	母驴（130.26±17.41）kg			母驴挽重车100kg左右，漫步，1 000m时速为(5.14±0.28) km，3 000m时速为(4.91±0.30) km	驮载75～95kg，日行25～30km	
和田青驴				在沙漠型土路上，单套拉运1 000kg重物，行进1km时用10min	一头成年驴骑乘3人（约负重150kg），连续行走6h以上，负重性能优良	

（续）

品种	最大挽力	最高载重量	耕作能力	挽曳速力	驮力	资料来源
吐鲁番驴				单套驴拉胶轮车，负重140～180kg，公驴行走1000m，用时4min8s；行走3000m用时13min15s	长途骑乘公驴60km/h，驮重180kg	
				单套驴拉胶轮车，负重140～180kg，母驴行走1000m用时4min(25±4.5)s，行走3000m用时13min(49±10.97)s	长途骑乘母驴60km/h，驮重(145±5.0)kg	
关中驴	公驴284.17kg，相当于体重的100.93%	去势驴1375kg	30min内公驴耕地面积353.51m²，耕地速度1.27m/s	公驴拉690kg重物，行走1000m，需11min9s	公驴驮150kg重物，行走1000m，需13min4s	高耀西（1983），荆增况等（1985）
	母驴209.63kg，相当于体重的70.00%	母驴1483kg	30min内母驴耕地面积506.92m²，耕地速度1.31m/s	母驴拉690kg重物，行走1000m，需11min54s	母驴驮149.25kg，行走1000min，需13min17s	
佳米驴	(180.8±17.3)kg		山坡地耕地(1090±100)m²/h	砂石硬化公路套车载重(375±24.4)kg，行走10km需2.5h	驮重60～70kg，砂石硬化公路行走1000m需(10.3±2.34)min，行走3000m需(32±7.6)min；长途骑乘35km需7.5h	
庆阳驴			每天可持续劳作7h以上，可耕地3000～3700m²		公驴能驮105～120kg，母驴可驮85～95kg，日行40km	袁丰涛等（2014）

（续）

品种	最大挽力	最高载重量	耕作能力	挽曳速力	驮力	资料来源
阳原驴	公驴213kg，相当于体重的80%；母驴192kg，相当于体重的70%		一对驴配套拉犁，耕地1 300m²用时2.4h，劳役后30min恢复正常	单驴拉小胶轮车，车重60kg，载重500kg，行程6km，在平坦的砂石公路运输，乘坐1人，共运输3次，每天往返1次，单程载重约需1h，卸车时有微汗	成年驴驮重100kg，可日行40~50km	曾申明（2020）
广灵驴	公驴260kg，相当于体重的80%；母驴225kg，相当于体重的70%	以小型胶轮车按平时载重量加倍负重，挽重，公驴1 101kg，母驴1 044kg		单套在路上拉车，一般可载重400~500kg，日行25~30km。在较为吃力的情况下挽行1km距离，公驴需时16min 12s，母驴需时13min 10s，呼吸脉搏恢复时间，公驴为18min，母驴为20min	在一般土路上，可驮重100kg左右，最高达163kg，日行40~50km，可连续工作6~7d，长途骑乘每天可行50km	
晋南驴	公驴238kg；母驴211kg			单驴小胶轮车，一般载重700~900kg，日行30~40km，挽行1 000m，公驴2头平均载重1 294kg，需时9min，母驴4头平均载重1 125kg，需时14min，经28min呼吸脉搏恢复正常	在普通路上1 000m驮重测试，公驴驮重136kg，需16min；母驴驮重120kg需16min	
长垣驴	公驴326kg；母驴218kg			1 000m用时7.5min，3 000m用时32.7min	在普通路上1 000m驮重测试	

189

（续）

品种	最大挽力	最高载重量	耕作能力	挽曳速力	驮力	资料来源
泌阳驴	公驴 205kg，相当于体重的 104.4%；母驴 185.1kg，相当于体重的 77.83%		中耕除草每天两套，每套 3～4h，日完成 5 300～6 700m²	单驴小胶轮车拉货，一般公路载重 500kg，日行 8～10h，可行 40～50km。拉磨每天使役两套，每套 2～3h，可磨粮 30～50kg	驮载 100～150kg，日行 30～40km，长途骑乘每天行走 50km 以上	
淮阳驴	公驴 292kg；母驴 174kg		3 头驴一套，日犁 2～2.5 亩；2 头驴一套，日犁 833.4m²，深 16.5cm	3 头驴用胶轮车可 1 500～2 000kg，日行 35～40km	驮重 150～150kg，驮 1 人可日行百里，日行 35km	杨再等（1981）
德州驴	公驴 相当于体重的 75%～78%；母驴 相当于体重的 85.1%		单套七寸步犁，沙壤地深耕 15cm，日耕田 0.13～0.17hm²	单驾胶轮车载重 1 000kg，日行 30～40km	驮重 100～125kg，日行 30～40km	
临县驴	公驴 162kg，相当于体重的 85.1%；母驴 161kg，相当于体重的 74.4%			单驾小平车可载重 300～350kg，日行 30km 左右	驮重 90.1kg，驮行 1 000m 需用 13.4min，恢复正常需 21min，日行 30～35km；驮重 102.6kg，驮行 1 000m 需用 14.1min，恢复正常需 21min，日行 30～35km	

（续）

品种	最大挽力	最高载重量	耕作能力	挽曳速力	驮力	资料来源
疆岳驴				成年公驴可拉车运 800～1 000kg 货物，每小时在砂石路面可行走 10～12km 成年母驴可拉运 500～800kg 货物，每小时在砂石路面可行走 10～12km		陆冬林等（2020）
川驴				单驴驾胶轮板车载重 300～500kg，在有起状状的路上，日行 30km 左右	短途驮载 120～160kg，长途驮载 50～70kg，日行 15～20km	
云南驴				单驴驾小胶轮车，载重 300～500kg，在一般土路，日行 30～40km	成年驴一般驮载 50～70kg，可日行 30～40km	
西藏驴				单驴拉载 500kg 货物，每小时行 1～1.5km	驮载 100kg 货物，每小时行 3～4km。成年公驴长途骑乘，骑手体重 65kg，每天行 20km，可连续骑乘 15d，休息 1d 后返回 成年母驴短距离运输每次驮重 30kg，每天工作 8～9h，每隔 15d 休息 1d，可连续工作数月	

注：本表资料来源除已列出的参考文献外，均引自《中国畜禽遗传资源志 马驴驼志》（2011）。

第九章

规模养驴

一、驴产业现状

(一) 驴业生产发展逐渐回暖

改革开放以来,我国畜牧业得到长足发展。生猪、奶牛、家禽的养殖规模化标准化程度不断提高,肉、蛋、奶等畜产品生产持续增长。作为大家畜,驴业发展非常缓慢,数量上一直呈负增长态势。近5年来,随着人们对驴肉、驴乳、驴皮及其他副产品功用的明确与开发利用,养驴产业逐步回暖,尤其是以山东东阿阿胶股份有限公司为代表的制胶企业对驴皮的大量需求进一步刺激了驴产业市场。随着驴皮、驴乳、驴肉价格的不断走高,农民养驴的积极性显著提高。

(二) 驴产品需求和消费能力增强

除了役用功能,驴的其他经济价值远未充分开发。驴肉是"三高三低"食品,即高蛋白、高必需氨基酸、高不饱和脂肪酸、低脂肪、低胆固醇、低热量,是理想的肉类食品;驴皮是制作阿胶的必需原材料,具有美容和补气血的作用;驴乳具有清肺功能,其成分最接近人乳,可辅助治疗多种疾病;驴汤具有降血脂、软化血管的功能;其他副产品,如驴肝、驴鞭、驴肺等也具有较高的营养价值和药用价值。

此外,人们还发现孕驴尿和孕驴血清也具有巨大的开发和研究价值。随着人们对驴产品上述功用的重新认识与自我保健意识的增强,未来对驴产品的需求能力和消费水平将越来越强劲。

(三) 一批驴产品加工企业崛起

随着养驴业的升温,驴产品生产加工能力不断增强。其中以山东东阿阿胶股份有限公司为代表的一批驴产品加工企业成长迅速。据2015年阿胶行业调查,仅山东省阿胶药品和阿胶食品企业就分别达到 81 家和 197 家，产品品种达数百个。被高利润吸引，全国各地不断有新势力入场。阿胶的主要原料是驴皮，仅东阿阿胶一家公司每年就需要百万张以上驴皮。根据产能以 2∶1 的原料出胶率计，整个阿胶行业驴皮需求量为 12 450t，折合 355.7 万张驴皮，供不应求，实际缺口达 70％左右。因市场缺口巨大，有 1/3 的驴皮都需从国外（埃及、秘鲁、墨西哥、埃塞俄比亚和巴西等）进口。不仅如此，国内其他的阿胶生产厂家，如福胶集团、同仁堂、太极集团等企业也面临着驴皮原料紧缺的问题。同时，驴肉消费不再局限于民间小吃，商场、超市甚至大城市的高端酒店对驴肉的需求也越来越旺盛。目前，具备一定规模的驴肉加工企业有南京雨润集团、山东驰中集团、山西世龙食品有限公司和山东高唐县潘家肉制品有限公司等。

（四）养殖方式和饲养水平有待提高

虽然我国农牧民一直有养驴的传统和丰富的饲养经验，但主要还是靠天养畜和粗放饲养。目前，我国养驴的组织化程度和规模化程度都较低，散养仍然是主要模式。2018 年，大型规模化养殖量为 32.75 万头，约占全部饲养量的 13％，传统分散养殖量为 220.52 万头，占 87％。在规模养殖中，以 300～600 头的养殖规模为主（表 9-1）。规模养殖场主要集中在山东，全国规模养殖场中饲养规模 300～600 头的，山东省占 61.03％；饲养规模 600～1 000 头的；山东省占 66.29％；饲养规模在 1 000～2 000 头的，山东省占 76.73％。这种养殖方式也决定了现阶段我国还无法大面积推广标准化养驴。驴的繁殖率低、繁育速度慢、见效周期长，从一定程度上制约了养驴业快速发展。此外，长期以来养驴业在现代畜牧业生产中受重视程度不够，驴业资助项目少，从事驴业研究的科技力量非常薄弱，驴业生产过程中科技含量不高，饲养管理粗放，饲养方法落后，导致驴整体生产水平低下，主要表现为营养不均衡、饲料转化率低、增重慢、繁殖力不高、出栏率低、出肉率低等方面。

表 9-1 国内不同规模养殖场数量分布

（资料来源：中国畜牧业协会驴业分会，2020. 畜牧产业）

饲养规模（头）	养殖场数量（家）	山东场（户）数
300～599	426	260
600～999	178	118
1 000～1 999	43	33
2 000～4 999	20	
5 000～9 999	6	
≥10 000	2	

（五）驴业地域发展不平衡，市场有待规范

我国养驴主产区主要在东北、陕甘宁、新疆、内蒙古，合计占比74%，并且集中在边远山区、丘陵地带和少数民族聚居地，但驴肉消费却主要在北京、天津、河北、山东、河南等东部地区以及南方的大中城市。大多数养驴的地区交通不便，而消费的地区养驴少甚至不养驴，造成驴及其产品运输、销售和交易不畅，饲养和消费上呈现西驴东运、北驴南运的特点。此外，我国活驴交易市场少，屠宰加工企业规模小，私屠乱宰现象严重，养殖、屠宰设备简陋，技术含量低，卫生得不到保障，驴产品的市场竞争力降低，并且存在一定的质量安全风险。

（六）养殖数量急剧下降，不少品种濒临灭绝

驴从20世纪90年代初的1 100多万头减少到2018年的253.28万头，近20年来驴存栏量急剧下降，而且还在以每年约30万头的数量递减。随着役用地位的降低，驴存栏量大幅下降，从2009年到2018年，10年间驴存栏量下降53.1%。不少地方品种，如河南毛驴、淮阳毛驴濒临灭绝，我国养驴业面临濒危境况。2014年，因驴皮资源持续萎缩阿胶价格连续上涨，驴产品的供应问题已成为制约这些企业发展的最大瓶颈。2015年1月30日，山东东阿阿胶股份有限公司秦玉峰总裁在山东"两会"上提交了《关于将草畜范围由牛羊等扩大至毛驴的议案》，该议案的提出引发了全社会的高度关注。如此种种，皆因驴数量锐减而起。

二、规模养驴的特点

规模养殖是指具有一定规模畜禽饲养量和生产能力的养殖业，分为小规模、大群体和工厂化养殖3种形式。规模养殖是市场经济发展的客观要求，它能降低生产成本、提高经济效益，有利于实用技术的推广和产销一体化等社会化服务体系的形成，是农民增收的有效方式。美国等发达国家已基本实现了规模化养殖，我国规模化养殖起步较晚，在20世纪80年代后，规模化养殖步伐开始加快，生产组织化程度明显提高。为加快畜禽养殖业发展，国家给规模化养殖业提供了多种优惠政策，如减免税收，放宽规模化养殖企业贷款条件和提供贷款利息优惠政策，对畜禽产品生产、环保投资、养殖保险保费等进行补贴，同时还在收购价格上给予适当保护等。随着国家对规模化养殖业的政策扶持与资金投入，规模化养殖业得到了蓬勃发展。截至2008年，全国规模化养殖占整个养殖业的比例超过50%，近年来规模化养殖业发展十分迅速，猪、

鸡的规模化养殖程度最高，其次是牛羊，驴的规模化养殖起步较晚，规模化程度还较低，规模化养殖所占的比例仅为 13%。随着农业机械化程度的提高，驴的役用价值在下降，驴由役用转为肉用、乳用和皮用，规模化养殖是我国驴业发展的必然趋势。已经发展或未来即将发展的规模化养驴企业一般呈现以下几个特点。

1. 理想的投资环境与规模　一个成功的规模化养驴企业，绝不是盲目上马或跟风走穴，而是要充分考虑投资的环境与规模。在同一国家政策环境下，各地政府对不同产业或同一产业的政策均有不同程度的差异，原则上应选择被当地列为主导产业、财政扶持力度较大的地方进行投资。这些地方饲料来源丰富、交通方便。在饲养规模上，要对投资项目进行可行性论证，充分考虑投资、收益和风险，不是规模越大越好，也不是现代化程度越高越好。根据目前我国养驴业的现状，600～1 000 头的饲养规模将成为未来我国驴规模化养殖的主体。

2. 优越的饲养环境条件　规模养驴场除了科学选择场址，还要有合理的场区布局、饲养密度和较好的硬件设施。养殖场硬件设施齐全，圈舍照明、通风良好，水质优良，场区周边有较好的绿化隔离带。

3. 科学的疫病防控体系　规模养驴场由于饲养密度大、流动性大，容易造成疫病感染，所以必须有严格的疫病防控体系作为保障，有一定数量的疫病防治专业人员作技术后盾。疫病防控制度在办公区、生产区等明显处都要上墙展示。所有场区人员都必须牢记疫病防控的概念，按照疫病防控程序严格落实防控措施。

4. 周密的组织生产计划　为满足全进全出制的生产要求，根据生产规模和市场需求，规模养驴场必须有一个科学周密的生产计划，包括驴群生产结构、配种计划、饲料供应、产品销售和资金回收等。在管理上实现生产工艺流程化、生产报表数字化、生产指标绩效化和企业效率高效化等。对于繁殖驴群，一个比较理想的结构应达到 65%～70% 的成年母驴（头胎驴 20%～25%，2～6 胎驴 60%～70%，7 胎及以上 20%），后备驴 20%～30%，种公驴与成年母驴比例为 1∶100。

5. 高效的饲养繁育技术　规模化养驴场都要对不同生产类型和不同生长阶段的驴实施分类饲养和管理，按照科学饲料配方进行日粮配制和饲喂，在繁育上多实行人工授精、同期发情和妊娠诊断等现代繁殖技术。规模化种驴场还要按照育种方向（乳用、肉用）实施有计划的选种育种方案，并将胚胎移植技术、克隆技术、分子标记辅助选择技术和基因组选择技术等现代育种技术应用于驴的育种中。

6. 完善的粪污处理措施　规模化驴场在生产过程中必然会产生大量的排

泄物和废弃物，处理不妥会对养殖场自身和周边环境造成污染，规模养驴场都要建立一套完善的粪便处理和污水处理系统，遵循现代生态学、生态经济学的原理和规律，推广应用环保饲料，如植物提取物添加剂等，提高畜禽的饲料转化率，推广厌氧发酵等生物技术，进行无废物无污染的畜牧生产。

7. 独具特色的品牌优势　品牌与品质是企业制胜的法宝。规模化养驴企业应按生产目标选择优良驴种，以好的品质为基础，加大宣传力度，树立特色品牌形象、良好的口碑，建设良好的企业文化，走品牌增值创收路线。

三、基础设施建设

（一）场址选择

1km 以内不得有皮革厂、动物屠宰场、垃圾处理场、化工厂、动物医院等。距离主要交通干线应在 300m 以上。避开风景名胜区、人口密集区、自然保护区和生活饮用水水源保护区等环境敏感区，符合环境保护、卫生防疫要求。养殖场最好建在地势平坦、干燥、向阳背风、空气流通好、地下水位低、易于排水的平坦之处；土质最好是沙性土壤，透水透气性好；场区需要设置 2%～5% 的排水坡度，用于排水防涝；如在山区建场，宜选择向阳缓坡地带，坡度小于 15%，切忌在山顶、坡地、谷地或风口等地段建场。且远离牲畜交易市场、畜产品加工厂及家畜运输往来频繁的道路，并与居民区保持 1 000m 以上的距离。一个规模化养殖场选址时，要从保护环境的观点出发，必须考虑养殖场与四周环境的相互影响，既要考虑养殖场不要受四周环境已存在的污染的影响，也要考虑养殖场产生的废弃物不要污染四周的环境。同时，还必须综合考虑自然环境、卫生防疫条件、水源、水质卫生标准和交通便利等各种因素。

（二）养殖场布局

标准化养殖场建设包括养殖区软件建设和硬件建设。软件建设内容主要指在整个生产管理过程中，应严格按照国家标准、畜牧业标准、地方标准和有关技术规范的要求，实施标准化生产管理。硬件建设包括以下各区，各区之间要严格分开，间隔应在 100m 以上，各区域根据驴场的规模和人员配置进行设计。

1. 管理区　管理区处在上风口，包括值班室、消毒室、办公室、技术服务室、档案资料室、财务室等。厂区大门口设置消毒池。

2. 生活区　生活区是职工休息和饮食的区域。生活区应设在驴场上风口和地势较高的地段，主要包括职工宿舍、食堂、洗漱间及停车场等。

3. 生产区 生产区应设在场区地势较低的位置。大门口设立门卫传达室、消毒室、更衣室和车辆消毒池。生产区主要包括种公驴舍、后备母驴舍、育成驴舍、妊娠驴舍、分娩舍及驴驹舍等。各驴舍之间要保持适当距离，以便于防疫、防火及管理。生产区还应设有饲料库、饲料加工车间、草棚、青贮池（窖）及采精室。

4. 隔离区 该区宜设在场区的下风口，包括兽医室、药品室、隔离舍、剖检室及化验室等，是病驴、卫生防疫和环境保护的重点区域。

5. 废弃物和无害化处理区 该区应在下风口，地势最低处，是对废弃物和粪污集中、暂储或加工区域。用围墙或绿化带隔开。

（三）驴舍建设与设施

1. 驴舍

（1）驴舍类型。按驴的生产阶段划分为种公驴舍、后备公驴舍、带驹母驴舍、妊娠驴舍、空怀驴舍、分娩舍、后备母驴舍、驴驹舍和隔离舍等。

按墙体类型分为凉棚式、开放式、半开放式和封闭式。

按屋顶类型分为单坡式、双坡式、钟楼式、半钟楼式、拱顶式、平顶式等。

按驴舍内部驴的排列方式分为单列式、双列式和四列式。在双列式中，按驴站立方向又分为对尾式和对头式两种。

根据各地气候条件、饲养规模和建筑材料等的不同选择不同的驴舍样式。现介绍生产中常见的两类驴舍，即单列式封闭驴舍和双列式封闭驴舍。

①单列式封闭驴舍。只有一排驴床，舍宽一般4～6m，高2.5～3.0m，舍顶可修成平顶也可修成脊形顶。这种驴舍跨度小、易建造、通风好，但散热面积相对较大。单列式封闭驴舍适用于小型规模化驴场。每栋舍饲养100头以内为宜。

②双列式封闭驴舍。舍内设有两排驴床，双列式封闭驴舍有头对头式与尾对尾式两种形式。多采取头对头式饲养，中央为通道。舍宽10～12m，高2.8～3.6m，脊形顶。双列式封闭驴舍适用于规模较大的驴场，以每栋舍饲养100～500头驴为宜（图9-1）。

（2）驴舍建设一般要求。经济实用，符合兽医卫生要求。舍内应干燥、通风透光良好、冬暖夏凉。饲养密度要适宜：每头种公驴12～16m²，成年母驴4.0～5.2m²，育成驴2.4～3.0m²，妊娠或哺乳母驴5.2～7.0m²。

中原地区驴舍一般坐北朝南，封闭式驴舍每隔5m左右要安置一定数量的窗户或换气孔，保证阳光充足和空气流通。三面围墙，与运动场相连，一般脊高4～5m，前后檐高2.4～3.5m，门高2.1～2.2m，宽2.0～2.5m，窗高

图 9-1　头对头双列式驴舍

（资料来源：闫素梅）

1.5m，宽 1.5m，窗台距地面 1.2m。一侧有 3～5 个单间，供补饲和产房用。运动场设在两驴舍之间或驴舍的阳面。

①驴床。驴床是驴采食草料和休息的地方，多采取群体通槽饲喂。一般的驴床设计是使驴前躯靠近料槽后壁，后肢接近驴床边缘，粪便能直接落入粪沟内即可。成年母驴床长 1.8～2.0m，宽 1.1～1.5m；种公驴床长 2.0～2.2m，宽 1.3～1.5m；育肥驴床长 1.9～2.1m，宽 1.0～1.3m；6 月龄以上育成驴床长 1.7～1.8m，宽 1.0～1.2m。驴床应高出地面 5cm，保持平缓的坡度为宜，以利于冲刷和保持干燥。驴床最好以三合土为地面，既保温又护蹄。

②饲槽。饲槽建成固定式的、活动式的均可。水泥槽、铁槽、木槽均可用作驴的饲槽（图 9-2）。饲槽长度与驴床宽相同，上口宽 60～70cm，下底宽 35～45cm，近驴侧槽高 40～50cm，远驴侧槽高 70～80cm，底呈弧形，驴易采食干净，在饲槽后设栏杆，用于拦驴。

③粪尿沟。驴床与通道间设有排粪沟，沟宽 35～40cm，深 10～15cm，沟底有一定坡度，以便污水排出。

④清粪通道。清粪通道也是驴进出的通道，多修成水泥路面，路面应有一定坡度，并刻上线条防滑。清粪道宽 1.5～3.5m。

⑤饲料通道。在饲槽前设置饲料通道。通道高出地面 10cm 为宜。饲料通道宽 1.5～2m。规模化驴场为提高饲喂效率，一般采用饲料通道和饲槽合一的方式（图 9-3），通道要高出驴床 35cm 以上。

⑥驴舍门。通常在舍两端，正对中央饲料通道设两个侧门，较长驴舍在纵墙背风向阳侧也设门，以便于人、驴出入，门应做成双推门，不设槛，其大小为（2.0～2.2）m×（2.0～2.2）m。

图 9-2 固定式饲槽（通槽）

（资料来源：闫素梅）

图 9-3 饲料通道和饲槽合一

（资料来源：庞有志）

⑦运动场。饲养种公驴、种母驴、育成驴和驴驹的驴舍应设运动场。运动场应设在两舍间的空余地带，四周用栅栏围起，将驴拴系或散放其内。每头驴占地面积为：种公驴 40～80m²，成驴 15～20m²，育成驴 10～15m²，驴驹 5～10m²。运动场的地面以三合土为宜，或使用 20cm 的沙土铺地，场内设置补饲槽和水槽或自动饮水器，布局合理，以免驴争撞。

（3）不同驴舍的要求。

①种公驴舍与后备驴舍。有单列设计和双列设计，分圈舍和运动场两部

分。圈舍全部为单舍单栏，每个舍长4m，宽4m，中间饲喂通道宽2.1～2.5m（图9-4）。每个驴舍内饲喂通道侧设置饲喂槽，槽高1m，长1.5m，宽0.8m，近槽深0.35m，并设铁栅栏门，门高2m，宽1.5m。两圈舍间设一个水槽或自动饮水器，满足两侧种公驴饮水需要。运动场长10～20m。运动场按照圈舍门对应位置设出口，方便种公驴进出。有条件的可以设置种公驴训练场，让种公驴定时训练（图9-5）。

图9-4　种公驴舍
（资料来源：闫素梅）

图9-5　种公驴训练场
（资料来源：闫素梅）

②繁育母驴舍。包括空怀驴舍、妊娠驴舍和后备母驴舍，一般为头对头式设计，分圈舍和运动场两部分（图9-6）。驴舍宽10～12m，脊高3.5～4.4m，檐高2.4～3.2m，坡度为10%～16%，运动场进出口按照2.5～3.5m

设计，方便机械进出作业。

图 9-6　繁育母驴舍运动场

（资料来源：庞有志）

③带驹母驴舍。圈舍与运动场的设计基本与繁育母驴舍相似，但需要在带驹母驴舍增加防护栏，并在圈舍内一侧增加补饲栏。补饲栏的长为 4～5m，与圈舍同宽，附近离地面 50～70cm 处设精饲料槽。

④分娩舍。设计尺寸与种公驴舍的相同，全部为单舍单栏，为全封闭式圈舍，圈舍内安装摄像头和浴霸，母驴在预产期进入分娩舍，直至驴驹出生 1 周后移出。冬季母驴生产需在门口处悬挂棉门帘并开启浴霸。

⑤配种室。配种室设置内外两间，内间用于处理鲜精、存放消毒器械和用品，外间用于更衣、耗材清洗及准备。一般用混砖结构，长 6m，宽 3.5m，高 2.8m。配种室前置遮阳棚，遮阳棚下方设立保定架。保定架长 1.5m，高 1.15m，宽 0.75m。保定架用于保定发情母驴和配种。

⑥饲料库和草棚。饲料库和草棚的建设应符合保证生产、合理储备的原则，与驴舍有 100m 以上的距离。饲料库应满足储存 1～2 个月生产精饲料需要量的要求，草棚应满足储存 3～6 个月生产需要量的要求（图 9-7、图 9-8）。

草棚参考尺寸：长 20m，宽 6m，高 4m，钢结构彩钢瓦顶，最高处 5m，相邻草棚之间用铁丝网间隔开，预计储备青干草 70～100t。

2. 驴场绿化建设　根据当地情况，驴场周边应有针对性地选择绿化树木或草坪。在风沙比较大的区域，可以种植乔木和灌木混合林带，以及栽种刺笆，可以起到防风、阻沙的作用。绿化树木一般可选用杨树、榆树、垂柳和松柏等树种。在运动场的南、东、西三侧种上遮阳林。一般可选择枝叶开阔，生长势强，冬季落叶后枝条稀少的树种。种花种草因地制宜，就地选材绿化，以改善驴场环境，净化空气，起到隔离的作用。

3. 主要设备　有铡草机、饲料粉碎机、饲草料运输车、清粪车等。铡草

图 9-7　饲料库
（资料来源：闫素梅）

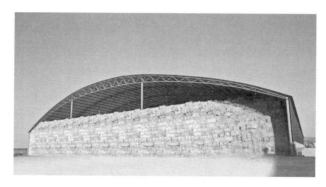

图 9-8　草棚
（资料来源：闫素梅）

机及饲料粉碎机应根据养殖规模配置功率大小。饲草料运输车及清粪车一定要分开，以防止交叉感染。

规模化驴场的建设目前还没有国家标准，2019年由中国畜牧业协会驴业分会颁布了《规模化驴场建设规程》（T/CAAA 0232019），团体标准可供参考。

（四）环境控制

1. 温度　气温影响驴体健康及其生产性能的发挥。应加强驴舍防寒保温设施和防暑降温设施的建设，确保驴舍温度相对稳定。研究表明，驴的适宜环境温度为5～21℃，幼驴为10～24℃。驴舍温度控制在这个温度范围内，驴的增重速度最快，高于或低于此范围，均会对驴的生产性能产生不良影响。

2. 湿度　驴舍内最适宜的相对湿度为55％～75％，日常生产中，舍内相对湿度要控制在80%以下。湿度对驴体机能的影响，是通过水分蒸发影响驴体散热，干涉驴体热的调节。低温高湿会增加驴体热散发量，使体温下降，生长发育受阻，饲料转化率降低。

3. 气流 空气流动可使驴舍内的冷热空气发生对流，带走驴体所产生的热量。适当的空气流动可以保持驴舍空气清新，维持驴正常的体温。驴舍气流的控制及调节，一般舍内气流速度以0.2～0.3m/s为宜，在气温超过30℃的酷热天气里，气流速度可提高到0.9～1m/s。

4. 有害气体 驴体排出的粪尿、呼出的气体，以及饲槽内剩余的饲料腐败分解，就会导致驴舍内有害气体（如NH_3、H_2S、CO_2）增多，如果建筑设计不当和管理不善，可诱发驴的呼吸道疾病。所以，必须重视驴舍的通风换气，保持空气清新卫生。一般要求驴舍中CO_2的浓度不超过0.25%，H_2S的浓度不超过0.001%，NH_3的浓度不超过0.002 6mL/L。

5. 光照 冬季光照可提高驴舍温度，有利于驴防寒保暖。采用16h光照8h黑暗，可使育肥驴采食量增加，日增重明显改善。一般情况下，驴舍的采光系数为1∶16，驴驹舍为1∶（10～14）。窗户面积应接近于墙壁面积的1/4。

6. 尘埃 新鲜的空气是促进肉驴新陈代谢的必需条件，并可减少疾病传播。为防止疾病传播，驴舍一定要通风换气，尽量减少空气中的灰尘。

7. 噪声 强烈的噪声可使驴受到惊吓、烦躁不安、出现应激等，从而导致食欲下降、抑制增重、降低生长速度。一般要求驴舍内的噪声水平白天不能超过90dB，夜间不超过50dB。

四、繁殖技术

（一）发情鉴定

发情鉴定是母驴繁殖工作的一项重要技术，鉴定方法有多种，生产中以直肠检查为主，结合外部观察、阴道检查、试情、B超检查确定适宜的输精或配种时间。

1. 直肠检查

（1）将母驴保定，用无刺激的消毒药剂洗刷驴外阴部，再用沸后温水冲洗。

（2）检查人员剪短并磨光指甲，带上一次性长臂手套或洗净手臂，并在手套或手臂上涂润滑液，五指并拢成锥形，轻轻插入直肠内，手指扩张，以便空气进入直肠，引起努责，将粪排出或用手将粪掏出。

（3）检查人员手指继续深入，当发现母驴努责时，应暂缓，直至狭窄部，以四指进入狭窄部，拇指在外，此时可采用两种检查方法：

①下滑法。手进入狭窄部，四指向上翻，在第3腰椎、第4腰椎处摸到卵巢韧带，随韧带向下捋，就可摸到卵巢。由卵巢向下就可摸到子宫角、子宫体。

②托底法。右手进入盲肠狭窄部，四指向下摸，就可以摸到子宫底部，顺着子宫底向左上方移动，便可摸到左侧子宫角，到了子宫角上部轻轻向后拉，就可摸到左侧卵巢，同样方法顺着子宫向右上方移动，可以摸到右侧卵巢。

（4）卵泡发育程度的判断。

①卵泡发育初期。两侧卵巢中开始有一侧卵巢出现卵泡，卵泡体积小，触之如硬球，凸出于卵巢表面，弹性强，无波动，排卵窝深。此期一般持续1～3d。

②卵泡发育期。卵泡发育增大，呈球形，卵泡液增多。卵泡柔软而有弹性，以手指触摸有微小的波动感。排卵窝由深变浅。此期持续1～3d。

③卵泡生长期。卵泡继续增大，触摸柔软，弹性增强，波动明显，卵泡壁较前期变薄，排卵窝较平。此期一般持续1～2d。可酌情配种。

④卵泡成熟期。卵泡体发育到最大限度，卵泡壁薄而紧张，有明显的波动感，弹性减弱，排卵窝浅。此期可持续1～1.5d。此期是最佳配种时间。

⑤排卵期。卵泡壁紧张，弹性消失，有一触即破之感。触摸时部分母驴有不安或回头看腹的表现。此期一般持续2～8h。有时在触摸的瞬间，卵泡破裂，卵子排出。可明显摸到排卵凹及卵泡膜。此期宜立即配种。

⑥黄体形成期。排卵后，卵巢体积显著变小，在卵泡破裂处形成黄体。黄体初期扁平，呈球形，稍硬。因其周围有渗出的血液凝块，触摸有肉样实体感觉。

⑦休情期。卵巢上无卵泡发育，卵巢表面光滑，排卵窝深而明显。

2. 外部观察　母驴发情征状明显，表现为神情不安，食欲不振，阴唇肿胀下沉略微开张。见到公驴时，抿耳，吧嗒嘴，塌腰叉腿，闪阴排尿。根据发情进程和表现程度，分为以下5个时期。

（1）发情初期。表现吧嗒嘴，每天2～3次。见到公驴时，抬头竖耳，轻微地吧嗒嘴，当公驴接近时，却踢蹴不愿接受爬跨。阴门肿胀不明显。

（2）发情中期。头低垂，两耳后抿，连续地吧嗒嘴，见公驴不愿意离去，两后腿叉开，阴门肿胀，频频闪阴。阴道黏膜潮红并有光泽。

（3）发情高潮期。昂头掀动上嘴唇，两耳后抿，贴在颈上沿，吧嗒嘴，同时头颈前伸，流涎，张嘴不合。主动接近公驴，塌腰叉腿。阴门红肿，阴核闪动，频频排尿，从阴门不断流出黏稠液体，俗称"吊白线"，愿接受交配。此时宜进行配种或输精。

（4）发情后期。性欲减弱，很少吧嗒嘴，只有当公驴爬跨时，才表现不连续的吧嗒嘴；有时踢公驴，不愿接受交配。阴门稍肿、收缩、出现皱褶，下联合处有茶色干痂。此期卵泡发育对应黄体形成期。

（5）发情静止期。上述各种发情表现消失。

3. 阴道检查　通过观察阴道黏膜的颜色、光泽、黏液及子宫颈开张程度判断驴的发情程度。

（1）发情初期。以开腔器插入或进行阴道检查时，有黏稠的液体。阴道黏膜呈粉红色，稍有光泽。子宫颈口略开张。

（2）发情中期。阴道检查较为容易，黏液变稀。阴道黏膜充血，有光泽。子宫颈变松软，子宫口开张，可容一指。

（3）发情高潮期。阴道检查极容易，黏液稀润光滑。阴道黏膜潮红充血，有光泽，子宫颈开张，可容纳2～3指。此期宜进行配种或输精。

（4）发情后期。阴道黏液量减少，黏膜呈浅红色，光泽较差。子宫颈开始收缩变硬，子宫颈口可容一指。

（5）静止期。阴道被黏稠状分泌物黏附，阴道检查困难，阴道黏膜灰白色、无光泽。子宫颈细硬呈弯钩状。子宫颈口紧闭。

4. 试情　根据母驴在性欲及性行为上对公驴的反应判断母驴的发情程度。母驴发情时，通常表现为喜欢接近公驴，接受交配等；而不发情的母驴则表现为远离公驴，当强行牵引接近时，往往会出现躲避，甚至踢、咬等抗拒公驴的行为。

一般选用体质健壮、性欲旺盛、无恶癖的非种用公驴作为专用试情公驴，采用结扎输精管、阴茎移位等方法避免交配，定期对母驴进行试情。

5. B超检查　超声波扫描（ultrasonography）简称B超（brightness made ultrasound），将超声回声信号以光点明暗显示出来，回声的强弱与光点的亮度一致。这样由点到线到面构成一幅扫描部位组织或脏器的二维断层图像，称为声像图。B超已广泛应用于人类医学，近年来在临床兽医诊断和家畜发情鉴定方面也开始推广。超声波在母驴体内传播时，由于脏器或组织的声阻抗不同，界面形态不同，以及脏器密度较低的间隙，造成各脏器不同的反射规律，形成各脏器各具特点的声像图。B超诊断具有时间早、速度快、准确率高等优点。市场上有黑白、彩色、大小不同、规格型号不同的多个品牌超声诊断仪可供选用。用于大牲畜，如牛、马、驴等的配种后1～2个月内受胎、未育的诊断；配种前发情、子宫疾患的诊断等。

B超检查法就是通过直肠进行超声波检查，操作与直肠检查类似。操作员手握探头深入直肠，逐步将探头靠近子宫及左右卵巢的直肠部位，探头与可视的屏幕相连接，通过屏幕或手感让探头接近子宫和卵巢。左卵巢位于左侧第4腰椎、第5腰椎横突末端下面，右卵巢在右侧第3腰椎、第4腰椎横突之下。

不断变换探头与卵巢的角度，以呈现出卵巢、卵泡或黄体的典型图像，对于理想的图像可以在屏幕上固定下来，进行卵泡直径、数量、状态的测量和观察。用B超检查发现，驴发情时，子宫体呈现黑灰不均类似波浪形花纹，子宫角呈现明显的车轮样或橘瓣样花纹，排卵时卵泡直径达到（43.4±4.2）mm（冯玉龙等，2017）。

（二）同期发情

1. 概念与意义 同期发情是利用外源激素或其他方法调整母驴在相对集中时间内发情的方法。由于驴群中的每一头驴都随机地处于发情周期的某一天，只要破坏黄体或造成"人工黄体期"，同一时间结束黄体功能就能达到同期发情的目的。通过集中配种，使驴群集中分娩，有利于组织生产、集中管理、提高生产效率，实现规模化生产。采用同期断奶、公驴诱导等方法也可以引起同期发情，目前使用外源激素方法效果比较好。

2. 常用的同期发情药物 大体可分三类。

（1）抑制发情的孕激素类物质。包括孕酮、甲孕酮、炔诺酮、氯地孕酮、氟孕酮等。这些药物能抑制卵泡生长，造成"人工黄体期"。孕激素类药物可以口服或做成阴道栓给药。根据处理方法可做长时间处理（一般超过一个发情周期的黄体期），也可以配合雌激素、促性腺激素和前列腺药物做短期处理（10d以内）。

（2）消融黄体的前列腺素及其类似物。前列腺素（Prostaglandin，PG）是一类含有20个碳原子的长链不饱和羟基脂肪酸，具有一个环戊烷环和两个侧链，相对分子质量为300～400，广泛存在于机体的各种组织，以旁分泌和自分泌方式发挥局部生物学作用。天然前列腺素极不稳定，静脉注射极易被分解（95%在1min内被代谢）。人工合成的PG类似物具有比天然激素作用时间长、生物活性高、副作用小等优点。$PGF_{2\alpha}$类似物前列氯酚（Fluprostenol，ICI-81008）和前列氯粉（Cloprostenod，ICI-80996）的活性分别相当于天然$PGF_{2\alpha}$的100倍和200倍。$PGF_{2\alpha}$及其类似物能显著缩短黄体的存在时间，控制母驴的发情和排卵。有研究表明，肌内注射25mg/头$PGF_{2\alpha}$是调解驴同期发情的有效方法，注射$PGF_{2\alpha}$（10mg/头，2次）后，73%的母驴出现发情和排卵。

（3）促性腺激素。包括促卵泡激素（FSH）、促黄体生长素（LH）、孕马血清促性腺激素（PMSG）、人绒毛膜促性腺激素（HCG）和促性腺激素释放激素（GnRH）。

3. 施药方法

（1）阴道栓塞法。将吸满一定药液的泡沫，或用特制的含激素的硅橡胶环，塞于靠子宫颈的阴道深处。药液持续释放到周围组织，维持血液中药液浓度，经过一定时间取出。此法只适用于孕激素类药物。该法的优点是：一次用药方便，每天药量均匀。缺点是有时阴道栓会脱落。

（2）口服法。适于孕激素类药物。将药物拌入饲料中，混匀，最好单喂。连续喂一定时间后，同时停喂含药饲料。该法的缺点是每天的药量难以控制，每头家畜食入药量不均匀，费时费工，用药量大。

（3）埋植法。适于孕激素类药物。将药物装在周围有孔的细塑料管内，埋植于皮下，经若干天取出，与阴道栓塞法使用相同。

（4）注射法。各种药物均可用此法。前列腺素类药物可直接向子宫内注入或肌内注射。促性腺激素药物可肌内注射或皮下注射。

（三）诱导发情和诱发排卵

1. 诱导发情　在母畜乏情期内，借助外源激素或其他方法引起正常发情的方法，称为诱导发情。季节性或泌乳生理乏情，卵巢上既无卵泡发育，也无功能黄体存在。此时垂体促性腺激素活动低下，FSH 和 LH 分泌量不足以维持卵泡的生长和促使排卵。诱导发情的主要方法是利用外源激素（促性腺激素），或某些生理活性物质（如孕马血清促性腺激素等），以及环境条件的刺激（与公畜接触），通过内分泌和神经作用，刺激卵巢活动，使卵巢从相对静止状态转为活跃状态，促进卵泡的生长发育。

因持久黄体造成的乏情状态，由于过多的孕酮抑制了促性腺激素的分泌，因此诱导发情必须使用前列腺素消除黄体，解除孕酮对卵巢的抑制作用，为卵泡的发育创造条件。注射 $PGF_{2\alpha}$ 及其类似物、促性腺激素或释放激素可以引起乏情母驴发情。

2. 诱发排卵　利用外源激素或其他方法激发成熟的卵泡提早破裂，排出卵子或增加成熟卵泡数目、多排卵子的方法，称为诱发排卵。单独意义上诱发卵巢多排卵子的诱发排卵，也称为超数排卵。LH、GnRH、HCG 均具有诱发排卵的作用。

（四）配种技术

1. 自然交配　利用公母驴在自然条件下完成交配过程。在饲养规模不大的情况下，可采用自然交配。为了合理利用种公驴，防止群内疾病传播，生产上不采用公母驴自由交配，常采用有计划的自然交配。

（1）小群交配。在繁殖季节，每个小群内放入 1 头种公驴混群饲养，每个小群的公母比例为 1∶15，壮龄公驴与母驴的比例为 1∶（25～30）。配种前 15d 开始小群固定。为防止公驴对某些母驴有交配倾向，将已交配过的母驴进

行隔离，让公驴与未交配过的母驴随机交配。

（2）围栏交配。在繁殖季节，把一固定的母驴群赶到设有围栏的运动场，然后放入计划中的某一头公驴，如果群内有发情的母驴，即可完成公母驴自然交配。交配之后，将公驴牵回圈舍，以待下次交配，将母驴群放回原处。围栏交配要固定一个地点，使公母驴形成条件反射，提高自然交配的成功率。

（3）辅助交配。在繁殖季节，将发情的母驴，一对一与公驴单独放在固定的交配地点，人工诱导或人工辅助完成自然交配。

2. 人工授精 人工授精技术已被广泛使用，规模化养驴场多已推广。人工授精可以利用鲜精液，也可以利用冷冻精液，只是精液的保存方式不同。人工授精的基本环节包括采精、精液品质检查、精液稀释、精液液态保存、精液冷冻保存、输精等。

（1）采精。采精是人工授精过程的第 1 个环节，就是利用器械采集种公驴的精液，目前主要采取假阴道法采精。

①采精场地和器械的准备。采精场地要固定，规模化驴场要设置采精室。采精所用的玻璃器械、金属器械及纱布均在高压消毒锅内消毒 30min 备用。

②假阴道的安装。驴和马的假阴道相同，为圆筒状，包括外壳、内胎、集精杯及附件。安装假阴道时，将内胎放入假阴道外壳中，使露出两端的内胎长短相等，并将内胎翻转在外壳上，用橡胶圈固定。先用 75％的乙醇消毒内胎及集精杯，待乙醇挥发后，再用稀释液冲洗。

假阴道装好后应调温、调压、调润滑，调节母畜阴道内的环境。

调温：先将假阴道内灌入 1 500～2 000mL 的 45℃的温水，使假阴道的温度保持在 39～42℃。

调压：从活塞注入空气，使假阴道入口内胎呈现三角形为宜。内胎压力合适与否，公驴个体间有一定差异。压力过大，阴茎不易插入；压力过小，不能给予公驴阴茎充分的压力和温度刺激，导致射精困难。

调润滑：从假阴道入口至假阴道全长 1/2 处，涂抹无菌凡士林，或 2∶1 的凡士林与液体石蜡混合剂。

③台驴准备。应选择健康无病、性情温驯、处于发情阶段的经产母驴作为台驴。台驴应保定在采精栏内，后躯应擦拭干净。训练好的公驴可以不用发情母驴作台驴，直接用假台驴采精即可。假台驴可以购买，也可以制作。

④公驴的调教。一般种公驴容易接受发情母驴或假台驴而进行爬跨。初配公驴或倔强的公驴需要进行爬跨训练。

同圈法：将不会爬跨的公驴与发情母驴放在同一圈栏饲养，通过发情母驴引诱，或用发情母驴阴道黏液或尿液涂抹在公驴鼻端进行刺激。

诱导法：让被调教的公驴观看其他公驴配种爬跨动作，诱导爬跨。

按摩睾丸：在调教期间每天定期按摩睾丸 10～15min。

药物刺激：对性欲差的公驴可以隔日注射丙酸睾酮 1～2mL，连用 3 次，再诱导爬跨。

⑤采精。当公驴阴茎勃起，爬跨台驴时，采精员站在台驴右侧，右手紧握假阴道，左手顺势轻托公驴阴茎，导入假阴道。切记勿用手用力握、拉阴茎。假阴道的角度应根据阴茎勃起的角度进行调节，以阴茎在假阴道内抽动自如为宜。公驴阴茎抽动 1min 左右射精。射精完毕，公驴阴茎会回缩，这时应立即将假阴道孔阀门打开，放出假阴道内空气，竖立假阴道，使精液充分流入集精杯，用纱布封口，尽快送入精液处理室。

（2）精液品质检查。采集的精液立即用四层消毒过的纱布过滤，去除精液中的杂质和胶质，从以下几方面检查精液品质。

①射精量。驴的射精量一般为 60～100mL。精液量的多少与品种、个体、营养状况、采精方法和采精频率等因素有关。

②色泽。驴精液近乳白色，无味或略带腥味。凡有其他杂色或气味的都属不正常，不能用于输精。

③精子活率。取 1 滴精液在载玻片上，放在 200～400 倍显微镜下观察，观察温度以 35～38℃为宜。目测显微镜下精子运动情况，若全部精子都呈直线前进运动则评 1.0 分，90%的精子直线前进运动，则评 0.9 分；依次类推。精子活率在 0.4 以上，密度在 1.5 亿个/mL 的精液，可以用于输精。

④密度。通常用红细胞计数方法计算精子数目。驴精液密度一般为 1.5 亿～3.0 亿个/mL，精子密度太小，受胎率会降低。目前，市场上有精子密度仪，可用来计算精子数目，操作方便。生产中一般采用估测法判定精子密度，根据精子稠密程度，一般分为"密""中""稀"三级，依次确定稀释倍数。

⑤精子畸形率。驴的正常精子形态似蝌蚪，出现头、尾等部位形态异常的即为畸形精子，畸形精子无受孕能力。畸形精子检查与密度检查同时进行，以红细胞计数方法计算畸形精子数。畸形精子占精子总数的百分比即为畸形精子率，畸形精子率超过 12%时，不能用于输精。

（3）精液稀释。采集的新鲜精液加入一定量的稀释液后，可以扩大精液量，维持精子活率，有利于精子保存和运输。稀释时稀释液温度要与精液温度（36℃）相同。实践证明，新鲜精液不稀释不利于精子存活，原精液稀释 1～3 倍不影响受精效果。常用的稀释液有：

①葡萄糖稀释液。无水葡萄糖 7g，100mL 蒸馏水，混合过滤，消毒后使用。

②蔗糖稀释液。精制蔗糖 11g，蒸馏水 100mL，混合过滤，消毒后使用。

③乳类稀释液。新鲜牛乳、马乳和驴乳或奶粉（10g 奶粉加 100mL 蒸馏

水）均可。先用纱布过滤，煮沸 2～4min，再过滤冷却至 30℃ 即可。

所有稀释液均现用现配。目前，精子稀释液已经商品化，质量稳定，使用方便。

（4）精液液态保存。驴精液稀释后在 0℃ 以上保存，分为常温保存和低温保存两种形式。

①常温保存。15～20℃ 条件下，将精液按输精剂量分装在储精瓶或储精袋内，可保存 2～3d。常温保存主要是利用稀释液的弱酸性环境抑制精子的活动，以减少能量消耗，使精子保持在可逆相对静止状态而不失受精能力。

②低温保存。0～5℃ 条件下保存，可保存 3～5d。降温时，注意控制速度，从 30℃ 到 5℃ 或 0℃，以每分钟降 0.2℃ 左右为宜，在 1～2h 内完成降温过程。低温保存过程中，精子运动减弱，代谢率下降，保存时间延长。温度回升到 35～38℃ 时，精子能恢复正常代谢并保持受精能力，可用于输精。为防止温度急剧下降至 0～10℃ 情况下精子发生不可逆的冷休克现象，稀释液中添加卵黄、乳类等物质可达到预期效果。

（5）精液冷冻保存。精液在 0℃ 以下保存，冷源通常是液氮（-196℃）或干冰（-79℃），精液冷冻保存解决了精液长期保存的问题，克服了时间、季节、天气、地域的限制，发挥"一管多用"的作用，极大地提高了种公驴的利用率，在生产上已广泛推广。精子在冷冻状态下，代谢几乎停止，生命活动相对静止，一旦升温解冻又能复苏而不失去受精能力。精子冷冻过程中冰结晶是造成精子死亡的主要原因。因此，精液在冷冻过程中，无论是升温还是降温都必须快速越过冰晶区（-25～-15℃），使冰晶来不及形成而直接进入玻璃化状态。精子在玻璃化冻结状态下，不会出现原生质脱水，细胞结构受到保护，解冻后精子可恢复活力。尽管如此，驴精液冷冻后有半数以上的精子因遭受冰结晶而死亡，冷冻后精子活率一般介于 0.3～0.5。

驴精液冷冻稀释液应具有抗冷休克剂（卵黄、乳类）、防冻保护剂（甘油）、维持渗透压物质（糖类、柠檬酸钠等）、抗生素及其他添加剂。目前，生产上应用较多的冷冻剂型为安瓿型、颗粒型、细管型，相应的就有安瓿冻精法、颗粒冻精法、细管冷冻法，冷源多以液氮为主。

①安瓿冻精法。采集的精液经检查合格，凡精子活率在 0.7 以上，密度在"中"以上者，立即用 11% 的蔗糖液，将精液按 1∶1 稀释。精液稀释后，分装于 10mL 的离心管内，1 500～2 000r/min，离心 15min。离心后，抽出上层精清，余下浓稠的部分称为"精子粥"，等量加入冷冻液（配方：11% 蔗糖液 100mL，甘油 6mL，卵黄 16mL），随即分装于 1mL 安瓿内，每安瓿装精液 1mL。将盛有精液的安瓿，放在特制的大小适合于液氮罐颈口的铜纱网上，在 4～5℃ 下平衡 40min（可置于 5℃ 左右的冰箱内）。平衡后，将放有安瓿的铜纱

网沉到液氮罐颈下，在液氮面之上"熏蒸"8~10min，当听到有玻璃碎裂声时，即可将铜纱网沉入液氮内20min以上。

抽样检查，精液解冻后精子活率达到0.4以上者即为合格，然后一一装入纱布袋内，拴一细绳，用标签标记好品种、精子活率、制作时间和批号等，沉入液氮内，储存备用。

②颗粒冻精法。采集的精液，经检查合格后，用11%的蔗糖溶液按1:1稀释，然后分装于10mL离心管内，以1 500~2 000r/min，离心15min。离心后的精子粥，用等量的冷冻液（配方同前）稀释，在4~5℃下平衡40min。将液氮倒入铝饭盒内，液氮面距盒口约1cm，将铝盒盖或氟板浸入液氮中预冷，然后扣在饭盒上，将经平衡的精液定量均匀地滴于铝盒盖或氟版上，停留2~4min，当精液颜色变白时，将颗粒精液收集于储精袋或瓶内，移入液氮储存。每毫升制15~20粒。

抽样检查，精子解冻后其活率达0.4以上，每粒含有效精子数0.8亿~1.0亿个者，一一装入纱布袋内，做好标记，沉入液氮内储存。

③细管冷冻法。细管由聚氯乙烯复合塑料制成，管长125~133mm，有0.18mL和0.4mL两种剂型。采集的精液，经检查合格后，进行两次稀释。先用不含甘油的Ⅰ液进行第1次稀释，稀释后的精液，经40~60min缓慢降温至4~5℃，再加入等温含甘油的Ⅱ液。加入量通常为第1次稀释后的精液量。

稀释后的精液，在4~5℃下静置2~3h（平衡）。将平衡后的精液通过吸引装置分装细管，再用聚乙烯醇粉、钢珠或超声波静电压封口，置液氮蒸汽上冷却。

将细管放在距离液氮面1~2cm的铜纱网上，停留5min左右，精液冷冻后，将细管移入液氮中储存。

（6）输精。

①清洗母驴外阴。将受配母驴固定在保定栏内，对母驴外阴部进行清洗、消毒，用消毒纱布擦干。

②精液的罐装或解冻。鲜精或液态保存的精液，一次输精量15~20mL即可；冷冻精液要解冻后再输精。

a. 安瓿冻精的解冻。取解冻液（6%蔗糖液经高压消毒冷却后，加入脱脂奶粉3.4g，沸水浴15min后备用）20mL，在40℃水浴锅内预热，夹取冻精迅速投入解冻液内，不时摇动，使之解冻。解冻后经品质检查，要求精子活率在0.4以上，有效精子数在每毫升1.5亿~3亿个，方可输精。

b. 颗粒冻精的解冻。取解冻液15mL（6%蔗糖液高压消毒冷却后，加入奶粉3.4g，沸水浴15min，冷却后，加入卵黄4mL、甘油2mL），放入25mL烧杯内，在40℃水浴锅内预热，待达到38℃以上时，取冻精颗粒10~15粒，投入解冻液内，不时摇动，使之解冻。解冻后，经品质检查，要求精子活率在

0.4 以上，密度"中"以上者，方可输精。

c. 细管冻精的解冻。可将细管直接投入 35～40℃ 的温水中，待融化一半时，立即取出备用。

冷冻保存的精液，通常按头份进行分装，由于驴的精液经冷冻再解冻后精子活率较差，在生产上为了达到受胎所要求的最低精子量，通常每头驴需要多份冷冻精液。

③输精方法。

方法一：技术员站在母驴的左后方，左手持玻璃注射器，右手握输精管尖端部，五指形成锥形，慢慢深入阴道内，手指触到子宫颈后，以食指伸入子宫颈口，将输精管导入子宫颈内 8～12cm，左手推进注射器，将精液缓缓输入子宫颈内。精液流尽后，缓慢抽出输精管，右手轻轻按摩子宫颈口，以刺激子宫收缩，防止精液倒流。

方法二：技术员站在母驴的左后方，左手持玻璃注射器和输精管，右手伸入直肠，通过直肠把握着子宫颈，左手持输精管送入子宫颈内 8～10cm，完成输精，这种方法称为直肠把握输精法。

3. 适宜配种 无论是自然交配还是人工授精，掌握适宜的配种时间非常重要。母驴发情后第 3～6 天情欲较旺盛，排卵时间以第 4 天、第 5 天为多，约在发情终止前 1d，平均 0.8～1.3d。产驹后第 1 次排卵时间多在第 12～18 天，平均为 15.9d 左右。要精确掌握母驴配种的适宜时间，要了解精子在阴道或子宫存活的时间以及卵泡的发育规律。

公驴精子在母驴子宫内存活时间较马长，而母驴卵子排出后有受精能力的时间却很短，为了提高受胎率，应在排卵前 24～30h 配种或输精。通常从发情的第 2 天开始，隔日配种，由第 4 天、第 5 天起进行连日配种，可避免因发情持续期短及排卵较早而失去受精机会。在进行阴道检查时，发现阴道黏液呈灰白色、丝状，宫颈柔软，颈口开张，可容 1～2 指时，开始配种为宜。驴产驹后 8～15d 即可发情配种，而且容易受胎，俗称"热配""配血驹"等，受胎率为 60% 左右。

（五）妊娠诊断

输精或配种 18d 左右，检查母驴是否妊娠、空怀或假发情，未妊娠母驴下一发情期再配。通常通过外部观察和直肠检查方法判断母驴是否妊娠。

1. 外部观察

（1）配种结束后，观察母驴在下一个发情期是否发情。如果配种后不再发情，可初步判定母驴已妊娠。

（2）肉眼观察配种后母驴身体状况。母驴妊娠后食欲增加、毛色润泽、行动缓慢、性情温驯,到5个月时腹围增大偏向左侧,6个月后可看到胎动。

2. 直肠检查 通过直肠检查的方法进行妊娠诊断,主要是通过直肠壁直接触摸卵巢、子宫,根据子宫角的变化和胚胎的大小等来判定母驴是否妊娠及其妊娠阶段。直肠检查的前期操作同发情鉴定,诊断要点如下。

(1) 14～16d。子宫角收缩,呈圆柱形,角壁肥厚,深部略有硬化感,轻捏子宫角尖端,两手指靠不紧,感觉中间隔有肌肉组织。

(2) 16～18d。子宫角硬化程度增加,轻捏尖端不扁,里硬外软,中间似有弹性的硬心,在子宫角基部,向下凸出的胎泡有鸽蛋大;空角弯曲较长,孕角平直或弯曲,两子宫角交界处出现凹沟。

(3) 20～25d。子宫角孕角进一步收缩硬化,触摸时有香肠般的感觉,空角弯曲增大。子宫底凹沟明显,胎泡大小如乒乓球,波动明显。在卵巢的排卵侧面可摸到黄体。

(4) 25～30d。左右子宫角变化不大,能摸到胎泡如鸡蛋或鸭蛋大小,空角弯曲增大,孕角缩短下沉,卵巢下降。

(5) 30～40d。胎泡迅速增大,体积如拳,卵巢黄体明显。

(6) 40～50d。胎泡直径10～12cm,孕角因重量加大进一步下沉,卵巢韧带开始紧张。胎泡部位的子宫壁变薄,有波动感。

(7) 60～70d。胎泡直径12～16cm,呈椭圆形,两个拳头大小,直肠检查可触及孕角尖端和空角全部。两侧卵巢因下沉而靠近。

(8) 80～90d。胎泡直径25cm左右,两侧子宫角被胎泡充满,胎泡下沉并向下凸出,直肠检查很难摸到子宫的全部,卵巢系膜拉紧,卵巢向腹腔靠近。

(9) 90d以后。胎泡渐沉入腹腔,直肠检查触到部分胎泡,左右卵巢进一步靠近,一手触到2个卵巢。妊娠4个月左右,可以摸到子宫中动脉的特异波动。

(10) 150d。直肠检查可摸到胎儿活动。

3. B超检查 用B超可通过探查胎水、胎体或胎心波动以及胎盘来判断妊娠阶段、胎儿性别及胎儿的状态。

(1) B超检查的方法。

①驴保定后,清理直肠的粪,手持B超探头,类似于手握鼠标,五指握紧探头,以圆锥形旋转通过肛门伸入直肠。

②进入直肠管轻轻压着探头使之贴近肠壁。五指固定并控制好探头方向,确保探头下方即超声波发生方向紧贴肠壁,不得被手指或粪阻挡。

③按照"努则退、缩则停、缓则进"的方法,在直肠内由后向前呈S形移动探头。

④找到子宫壁后，轻轻地左右移动探头，观察整个子宫壁的情况。当深入至直肠狭窄部肠管处（相对应子宫角分叉处），将探头紧贴肠管缓缓地向左上方向旋转，此时可观察到呈圆形的子宫角横切面，顺子宫角方向继续向左上方旋转，即可观察并测量到左侧卵巢，继续向上方旋转直至卵巢消失，然后原路返回。

⑤完成左侧检查后，顺左侧子宫角方向，返回至子宫角分叉处，再向右上方旋转观察右侧子宫角及卵巢的情况。

（2）胎儿发育不同阶段的影像特点。

①B超一般在12d能扫到胚泡，直径8～10min。

②胚泡液体是妊娠后最早可识别的指示，妊娠30d可用探头扫到胚泡液体。

③妊娠22d子叶开始发育，到40d沿液泡边缘出现小的灰色"C"或"O"形结构。

④妊娠45d液泡声像明显，胎儿可被识别。骨架结构可完全鉴定，呈现非常明显的图像。

（六）驴的繁殖新技术

胚胎移植、性别控制、体外授精、克隆等技术是近年来应用于驴生产上的繁殖新技术，这些技术目前主要处在研究阶段，还没有商业化应用。现简要说明一些概念和研究进展。

1. 胚胎移植 也称受精卵移植，简称卵移植。它是将一头良种母畜配种后的早期胚胎取出，移植到另一头同种的生理状态相同的母畜体内，使之继续发育成为新个体的过程，这一技术俗称人工受胎或借腹怀胎。提供胚胎的个体称为供体，接受胚胎的个体称为受体。

胚胎移植被认为是继家畜人工授精之后家畜繁殖领域的第2次革命。人工授精技术极大地提高了优秀种公畜的利用率，胚胎移植技术极大地增加了优秀母畜的后代数，挖掘了母畜的遗传和繁殖潜力。将胚胎移植技术和超数排卵技术相结合，可以在一个繁殖季节内获得6～10枚胚胎。

胚胎移植的主要技术程序包括供体和受体母驴的选择、同期发情处理、供体母驴的授精、胚胎收集、胚胎的检验和胚胎的移植等。2007年，新疆畜牧科学院在国内首先开展了驴胚胎移植研究，生产了第1头胚胎移植的驴。2016年，东阿阿胶公司技术人员完成了2例驴的胚胎移植，并成功产下了健康的驴驹。目前，国内已有几家开始研究驴胚胎移植技术，但均没有实现商业化，主要是移植成本较高，技术的熟练程度还达不到商业化推广要求。

2. 性别控制 动物的性别控制是指通过对精子受精的选择或胚胎的性别

鉴定达到控制后代性别的目的。调控动物的性别是人类长期以来的愿望，性别控制技术是继人工授精、胚胎移植之后又一次重大技术革命。

目前，家畜性别控制技术主要有3条实现途径：一是胚胎性别的鉴定＋胚胎移植；二是X精子与Y精子分离＋人工授精，这项技术先后在多种动物中取得成功，具有广阔的产业化发展前景；三是通过控制受精前母体子宫内的环境，达到控制性别的目的。性别控制技术尤其是X精子与Y精子分离＋人工授精，在奶牛业中已被广泛使用。利用性别控制技术，快速扩大母驴的数量，是现阶段驴产业发展转型升级、实现规模效益切实可行的途径。目前，该项技术没有推广，不是生产不需要，也不是技术壁垒，主要与驴产业的发展环境和驴产业内部对科研和技术投入不够有关。

3. 体外授精　体外授精是用特殊处理的精子在体外使卵细胞受精的技术（in vitro fertilization，IVF）。IVF技术在20世纪80年代初研究成功，这项技术对于解决胚胎移植所需胚胎的生产费用和来源匮乏等关键问题具有非常重要的意义，并为动物克隆和转基因等生物技术提供了丰富的实验材料和必要的研究手段。

1982年，美国Brackett等利用IVF技术获得世界首例试管牛，一套高效的牛胚胎体外生产程序已经建立起来，并逐步进入产业化阶段。我国IVF技术的研究起步于20世纪80年代，进展很快，已先后在人和牛等8种动物上取得成功。驴的体外授精正处于研究阶段，该技术的突破，将对大规模体外生产良种驴的胚胎提供有力的技术支撑。

4. 克隆　克隆就是无性繁殖。动物克隆就是不经过受精过程而获得动物新个体的方法。克隆动物是指不经过生殖细胞而直接由体细胞获得新的动物个体。哺乳动物克隆技术实际上是一种哺乳动物核移植技术，把一个供体细胞中的细胞核移植到一个去核的卵母细胞的细胞质中，然后使这个重组的卵细胞（胚细胞）继续发育成新个体的过程，包括哺乳动物胚胎细胞克隆和哺乳动物体细胞克隆两大类。

克隆动物技术主要包括以下几个环节：①体细胞的采集和培养；②采集卵母细胞并去除卵母细胞的细胞核；③取出体细胞的细胞核；④用显微注射法将细胞核注入去核的卵细胞中；⑤将重组的胚细胞在体外进行适当培养；⑥将重组的胚胎移植到同期母体子宫完成发育。

1997年，英国科学家通过克隆方式获得了世界上第1个体细胞（乳腺细胞）克隆动物——多莉羊（Dolly）。这项研究不仅对胚胎学、发育遗传学、医学有重大意义，也可以通过这项技术改良物种、保存濒危品种、生产转基因动物或转基因生物反应器。世界上马属动物的第1个克隆产物是骡子，于2003年5月4日诞生，是美国爱达荷大学与犹他州立大学联合研究的成果。不久世

界上第 1 例克隆马于 2003 年 5 月在意大利诞生。目前尚未见到克隆驴的成功报道。

五、饲养管理技术

(一) 驴入舍前后的准备

1. 驴的引种与运输　引进种驴要严格执行《种畜禽管理条例》的规定，驴的运输要求可参考中国畜牧业协会 2019 年发布的团体标准《驴运输技术规程》（T/AAA 022—2019）。

2. 场舍消毒　完善的养殖场应设置消毒池，驴进场以前，应该对驴舍进行彻底消毒。先将驴舍打扫干净，然后用碘制剂喷雾消毒，或用 20% 生石灰乳按照从内到外、从上到下的顺序喷洒消毒。干燥之后，密闭驴舍可以使用甲醛和高锰酸钾熏蒸消毒。正常饲养后，每隔 7d 用 2 种不同成分的消毒剂对驴舍及周围环境消毒 1 次。

3. 预防性药物储备　为防止驴群到场后出现应激反应，需提前准备一些应激性药物。

（1）口服补液盐。防止驴群脱水时使用。

（2）抗生素类。青霉素、庆大霉素、链霉素等。

（3）消毒药。乙醇、碘酊、甲紫溶液、过氧化氢等。

（4）必要的手术器械及材料。剪刀、手术刀、纱布等。

4. 饲草料准备　进驴前应根据进驴数量提前准备好饲草料，育肥驴每头每天按 5kg，基础母驴每头每天按 8kg，调整好饮水及饲草设备，以确保驴到场后能及时吃到饲草、饮到水。

一般粗饲料可准备玉米秸秆、谷草、花生秧、豆秸、杂草等，条件好的可以准备羊草捆、苜蓿草等。根据地区特点，可以提前准备好青贮池，适当地准备些青贮饲料，配合干草饲喂，青贮饲料比例不宜超过粗饲料总量的 50%。

常用的精饲料原料有玉米、豆粕、麸皮，也可以结合当地实际准备一些花生饼、棉籽饼、大豆、黑豆等蛋白饲料。另外，还有畜用盐和钙粉等。

5. 进驴后的应激期饲养方案　育肥驴到场后，一般要隔离观察 7~15d，经过长期运输之后的驴群会出现应激反应。到场后先让驴群自由活动 2~3h，之后开始补水，适当加些补盐液或维生素，然后补饲精饲料。在隔离期间，每天要深入驴群仔细观察驴群精神状态，刚到场的驴可能会因环境不适出现不适症状，此时需要单独隔离治疗。待隔离期结束后，放回驴舍，开始集中饲喂（表 9-2）。

表9-2 驴引进后应激期饲养方案

(资料来源：东阿阿胶股份有限公司，2019)

驴引进后天数	饲养管理
第1天	驴引进后让其休息2h，注意观察有无受伤或疾病状况，如发现异常，应立即进行处理 让驴休息2h后饮电解质多维水（1∶2 000），水温15～25℃；饮水1h后饲喂少量干玉米秆等秸秆，并添加少量精饲料。注意对驴群进行观察，适时驱赶，避免暴饮暴食
第2～3天	以饲喂秸秆等粗饲料为主，添加少量精饲料以不超过0.5kg为宜，让驴自由饮用电解质多维水（1∶2 000），水温15～25℃
第4天	以饲喂秸秆等粗饲料为主，精饲料添加量逐渐达到驴体重的0.5%，但不应超过2kg，自由饮用电解质多维水（1∶2 000），水温15～25℃
第5～6天	根据驴的采食量，精饲料逐渐增加至驴体重的1.2%，粗饲料喂饲量以驴剩余少量残渣为准，停止添加电解质多维水，让驴自由饮用15～25℃的温水 驴引进第5天为应激反应高发期，应随时观察，发现病驴立即采取措施并上报处理
第7天	用人工盐或开胃散（按药品使用说明书）给驴健胃，并用阿维菌素（按药品使用说明书）给全群驱虫
第22天	全群用阿维菌素（按药品使用说明书）再次驱虫
月度测量	驴引进后，每个月对驴群抽样称重1次，根据驴增重情况调整饲料供给量

（二）饲喂流程

非机械化驴群饲喂流程见表9-3。机械化饲喂的群体，每天饲喂2～3次，结合作息规律饲喂即可。

表9-3 非机械化驴群饲喂流程

(资料来源：东阿阿胶股份有限公司，2019)

夏季		秋、冬季	
时间	项目	时间	项目
5∶00	起床，清扫驴槽	6∶00	起床，清扫驴槽
5∶20	第1次上草	6∶20	第1次上草
6∶00	第2次上草	7∶00	第2次上草
6∶40	第3次上草，第1次上料	8∶00	第3次上草，第1次上料
7∶20	饮水，放运动场，观察驴群	9∶00	饮水，放运动场，观察驴群

（续）

夏季		秋、冬季	
时间	项目	时间	项目
9：00	清扫卫生、出栏、刷拭驴体	9：30	清扫卫生、出栏、刷拭驴体
11：00	入栏，第4次上草	11：30	入栏，第4次上草
14：30	放运动场	14：30	放运动场
19：30	入栏，第5次上草	17：30	入栏，第5次上草
20：30	第6次上草	18：30	第6次上草
21：30	第7次上草，第2次上料	19：30	第7次上草，第2次上料
22：30	第8次上草	21：00	第8次上草
23：30	观察驴群	21：30	观察驴群

根据我国牧区、山区的气候和草场情况，规模养驴以放牧育肥比较适宜。育肥用驴包括：除繁殖及役用外，其余成年驴均转入育肥肉驴群；淘汰的老弱病残驴；淘汰进行育肥的幼驹。

根据不同的生态条件，每年5—10月牧草质量较好的时期，以及天气暖和时，均可放牧育肥。到秋末，牧草进入枯黄期时屠宰。在育肥阶段，前期（5—6月），由于驴膘情差，主要是恢复肌肉，故增重较慢。到育肥中、后期（8—10月），驴膘情较好，增重主要是沉积脂肪。

据测，3～3.5岁的驴，实行暖季育肥，每头驴平均增重70kg，2～2.5岁的驴每头平均增重85.5kg。有的大型驴种，屠宰率可以提高到50%～55%。增重效果最好的是幼驹以及早熟品种，在良好的放牧育肥条件下，7—8月体重可达180kg。所以，在草地、山区放牧饲养的1～3岁驴，在屠宰前可实行短期强度育肥，增重效果较好。

（三）不同阶段驴的饲养标准

由于品种不同，不同生产区域的环境条件、饲料资源和饲养条件不同，规模化驴场的饲养标准不完全一致，即使同一品种目前国内还没有统一的饲养标准，现推荐东阿阿胶股份有限公司提供的不同阶段驴的饲养标准，供参考（表9-4）。

（四）饲喂原则

1. 分槽定位 按照驴的性别、年龄、个体大小不同，分槽饲喂，以防争食。由于个体发育的差异，要不定时对驴群进行分群，将体格较大的驴分在一起，体质稍弱的驴单独隔开饲喂。如有条件，1岁以上的驴驹最好公母分开饲养。

表9-4 不同阶段驴的饲养标准

(资料来源：东阿阿胶股份有限公司，2019)

	成分	种公驴 配中期	种公驴 非配种期	后备种公驴 夏秋	后备种公驴 冬春	空怀母驴	妊娠母驴(0~6月)	妊娠母驴(7~12月)	哺乳母驴	驴驹 0~6月龄	驴驹 6~12月龄	驴驹 12月龄后
精饲料	豆粕（%）	25	15	15	15	15	15	25	25	31.33	25	15
	麸皮（%）	20	20	20	20	20	20	20	20	31.33	20	20
	玉米（%）	55	65	65	65	65	65	55	55	31.33	55	65
	预混料（%）	4	4	4	4	4	4	4	4	4	4	4
	盐（%）	2	2	2	2	2	2	2	2	2	2	2
	鱼粉（%）	1%	—	—	—	—	—	—	—	—	—	—
	日粮重量（kg）	3.0	2.0	1.0	1.5	1.0	1.5	1.5	1.5	自由采食	1.5	1.5
粗饲料	有青苜蓿 青苜蓿（kg）	2.5	2.5	2.5	2.5	2.5	2.5	2.5	2.5	自由采食	2.5	2.5
	有青苜蓿 青干草（kg）	5.0	5.0	5.0	5.0	4.0	4.0	4.0	4.0	自由采食	3.0	4.0
	无青草 青干草（kg）	7.0	7.0	7.0	7.0	5.0	5.0	5.0	5.0	自由采食	4.0	5.0
其他饲料添加	胡萝卜（kg）	0.5	—	—	—	—	—	—	—	—	—	—
	鸡蛋（个）	4.0	—	—	—	—	—	—	—	—	—	—

2. 定时、定点、定量 每天饲喂草料4～5次，饲喂时间、地点、饲喂量固定，育肥驴应加强夜饲。

3. 少喂勤添 饲草料的搭配要多样化，饲草要铡短铡细，长度在2cm以内，可采用以草拌料的方式，先干后湿，先粗后精。不要饲喂粗、长、柔的饲草，以防发生结症。

4. 饲喂程序 不要突然改变饲喂程序和饲草料种类，如有变动，需要逐渐改变，时间20d左右。

5. 饮水要清洁 水槽要经常清洗，保证饮水清洁。

（五）日常管理

1. 建立登记制度 规模养驴必须制订准确的驴数统计制度、健康检查制度，做好配种记录和幼驹增减统计，及时记录空怀、流产、出售、死亡等情况。

2. 烙印 当年驹应在当年秋季断奶前烙印，包括驴场标记和个体编号，可烙在左股部中央。

3. 修蹄　1.5～2.5 岁的驴驹在分群栏里修蹄，削除过长的蹄尖和蹄底多余的部分。

4. 去势　对 1.5 岁的公驹进行去势。

5. 检疫　驴生下后，要定期检疫驴腺疫、流行性乙型脑炎、驴传染性胸膜肺炎、驴流感和马媾疫，及时隔离阳性驴并及时治疗。每年定期检查马鼻疽和马传染性贫血。

（六）饲料青贮技术

青贮饲料是指将新鲜的青绿饲料切短装入密封容器里，经过微生物发酵作用，制成一种具有特殊芳香气味、营养丰富的多汁饲料。青贮饲料能长期保持青绿饲料的特性，具有丰富的有益微生物群，利于肠道对纤维素的利用，并有适口性好等优点。

青贮饲料储存空间比干草小，可节约存放场地。1m³ 青贮饲料重量为 450～700kg，其中干物质为 150kg。在储存过程中，青贮饲料不受风吹、日晒、雨淋的影响，也不会发生火灾等事故。

生产上由于所需青贮饲料量较大，青贮饲料需要在专门的青贮池中制作完成。青贮池有 3 种类型，地上式、地下式和半地下式。地下式青贮池适于水位较低、土质较好的地区，地上式或半地下式适于地下水位较高或土质较差的地区。青贮池以圆形或长方形为好，长方形青贮池池底应有一定的坡度，便于雨水排出。长方形的池宽深之比为 1：（1.5～2.0），长度根据养殖规模和饲料的多少而定。

1. 青贮原料的准备

（1）对青贮原料的要求。青贮原料含水量一般为 65%～70%，用手抓一把铡短的原料，轻揉后用力握，手指缝中出现水珠但不成串滴出，说明含水量适宜。若无水珠则说明含水量过低，应均匀喷洒清水或加入含水量高的青贮原料；若成串滴出水珠，说明含水量过高，青贮前需加入干草或适量麸皮等。

青贮原料要求含一定量的糖分。禾本科牧草或秸秆含糖量符合青贮要求，可制作单一青贮饲料；豆科牧草含糖量少、含粗蛋白质多，不宜单独制作青贮饲料，应按 1：2 的比例与禾本科牧草混贮。此外，每吨豆科牧草与 1t 带穗玉米秸或 3t 豆科牧草与 1t 青高粱秸混贮均可。青贮原料装贮前必须铡短。质地粗硬的原料，如玉米秸等以 2～3cm 为宜。柔软的原料，如藤蔓类以 3～4cm 为宜。

（2）常用的青贮原料。青刈带穗玉米（乳熟期整株玉米含有适宜的水分和糖分）是制作青贮饲料的最佳原料，玉米秸（收获果穗后的玉米秸上若能有 1/2 的绿色叶片）适于青贮。若部分秸秆发黄，3/4 的叶片干枯则视为青黄秸，青贮时每 100kg 原料需加水 5～15kg。甘薯蔓及时调制，避免霜打或晒成半干状态而影响青贮质量，白菜叶、萝卜叶等菜叶类含水量 70%～80%，最好与干草粉或麸皮混合青贮。

2. 青贮的步骤和方法 饲料青贮是一项突击性工作，事先要准备好青贮池，并对青贮切碎机或铡草机和运输车辆进行保养维修，并组织足够的人力，以便在尽可能短的时间内完成青贮制作。青贮操作要做到"六随三要"，即随割、随运、随切、随装、随踩、随封，连续进行，一次完成，原料要切短、填装要踏实、顶部要封严。

（1）适时刈割。青贮原料过早刈割，含水量高，不易储存；过晚刈割，营养价值降低。收获玉米后的玉米秸不应长期放置，宜尽快青贮。禾本科牧草在抽穗期、豆科牧草在孕蕾及初花期刈割较好。

（2）原料运输、铡短。必须在短时间内将原料收、运到青贮地点，不要长时间在阳光下暴晒。切铡时防止原料的叶、花序等细嫩部分损失。

（3）装填。选择晴朗天气进行，尽量一池当天装完，以防变质与雨淋。装填时要逐层铺平、压实，特别是青贮池的四壁与四角要压紧。土窖青贮，先在窖底铺一层 10cm 厚的干草，四壁衬上塑料薄膜，然后把铡短的原料逐层装入压实。由于封窖数天后青贮饲料会下沉，所以最后一层应高出窖口 0.5～0.7cm。

（4）封严及整修。原料装填完毕后，要及时封严，以防止漏水漏气。先用塑料薄膜覆盖，然后用土封严，四周挖排水沟。也可以先在青贮饲料上盖 15cm 厚的干草，再盖上 70～100cm 厚的湿土，窖顶做成隆凸圆顶。封顶后 2～3d，在下陷处填土，使其紧实隆凸。

六、常见病防治

驴与马是同属异种动物，驴所患疾病的种类，无论内科、外科、产科、传染病和寄生虫病等均与马相似。如常见的胃扩张、便秘、疝痛、腺疫等。由于驴生物学的特殊性，其抗病能力、临床表现和对药物的反应等方面与马有所不同，因而驴病在病因、机理、病情、病理变化及症状等方面又有某些特点。

驴无论患什么病，都会影响其行为表现。生产中根据其外观表现，即可确定驴的健康状况。健康的驴总是头颈高昂，两耳竖立，活动自如，吃草时咀嚼有力，"咯咯"发响。口色鲜润，鼻、耳温热，粪球硬度适中，外表湿润光亮。若驴低头耷耳，精神不振，鼻、耳发凉或过热，粪便干燥、紧硬，外带少量黏液，虽然吃草，但饮水少或不饮水，说明驴即将或已生病。若驴卧地不起，精神委顿，依恋饲养员不愿让其离去，此时应特别注意，这是重病的表现。

现将驴的常见病按照传染性疾病、消化系统疾病、呼吸系统疾病和外科疾病分类，主要从病因、症状和防治几个方面进行介绍，不涉及病原的实验室诊断及发病机制等内容。

（一）传染性疾病

病原微生物侵入动物机体，在一定部位定居、生长繁殖、引起机体产生一系列病理反应的过程称为传染。传染病是由病原微生物感染而造成的疫病。马属动物传染病的病原包括病毒、细菌、真菌和寄生虫4大类。传染病传播必须具备3个条件，即病原体、易感动物和传播途径。在传统养殖模式下，由于驴分散在各个养殖户中，驴主要发生普通病和少数寄生虫病，传染病的发病概率很低。然而在规模化养驴场，由于饲养密度增大，驴传染病的发病概率增高，一旦发生将会给养殖场造成严重的经济损失。

根据文献记录（大部分是马的文献资料）、世界动物卫生组织（Office International Des Epizooties，OIE）和我国农业农村部列出的马属动物疫病目录，驴发生的传染病包括两大类，第1类是与其他动物共患的传染病（包括人兽共患病）共13种：驴流感、沙门氏菌病、布鲁氏菌病、大肠杆菌病、巴氏杆菌病、炭疽、破伤风、魏氏梭菌病、衣原体病、日本脑炎、癣病、支原体病和钩端螺旋体病；第2类是只在马属动物发生的传染病，包括以下13种：马鼻肺炎（疱疹病毒Ⅰ型）、马传染性贫血、传染性生殖道泰勒氏菌子宫炎、马（东方型和西方型）脑脊髓炎、传染性淋巴管炎、巴贝斯虫病、鼻疽病、非洲马瘟、流行性动脉炎（蜂窝织炎）、马媾疫、马腺疫、结核病和伪结核病（刘宪斌等，2015）。其中，马传染性贫血、马鼻疽和马巴贝斯虫病在我国属于二类动物疫病，马流感、马腺疫、马鼻肺炎和马媾疫属于三类动物疫病。

1. 驴腺疫　驴腺疫是由链球菌马亚种（*S. equi*）感染引起的驴的一种急性接触性传染病，中兽医称喷喉、槽结。

【病因】马链球菌是驴场常驻病原菌。病马和带菌马属动物是重要传染源，主要通过与患驹接触、鼻漏和脓汁所污染的饲料及饮水经消化道感染，也可经呼吸道传播。本病一年四季均可发生，多于春秋发生。由于链球菌在85%以上的养殖场和95%以上的动物个体内属于常在菌，在驴群拥挤、长途运输应激、体质下降等情况下，容易发病和感染。断奶至3岁的驴驹易发病，潜伏期平均4～8d，最短1～2d。感染发病驴终生带菌，但通常不会再次发病。

【症状】伸头直颈，体温升高到39℃，流鼻涕，咽喉肿胀，以致化脓。下颌淋巴结急性化脓性炎症。鼻腔流出脓液。由于驴抵抗力强弱以及细菌的毒力不同，临床上可见到一过型、典性型和恶性型3种病型，表现程度不同。发病率80%～100%，但死亡率不高。

【防治】

（1）当肿胀较大而无波动时可涂 10％～20％松节油膏，或者 10％碘酊、20％鱼石脂软膏，加快化脓破溃；如果肿胀部位已开始化脓变软，则应立即切开排脓，并用 1％新洁尔灭或过氧化氢充分冲洗。对于极度呼吸困难和濒临窒息者，应使用内窥镜辅助排出喉囊积脓，或采取器官切开术，防止窒息。

（2）体温 39.5℃时，用磺胺类药物或青霉素治疗。以 β-内酰胺类抗生素为主，首选青、链霉素（加地塞米松可防止过敏），肌内注射青霉素 400 万～500 万 U，链霉素 300 万～400 万 U，每天 2 次；还可用头孢噻呋钠；有发热症状者，使用柴胡注射液。

（3）使用维生素 C、双黄连、鱼腥草等辅助性药物。使用维生素 C 等辅助性药物时，应与青霉素分开给药，禁止混合后使用。

（4）疫苗接种可预防本病。

2. 鼻疽　鼻疽是由鼻疽伯氏菌引起的马、驴和骡的一种接触性致死性传染病。

【病因】病原为鼻疽假单胞菌。病原菌可随鼻液、皮肤溃疡分泌物排出体外，污染各种用具、饮水和草料。主要经过消化道和损伤的皮肤感染，无季节性。马属动物都容易感染，驴最易感，人也可以感染。

【症状】以在鼻腔、喉头、气管黏膜或皮肤上形成鼻疽结节、溃疡和瘢痕为特征。病初鼻黏膜潮红肿胀，流清涕，黏膜上有小米粒大小的结节，呈黄白色，结节中心迅速坏死、破溃而成溃疡，多数互相融合。多数发生在四肢、胸侧和腹下，局部出现肿胀，进而形成大小不一的硬结节。

【防治】用土霉素盐酸盐 2～3g，溶于氧化镁溶液 20～30mL 中，分点深部肌内注射，每天 1 次。

3. 驴流感　驴流感是马流感病毒（H3N8 亚型）引起的急性、高度接触性呼吸道传染病。

【病因】病毒存在于驴呼吸道黏膜及分泌物中，主要通过直接接触或通过空气、飞沫经呼气道感染，也可通过饲料、饮水和交配等途径感染。马、驴、骡具有易感性，没有年龄、性别和品种差异，幼驹、生产母驴、体质较差的驴更易发病。本病一年四季均可发生。

【症状】以咳嗽、发热、流涕、母驴流产为特征，秋末或春初多发。眼结膜充血、水肿。发病 2～3d 内呈现干咳，随后变为湿咳，刚开始流水样鼻涕，后变为浓稠的灰白色黏液，持续 2～3 周，潜伏期 2～10d，死亡率 10％～50％。

【防治】轻症一般不需药物治疗，即可自然耐过。重症应施以对症治疗，给予解热、止咳、通便的药物。剧咳可用复方樟脑酊 15～20mL，或杏仁水

20～40mL。化痰可加氯化铵 8～15g，也可用食醋熏蒸，接种马流感疫苗能有效预防本病发生。

4. 传染性胸膜肺炎 驴传染性胸膜肺炎又称驴胸疫，是马属动物的一种急性传染病。

【病因】 病原至今还不清楚，可能是支原体或病毒。病驴及带病原体的马属动物是传染源。病原体随驴咳嗽、喷鼻排出体外，经呼吸道或消化道传染。本病多因圈舍潮湿、寒冷、通风不良、阳光不足及养殖密度过大而引起，多发生于秋、冬及早春。

【症状】 病初突然高热，体温 40℃以上，可持续 6～9d，以后体温降至常温或数日内逐渐下降，反复发热。流鼻涕，中后期呼吸困难，结膜红肿。典型病例表现为纤维素性肺炎或纤维素性胸膜肺炎。

【防治】 用 914 溶于 30℃5％葡萄糖 100～150mL 内，静脉注射；青霉素 240 万 U，5％普鲁卡因 20mL，混合，喉头周围封闭注射，每天 2 次；20％葡萄糖 200mL、四环素 2g、安钠咖 20mL、维生素 C 26mL，混合，一次静脉注射，每天 1 次。

5. 疥癣病 驴疥癣病是由疥螨和痒螨引起的一种高度接触性传染性皮肤病，属于人兽共患病。

【病因】 疥螨和痒螨寄生于宿主的皮肤深层，形成虫道，引起驴皮肤剧痒、结痂、脱毛和皮肤增厚。螨属于不完全变态发育，包括虫卵、幼螨、若螨和成螨 4 个发育阶段，以幼螨致病能力最强。雌螨和雄螨在宿主的皮肤表皮交配，雄螨交配后死亡，交配后的雌螨钻入宿主皮肤角质层，并在表皮层内不断挖掘隧道，在其中产卵，经 3～7d 孵出幼螨，再经 3～4d，蜕皮后变成成螨，成螨继续交配繁殖。螨整个发育过程为 8～22d，每只雌螨每天可产卵 2～4 枚，一生可产卵 40～50 枚。疥螨的流行具有季节性，春冬季节高发。潮湿、阴暗、拥挤的驴舍，饲养管理差和卫生条件不良是促使螨病蔓延的重要因素。

【症状】 以全身发痒和患处脱毛为特征，皮肤流黄水或结痂。发病后给皮肤留下不规则的脱毛圆斑或瘢痕，而且治疗后容易造成药物残留，影响皮张质量。由于皮肤瘙痒，病驴终日啃咬，磨墙擦桩，烦躁不安，不能正常采食和休息，病驴日渐消瘦。在冬春季节如脱毛面积大还可致病驴冻死。规模化驴场发病率较高，且极易反复。

【防治】 疥癣病关键在于预防，要经常刷拭驴体，保持圈舍干燥、卫生、通风，做好日常消毒防疫工作。每年的 4 月和 10 月用敌百虫可溶性粉剂按每头驴 10～15g，配成 5％水溶液内服，癣病高发季节每 10～15d 用 1：1 000 的敌百虫溶液喷洒地面和墙壁进行环境杀虫。发现病驴立即隔离治疗。①先用 2％来苏儿水洗净患部，然后用 1％敌百虫溶液喷涂或洗刷患部，隔 4d 用

1次，连用3次；②用硫黄粉4份、凡士林10份配成软膏，涂擦患部，舍内用1.5%敌百虫溶液喷洒墙壁、地面以杀死虫体；③皮下注射1%阿维菌素，每100kg体重注射2mL，7～10d后进行第2次注射。

6. 破伤风　破伤风又称强直症，俗称锁口风，是一种由破伤风杆菌引起的一种人兽共患的中毒性、急性传染病。

【病因】破伤风杆菌广泛存在于土壤和粪便中。该菌经创伤感染后，产生的外毒素引起驴对外界刺激兴奋性增高，全身或部分肌群呈现强直性痉挛，常发生于鞍伤、刺伤、蹄伤及产后脐部感染。

【症状】本病潜伏期1～2周，个别长达5～6周。病初咀嚼缓慢，开口困难，重者牙关紧闭，吞咽困难，流涎。随后出现全身骨骼肌僵硬、肢体转动不灵活，两耳竖立，不能摆动。瞬膜外突，鼻口开张，头颈伸直，背腰强拘，肚腹卷缩，尾根高举，四肢强直，呈木马状。各关节屈曲困难，运步显著障碍，脖颈和蹄部等多存在外伤。反射机能亢进，稍有刺激，病驴惊恐不安，病程一般8～10d。体温一般达40℃，心率增强，呼吸紧迫，常因心脏停搏而窒息。

【防治】

（1）外伤处理。先对外伤处清洗、消毒、扩大创面，再用适量的高锰酸钾粉涂于患处，连续1周；或以5%～10%碘酊和3%过氧化氢或1%高锰酸钾消毒，再撒以碘仿硼酸合剂，然后用青霉素、链霉素做创周注射。

（2）中和毒素。将30万IU破伤风血清分3d肌内注射，每次10万IU。按照每50kg体重160万U比例配制青霉素钠加生理盐水，一次性静脉点滴，上下午各1次。每隔1d皮下注射青霉素3 000U。

（3）镇静解痉。肌内注射氯丙嗪200～300mg。也可用水合氯醛20～30g，混于淀粉浆500～800mL内灌肠，每天1～2次。

（4）强心补液。每天静脉注射5%葡萄糖生理盐水，并加入复合维生素B和维生素C各10～15mL。心脏衰弱时可注射复合维生素B溶液10～20mL。

（5）日常护理。将病驴置于通风遮光处并固定，每天按时饲喂流质食物。在肌肉僵硬处分点注射适量硫酸镁，如果病驴牙关紧闭，咬肌内注射盐酸普鲁卡因。7～8d见效，12d可基本痊愈。

（6）早期预防。患病早期用破伤风抗毒素，每年定期皮下注射破伤风抗毒素1mL。免疫期1年，第2年注射1次，免疫期4年。

7. 驴流产　驴流产也称副伤寒，是由沙门氏菌引起的马属动物的一种传染病。

【病因】主要经被污染的饲料、饮水由消化道传染，通过交配也可发生感染，初生驹也可因母驴子宫或产道内感染而引起。本病常发生于春秋两季，一

般呈地方流行性。

【症状】幼驹感染后发生败血症、关节炎和腹泻，有时出现支气管肺炎，又称幼驹副伤寒。公驴表现睾丸炎，母驴表现为妊娠中后期（4～8 个月）流产，以第 1 次妊娠母驴发生流产较多。

【防治】

（1）接种马（驴）沙门氏菌灭活疫苗或弱毒冻干菌疫苗，每年 11—12 月、5—6 月各 1 次。

（2）种公驴不接种弱毒活菌苗，在配种前用试管凝集反应检查，阳性反应的种公驴应淘汰或不作种用，隔离治疗，呈阴性反应的方可配种。母驴在流产 2 个月后，生殖道恢复正常方可配种。

（3）对发病驴立即隔离治疗。流产的胎儿、胎衣等应深埋。被污染的场所和用具等严格消毒。

8. 流行性乙型脑炎　流行性乙型脑炎是由流行性脑炎病毒引起的人兽共患的一种急性传染病。

【病因】本病病原体存在于病驴的脑、脑脊髓液、血液、脾和睾丸等组织内，主要通过带病毒的蚊虫叮咬而传播。一般发生于 7—9 月高温、多雨季节。3 岁以下幼驹多发。

【症状】体温升高至 38～41℃，精神沉郁，视力和听力减弱，常出现异常姿势，做圆圈运动，后期卧地不起，昏迷不动。本病死亡率为 20％～50％。耐过的病驴常有后遗症，如腰萎、口唇麻痹、视力减退、反应迟钝等症状。

【防治】

（1）做好环境消毒和灭蚊工作。每年在春夏季用乙脑弱毒疫苗，对 4～18 月龄的驴进行皮下注射或肌内注射，1mL。

（2）发生本病后，对易感动物进行检疫，可疑病驴立即隔离治疗。静脉注射 10％～25％高渗葡萄糖溶液 500～1 000mL。病后期可注射 10％浓盐水 100～300mL。

9. 驴狂犬病

【病因】病原为狂犬病病毒，存在于病驴脑脊髓神经组织、唾液腺及其分泌的唾液中，由患狂犬病病犬或其他带毒动物咬伤所致。

【症状】病初驴体温不高，常回头自咬。兴奋时狂躁不安，意识紊乱，常攻击其他动物和人，或咬紧他物，最后由兴奋转为麻痹，口角流涎。

【防治】已确诊患病的犬，一律扑杀，尸体深埋。被病犬咬伤的必须紧急免疫，用 20％肥皂水或 5％～10％碘伏反复冲洗。消毒伤口，注射狂犬病疫苗 25～50mL，一次皮下注射。

（二）消化系统疾病

1. 口炎 口炎又称口疮，是口腔黏膜表层和深层组织的炎症。

【病因】机械性损伤，如粗硬的饲料、尖锐的牙齿或异物导致的损伤；化学性刺激，如经口腔服用的刺激性药物浓度过大；温热刺激或喂发霉饲料及维生素 B_2 缺乏等，均可引起口炎。驴常发生表层黏膜口炎和溃疡性口炎。

【症状】病驴采食小心翼翼，唾液分泌量增加，口腔湿润。口腔黏膜潮红、肿胀、口温增高，颊、硬腭及舌等处有刺入的异物或伤口烂斑；溃疡性口炎口腔黏膜发生糜烂、坏死或溃疡，并流出灰色不洁而有恶臭的唾液。

【防治】应饲喂柔软易消化的饲料，采食后用清水冲洗口腔，保持饮水干净。发生口炎时，首先去除病因，如拔除刺在口腔黏膜上的异物，修整锐齿等。

（1）根据病情变化选用适当的药液冲洗口腔。常用药液有 1‰盐水、2‰～3‰硼酸液、2‰～3‰碳酸氢钠、0.1‰高锰酸钾、1‰明矾、2‰龙胆紫、1‰磺胺甘油、乳剂，或碘甘油（5‰碘酊 1 份、甘油 9 份）等。

（2）中药治疗。青黛 15g、黄连 10g、黄柏 10g、薄荷 5g、桔梗 10g、儿茶 10g，共研细末，装入布袋内，热水浸湿后，口内衔之。每天换 1 次。也可用硼砂 9g、青黛 12g、冰片 3g，共研细末，涂抹口舌。

2. 咽炎 是咽黏膜和咽部淋巴组织的炎症。

【病因】采食霉变的饲草饲料，采食过冷的饲料，或者受刺激性强的药物、烟雾、气体的刺激和损伤。

【症状】头颈往前伸，流涎，吞咽不畅，咳嗽。

【防治】

（1）停喂粗硬饲料、发霉饲料；饮温水，喂给易咀嚼的饲料，如麦麸、软青草。

（2）可以涂抹 1‰樟脑酒精或鱼石脂软膏。重症病例可注射抗生素和磺胺类药物。

3. 食道梗塞 即食道被草料和异物所阻塞。

【病因】采食过急、吞咽过猛或采食时突然受到惊扰或采食大块块根、块茎类饲料（萝卜、马铃薯、山芋）等均可导致食道梗塞。

【症状】驴突然停止采食，骚动不安，并不断地做吞咽动作，口流大量唾液，有时从鼻孔流出。伴有咳嗽，梗塞部前部食道充满液体，如为颈部梗塞，可摸到梗塞物。

【防治】饲喂定时定量，饲料经适当的加工调制可防止本病发生。去除梗塞物即可治愈本病。可采用以下方法：

（1）在摸到梗塞物时，向上挤压并牵动驴舌，即可排出梗塞物。

（2）先灌入少量油类，然后皮下注射盐酸毛果芸香碱 3～4mL。

（3）使驴头部下垂，将缰绳系于一前肢下部，驱赶驴运动，促使梗塞物下移。

4. 急性胃扩张　是由于驴采（贪）食过多，使胃急剧扩张的一种腹痛病。

【病因】饲喂不规律，采食难以消化的精饲料、霉败饲料、堆垛发热的半干的青草、幼嫩的豆科牧草、偏食大量精饲料。

【症状】在采食之后急起急卧、打滚、频频回顾腹部、食欲废绝、呼吸困难、口腔干燥发臭。

【防治】用胃管排出胃内气体和液体，然后用生理盐水反复洗胃，直到吸出液无酸臭味为止。最后经胃管灌入水合氯醛乙醇合剂（水合氯醛 10～20g，95％乙醇 30～50mL，福尔马林 15mL，加温水 500mL），一次灌服。也可灌服食醋 0.5～1.0kg 或酸菜水 1～2kg。还可用液体石蜡 500～1 000mL，稀盐酸 15～20mL，普鲁卡因粉 3～4g，常水 500mL，一次灌服。

5. 胃肠炎　是胃肠黏膜发炎所致。临床上胃炎和肠炎往往相伴发生，合称为胃肠炎。

【病因】饲料品质不良、中毒，误食重金属、有毒植物、霉败草料，或有刺激性的化学物质。肠道内大肠杆菌、沙门氏菌大量繁殖。

【症状】精神沉郁、腹痛、食欲减退、眼结膜发黄、腹泻、排稀软粪便、恶臭，并混有血液，脱水症状明显。

【防治】

（1）抑菌消炎。内服磺胺脒 20～30g，每天 3 次。或呋喃唑酮每千克体重每天 5～10mg，分 2～3 次内服。

（2）缓泻止泻。用硫酸钠或人工盐 200～300g，配成 6％～8％的溶液，另加乙醇 50mL，鱼石脂 10～30g，调匀内服。对胃肠迟缓的病驴，可用液体石蜡 500～1 000mL 或植物油 500mL，鱼石脂 10～30g，混合适量温水内服。

（3）补液、解毒、强心。补液前先静脉放血 1 000～2 000mL，然后补给复方氯化钠溶液、生理盐水或 5％葡萄糖氯化钠溶液 1 000～2 000mL，每天 3～4 次。为缓解中毒可在输液时加入 5％碳酸钠溶液 500～800mL。为维护心脏机能，可用 20％的安钠咖溶液 10～20mL 与 20％的樟脑油 10～20mL，交互皮下注射，每天各 1～2 次。也可用强尔心液 10～20mL 皮下注射、肌内注射或静脉注射。

（4）对症治疗。伴有明显腹痛的病驴，可肌内注射 30％安乃近 20mL，炎症基本消除时可内服健胃剂。胃肠道出血时可用葡萄糖酸钙溶液 250～500mL，一次静脉注射，或用 10％的氯化钙溶液 10～150mL，一次缓慢静脉注射。

6. 肠痉挛 因肠管受到异物刺激，出现间歇性腹痛症状的一种腹痛病，又称肠痛、卡他性肠痛。

【病因】采食冰冻霉败饲料，役后受到冷刺激，暴饮冷水、雪水、冰霜，或天气骤变。由于肠壁平滑肌受到异常刺激，发生痉挛性收缩导致间歇性腹痛。

【症状】间歇性腹痛和肠音增强是肠痉挛的主要特征。

【防治】

（1）解痉镇痛。30％安乃近 20～40mL，一次皮下注射或肌内注射，或用安溴注射液 80～120mL，或 0.5％普鲁卡因注射液 50～150mL，或 5％水合氯醛注射液 200～300mL，静脉注射。

（2）清肠制酵。用硫酸钠 200～300g、乙醇 50mL、鱼石脂 15～20g，常水 5 000mL，一次胃管投服。

7. 肠便秘 肠便秘也称结症，是因肠管运动机能紊乱，粪积滞不能后移，致使某几段肠腔完全或不完全阻塞的一种腹痛病。小肠阻塞者称小肠积食，在大肠段阻塞称大肠便秘。

【病因】饲喂大量难以消化的秸秆，或因过度饥饿，或突然改变饲草饲料，或重役后立即饲喂造成。缺少饮水、天气突变、温差太大等原因会加重病情。

【症状】很长时间不排便，腹痛，时间越久越剧烈，排尿越少。食欲减少或废绝，随着时间的延长，脱水加重，出现舌苔，口中有明显的异味。直肠检查可以摸到不同形状和不同硬度的结粪阻塞的肠段。

【防治】

（1）用食盐 300g、鱼石脂 15g，常水 8 000mL，一次内服。

（2）用硫酸钠 200～300g、大黄末 60～80g、松节油 20mL，温水 6 000mL，一次灌服，适用于大肠便秘。

（3）用液体石蜡或植物油 500～1 000mL、松节油 20～30mL、克辽林 15～20mL，温水 1 000mL，一次内服，适用于小肠便秘。

8. 幼驹腹泻 幼驹多于出生后 1～2 个月发作，频率较高。

【病因】病因较多，如饲喂母驴过量蛋白质饲料，造成乳汁浓稠，引起幼驹消化不良而腹泻；幼驹异食母驴粪便、母驴乳房污染或有炎症等均可引起腹泻。

【症状】起初粪稀如浆，后则呈水样并混有泡沫及未消化食物。病驹精神不振、喜卧、食欲废绝，一般无全身症状。但若是由致病性大肠杆菌引起的细菌性腹泻，病驹则腹泻剧烈，体温升高至 40℃以上，呼吸加快，肠音减弱，粪腥臭，并混有黏膜及血液。若不及时治疗，易发生脱水，表现为眼球凹陷，

口腔干燥，排尿少而浓稠，进而表现极度虚弱，反应迟钝，四肢末端发凉甚至死亡。

【治疗】

（1）轻症腹泻可选用胃蛋白酶、乳酶生、酵母、稀盐酸、0.1％高锰酸钾和木炭末等内服，以调整和恢复胃肠机能。

（2）重症可选下列抗菌消炎药内服：磺胺脒或长效磺胺，每千克体重 0.1～0.3g；黄连素每千克体重 0.2g。

（3）在日常饲养管理中，搞好圈舍卫生和消毒工作，给哺乳母驴饲喂全价饲料、加强幼驹运动均可预防本病的发生。

（三）呼吸系统疾病

1. 驴支气管炎

【病因】吸入过冷的空气、刺激性气体直接刺激支气管。圈棚卫生条件差，通风不良，潮湿。

【症状】主要症状是咳嗽、流鼻涕、不规则发热。咳出灰白色或黄色的黏液。

【防治】加强饲养管理，保持圈棚内通风良好，冬天注意保暖，供给清洁饮水和优质饲草饲料。用抗生素和喹诺酮类或磺胺类药物治疗。

2. 小叶性肺炎　以咳嗽、呼吸次数增多为主要特征，幼驴和老龄驴多见。

【病因】受寒冷刺激或吸入刺激性气体，机体抵抗力减弱，病原微生物感染肺部，先引起支气管炎，后发展成支气管肺炎。

【症状】精神沉郁，结膜潮红或发绀，脉搏加快，每分钟 40～100 次，体温于发病 2～3d 升至 40℃以上。呼吸困难的程度，随发炎的面积大小而不同。

【防治】

（1）用青霉素 100 万～200 万 U，肌内注射，每 8～12h 1 次。

（2）对重症病驴，可用青霉素 100 万 U 加入复方氯化钠或 5％葡萄糖盐水 500mL，静脉注射。

（四）外科疾病

1. 创伤

【病因】由机械性外力造成皮肤、黏膜的外伤。

【症状】出血、疼痛、裂开、肿胀、伤口敏感，四肢创伤出现跛行症状。

【防治】外伤处理是创伤后的主要处理方法，创围剪毛、清洗，取出创伤内异物，涂抹防腐剂，有时需要包绷带。

2. 浆液性关节炎　又称关节滑膜炎，是关节囊滑膜层的渗出性炎症。多见于跗关节、膝关节、系关节（球节）和腕关节。

【病因】 引起该病的主要原因是损伤，如关节的捩伤、挫伤和关节脱位都能并发滑膜炎；幼龄动物过早使役，在不平道路、半山区或低湿地带挽曳重车、肢势不正、装蹄不良及关节软弱也容易发生。某些传染病（流行性感冒、驴腺疫、布鲁氏菌病）也能并发感染；急性风湿病也能引起本病发生。

【症状】

（1）浆液性跗关节炎。关节变形，可出现 3 个椭圆形凸出的柔软而有波动的肿胀，分别位于跗关节的前内侧、胫骨下端的后面和跟骨前方的内、外侧。交互压迫这 3 个肿胀时，其中的液体来回流动。急性期，热、痛、肿均显著，跛行也明显。

（2）浆液性膝关节炎。站立时，患肢提举并屈曲，或以蹄尖着地，中度跛行。发病关节粗大，轮廓不清，特别是在 3 条膝直韧带之间的滑膜囊最为明显。

（3）浆液性球节炎。在球节的后上方内侧及外侧，即在第 3 掌骨（跖骨）下端与系韧带之间的沟内出现圆形肿胀。当屈曲球节时，因渗出物流入关节囊前部，肿胀缩小，患肢负重时肿胀紧张。急性经过时，肿胀有热、痛，呈明显支跛。

【防治】

（1）急性炎症初期，应用冷却疗法，装着压迫绷带或石膏绷带，可以制止渗出。急性炎症缓和后，可用温热疗法或装着湿性绷带，如饱和盐水湿绷带、鱼石脂酒精绷带等，每天更换 1 次。

（2）对慢性炎症，可反复涂擦碘樟脑醚合剂，涂药后随即温敷，也可外敷中药。

（3）当渗出物不易吸收时，可用注射器抽出关节内液体，然后迅速注入已加温的 1%普鲁卡因液 10～20mL，青霉素 20 万～40 万 U。最后装着压迫绷带，并在绷带下涂敷醋调雄黄散（雄黄、龙骨、白及、白蔹、大黄各 30～35g），定期向绷带内加醋使雄黄保持作用。隔日更换雄黄散和绷带 1 次，可连用数次。

（4）急、慢性炎症，均可使用氢化可的松，在患部皮下数点注射或注入关节腔内，也可行抢风穴、百会穴注射。静脉注射 10%氯化钙液 100mL，连用数日。

3. 蹄叶炎 蹄叶炎也称蹄真皮炎，是指蹄真皮的弥漫性无菌性炎症，是马属动物的常发病。

【病因】 致病原因可能是多方面的。现在认为本病属于变态反应性疾病，与过敏有关。精饲料吃得过多，特别是蛋白饲料，毒素被机体吸收，或者是精

粗料比例不合适，运动不足可导致本病。使役过程中驴疲劳过度和蹄壁真皮长期受压迫而发病，次生原因可能是削蹄不均，蹄部负担过重引起的继发病。风寒侵袭所引起的抵抗力降低常可促使本病发生。

【症状】病驴不愿站立，趴卧状态较多，出现瑜伽姿势和蹲坐姿势。强迫病驴运动时，运步困难，肌肉轻微震颤，步样极度紧张。患蹄皮表温度显著增高，敲打时有痛觉反射。病驴精神不佳，没有食欲，呼吸频率高，急性蹄叶炎治疗不及时会转为慢性期，蹄痛觉反射降低，呈轻跛。

【防治】

（1）增加运动强度是减少蹄叶炎发生的有效方法。要根据不同的阶段，合理饲喂精饲料。及时修蹄和装蹄，可防止蹄叶炎反复发生。

（2）急性蹄叶炎。病初时冷水浴蹄，每次 1h，每天 3 次。用普鲁卡因封闭趾神经，放蹄头血；也可用静脉缓慢注入盐酸普鲁卡因，1 次/d，连用 3d。如果饲喂精饲料是诱因，可用 250g Na_2SO_4、0.5％福尔马林水溶液 4 000mL，一次性内服，可排毒物。也可用 10mg 氯化钙注水成 100mL，2mg 维生素 C 注水成 20mL，分别静脉注射，1 次/d。软地运步。保持驴舍环境安静，饲喂易消化的饲料。如果是角化不足，可以补充缺乏的含硫氨基酸，如蛋氨酸、胱氨酸。

用脱敏药：如醋酸可的松 0.5g、盐酸苯海拉明 0.5～1.0g、0.5％氢化可的松 80～100mL。

（3）慢性蹄叶炎。注意保护蹄，控制蹄部运动；防止急性蹄叶炎再发；注意清理蹄部腐烂的角质层，以防感染，将蹄部清理干净后放到 $MgSO_4$ 溶液浸泡；矫形削蹄疗法适用于慢性蹄叶炎。

4. 腐蹄病　蹄部皮肤和软组织出现腐败、恶臭疾病的统称。

【病因】病因多种，因驴舍不干净、环境潮湿、缺少运动、削蹄不当造成的外伤等均可引起蹄叉腐烂；也可由坏死梭菌与产黑色素拟杆菌混合感染引起；粪、尿长期堆积，泥泞地面环境可促成本病发生；蹄间因外力受伤，污染物固着在伤口处造成缺氧状态，可引发本病；蹄球的损伤、蹄间溃疡、皮炎等会促成化脓菌的二次感染。

【症状】驴腐蹄病的发生发展顺序是先由蹄间裂后面向前至蹄冠的接续部，向后至蹄球，从而导致全蹄腐烂。蹄间出现急性皮炎，呈现出皮肤潮红、肿胀的外观。皮肤切口内有黄脓和坏死组织。皮下病变会在短时间内形成蜂窝织炎，并很快波及球节、出现剧痛。腱鞘部位的病变引起化脓性腱鞘炎，关节囊部位的病变引起关节炎。蹄底部形成洞状溃烂，溃疡面有坏死组织和恶臭味的脓汁。

【防治】

（1）驴舍相对湿度应保持在 55％～75％。用生石灰刷白圈舍墙壁，1 年

1次。舍内用具每年消毒不少于2次。及时清扫粪尿，并堆积发酵。

（2）每1~2个月修蹄1次，发现蹄病，及时治疗。选择蹄形规正健壮的种公驴配种，避免蹄形的遗传性影响。驴的日粮要粗精比例均衡，矿物元素均衡，维生素A、维生素D、维生素E和烟酸等维生素也要均衡。

（3）对于较轻症状者，用5%$CuSO_4$水溶液进行蹄浴。外用5%$KMnO_4$羊毛脂软膏，削正腐蹄。症状较重者，按照清理病蹄→涂5%碘伏→撒布血竭粉→烧红的烙铁轻烙→包扎绷带的顺序进行。

七、生物安全防控

广义的生物安全是指生态系统的正常状态、生物的正常生存繁衍，以及人类的生命健康不受致病有害生物、外来入侵生物、现代生物技术及其应用侵害的状态。狭义的生物安全是指人类的生命和健康、生物的正常生存以及生态系统的正常结构和功能不受现代生物技术研发应用活动侵害或损害的状态。生物安全是国家安全的组成部分，已经成为全世界、全人类面临的重大生存和发展问题。2020年10月《中华人民共和国生物安全法》颁布实施。

一方面，规模化养殖的普及产生了大量的"畜产公害"，畜禽粪便、养殖污水任意堆弃和排放，给养殖场周围环境带来巨大的生物安全压力；另一方面，规模化养殖场中经过高度培育的动物对疾病的特异和非特异抵抗力逐代下降，有限的空间和饲养密度的增加进一步导致动物抵抗力的下降和养殖场内生物安全风险的提高。养殖场生物安全体系包括养殖场外部生物安全和养殖场内部生物安全。养殖场生物安全防控主要任务是防止场外病原体进入场内；防止场内的病原体传播到其他养殖场；防止病原体在场内扩散与传播；病原微生物的消灭和清理。按照《中华人民共和国生物安全法》《中华人民共和国动物防疫法》等法律法规，做好规模化驴场的生物安全防控，除科学选址、合理布局外，还应注重抓好以下几个环节。

（一）人员管理

1. 外来访客 外来访客是重要的外来传染源，需要进行严格控制。人员进入生产区前要严格消毒，尽量让来访人员远离生产区，或者设立专门的接待地点。

2. 本场职工 本场的生产管理人员要经常学习疫病防控知识，树立严格的疫病防控理念，形成良好的卫生习惯。职工进入饲料仓库和生产区之前，要按照消毒程序进行严格消毒，以阻断外部的病原微生物进入生产区。要根据不同病原科学选择消毒药，并注意消毒药的有效期和科学保管等。不能在食槽或

饲料上走动，以免造成污染。饲养人员要经常观察驴的生活状态，从采食量、精神状态、膘情、粪尿等方面判断驴的健康状况。如发现患病个体，应及早与健康驴群隔离，并上报相关部门，直至完成诊断并进行合理治疗。

（二）驴的管理

1. 新引进驴的管理 无论是种驴或是生产驴，引进后至少隔离 4 周，隔离期间要密切观察新进驴只的健康状况。加工饲料、清理粪便以及饲养工具等要专物专用，以防交叉污染，阻断病原微生物的传播。

2. 减少驴应激 要保持驴所处的环境及饲料组成相对稳定，突然更换饲养人员、嘈杂的环境都不利于驴的生长和生产。保持适当的饲养密度，更换饲料要有过渡期，采取合理的降温或保暖措施，以减少驴的应激反应，必要时可适当补充维生素 C。

3. 适时保健 每年 5 月和 10 月进行两次修蹄，蹄形不整应及时矫正。

4. 病死驴的处理 如出现死因不明的驴，应进行表征观察，必要时进行实验室剖检，查明死因，并进行合理预防；对剖检现场进行科学清理，严格消毒，防止病原微生物传播。

（三）运输工具和物品的管理

禁止外来车辆进入养殖场。内部车辆进入养殖场必须严格清洗和消毒。养殖场内运输工具、器具与设备应定期清洗和消毒；各生产区的工具不要混用。饲料、饮水必须清洁安全，定期对饮水进行检测；定期对饲料中的病原菌、真菌及相关有害物质进行检测。

（四）卫生消毒

1. 卫生制度 制订健全的消毒制度，并按照要求进行规范消毒，特别是发生重大动物疫情后，应按照要求强化消毒工作。

2. 大门入口 养殖场大门口及每栋圈舍前应按照防疫要求设置消毒池及喷雾设施，通过设置消毒设施打造养殖场的第 1 道生物安全防线，有效减少外来疾病。

3. 驴舍及设施 驴舍环境要符合家畜环境卫生学的要求，及时清扫和定期预防消毒，对圈舍墙壁每年用生石灰刷白，饲槽、水槽、用具、地面等要定期消毒，喂饲和清粪用具应严格分开，减少传染病的侵袭。驴舍内要保持清洁干燥，冬季舍内温度要保持在 5～8℃，无贼风。每天数次清扫粪尿，并堆积发酵，以消灭寄生虫卵。粪便堆放场应距离驴舍 200m 以上。饲料储存区要有完整的独立体系，不能与饲养区的排水系统及粪堆相邻，确保饲料、饮水卫生安全。饲料仓库地面要硬化，保持整洁，防止鼠类侵害，阻断外界病原微生物的侵入。

4. 场区道路 养殖场内的道路、地面、圈舍环境要及时清扫，做到清洁卫生，无粪便、无污物，严防恶劣环境影响驴的健康。相关运输车辆进入养殖区之前应严格消毒，严防运输车辆携带病原。

（五）免疫接种

规模化驴场应根据当地动物疫病流行规律确定符合当地的免疫接种程序，确保疫苗免疫接种质量。预防接种应有的放矢，要摸清疫情情况，选择最有利的时机进行预防接种。

在选择接种疫苗时应充分考虑驴品种的特点、疫苗特性，并对本地驴疫病的流行情况，选择符合本场的免疫接种途径与免疫程序。通过有效的免疫接种可大大降低疾病发生概率，降低因患病带来的经济损失。

目前，驴生产中可用于免疫接种的疫苗有：马流感灭活疫苗（H3N8 亚型，XJ07 株）、驴沙门氏菌疫苗（C355 弱毒、灭活苗）、驴腺疫疫苗。

（六）检疫和预测

采取以检疫、诊断为主的综合防制措施，根据季节疫病流行规律，制订预报预测图表，及早采取措施。春秋季要定期进行结核、流感检疫，发生疫情要及时隔离进行治疗。加强监测，加强预警，预测出疫病流行情况，加强养殖场动物疫病预防与控制工作。

引进种驴、购进饲料时，切记不可从疫区购买。新进的种驴，应在隔离厩舍内隔离饲养 1 个月，经检疫无病，才可合群饲养。要坚持全进全出制度，不同品种、批次、日龄的驴要分类饲养。

在发生疫病或受疫情威胁时，及时上报并进行封锁，隔离驴舍，淘汰处理病驴，并采取紧急防疫措施。

八、污染治理

规模化畜禽养殖场污染防治是当前我国农业环境污染整治的重点，驴的规模化养殖虽然目前带来的污染不是很严重，但随着规模化的普及，污染治理也逐步纳入养驴业的日常管理并越来越受到重视。

（一）减少养殖环节污染

养殖环节出现的污染主要指粪污异味、乱排乱放造成的水体污染，为最大

限度减少环境污染要做到：养殖场应建设储粪场、污水储存池等粪污储存设施。利用污水深度处理、堆肥发酵等设施收集处理粪污，不仅可以减少粪污发出的异味，还能防止致病细菌的繁殖，有利于驴群健康，并可以为种植业提供优质有机肥料。养殖场周围和内部要绿化，绿化可明显改善场内的温度、湿度和气流等；净化养殖场及周围空气，阻留有害气体、尘埃和一些微生物；减少噪声、防火、防疫以及美化环境等。及时处理病死驴，对于养殖环节出现的病死驴要尽早查明原因，如有必要，要在动物卫生监督部门监督下进行无害化处理，因传染病导致的死亡要向当地主管部门报告。对于病驴要隔离治疗，避免给环境造成污染，防止疫病传播。

（二）开发绿色环保饲料

饲料质量的优劣不仅直接关系养驴业的经济效益，对养殖场的环境生态效益也起着决定性的作用。提高畜禽饲料转化率，尤其是提高饲料中氮的利用率，降低养殖场废弃物中氮的排放量，是治理养殖业环境污染的重要举措。因此，要在优化饲养、合理投放、平衡营养、改善适口性的基础上，开发环保高效饲料，改善饲料的品质及物理形态，推广饲料的生物制剂处理、饲料的颗粒化、饲料的膨化和热喷技术；开发酶制剂，补充家畜体内自身内源酶的不足，加快机体对营养物质的吸收和利用；通过添加植酸酶等酶制剂，提高磷的利用率，以减少磷在水中的富集；开发微生态制剂饲料添加剂，补充饲料营养成分、提高饲料转化率等。

（三）废弃物的处理及资源化利用

1. 固体粪污的处理与利用 我国规模化养殖场目前主要清粪工艺有水冲式、水泡粪和干清粪3种。水冲式、水泡粪清粪工艺耗水量大，并且排出的水和粪尿混合在一起，给后处理带来很大困难，而且固液分离后的干物质肥料价值大大降低。

干清粪工艺，粪便一经产生便分流，可保持舍内清洁，无臭味，产生的污水量少，且浓度低，易于净化处理；干粪直接分离，养分损失小，肥料价值高，经过适当堆制后，可制作出高效生物活性有机肥。因此，实现干捡粪，粪水分离，分别处理是降低处理成本、提高处理效果的最佳方案。

通过干清粪工艺得到的固体粪中含有大量有机质和氮磷钾等植物必需的营养元素，也含有大量的微生物和寄生虫，必须经过无害化处理，消灭病原微生物和寄生虫（卵）才能使用。常用的处理方法有干燥处理、堆肥处理等。

干燥处理常见方法有太阳能大棚自然干燥、高温快速干燥、烘干膨化干燥、热喷微波干燥等。干燥后的驴粪可直接作为肥料。

传统的堆肥处理为自然堆肥法，无须设备和耗能，但占地面积大、腐熟慢、效率低。现代堆肥处理法是根据堆肥原理，利用发酵罐（塔）等设备，为微生物活动提供必要条件，可提高效率 10 倍以上，堆制时间减少 6～25d。

堆肥法比干燥处理法省燃料、降低成本、发酵产物生物活性强、粪便处理过程中养分损失少，且可达到去臭、灭菌的目的，处理的最终产物臭气较少，且较干燥，容易包装、撒施。对于畜禽场的干粪和由粪水中分离出的干物质，进行堆肥化处理是最佳的固体粪便处置方式。

驴粪的蛋白含量较低，饲料再利用的价值不大，粪便处理后作为肥料，是资源化利用的根本出路。研究表明，驴粪经发酵腐熟后有机质、总养分等指标可达到《有机肥料》（NY 525—2012）标准要求。作为作物肥料，添加比例为 40% 时，较对照组根系活力提高了 38.46%，根长提高 23.75%，显著提高了植物的生长发育速度。农村大量用肥季节，养殖场的固体粪污可以通过分散堆肥处理直接还田；用肥淡季，可将养殖场多余的固体粪收集起来，采用好氧性集中堆肥发酵干燥的方法制作优质复合肥。

2. 污水处理及利用 养驴场采用干清粪工艺处理粪便产生的污水并不多，但不免要采取水冲式方法处理一些粪尿，仍会产生一定量的污水。养殖场污水的处理方法很多，目前常用的方法有自然生物处理法、好氧生物处理法、厌氧处理法、厌氧-好氧联合处理法、生态工程-沼气工程处理法等。

（1）自然生物处理法。利用天然的水体和土壤中的微生物来净化废水的方法称为自然生物处理法。主要有水体净化法和土壤净化法两类。属于前者的有氧化塘（好氧塘、兼性塘、厌氧塘）和养殖塘；属于后者的有土地处理（慢速渗滤、快速渗滤、地面漫流）和人工湿地等。自然生物处理法投资小，动力消耗少，对难以生化降解的有机物、氮磷等营养和细菌的去除率都高于常规二级处理，其建设费用和处理成本比二级处理厂低得多。此外，在一定条件下，氧化塘和污水灌溉能对废水资源进行利用，实现污水资源化。该方法的缺点是占地面积大、净化效率相对较低。在附近有废弃的沟塘、滩涂可供利用时，应尽量考虑采用此类方法。

污水灌溉农田，也是一种污水的自然生物处理法，是污水在土壤中的自净过程，具有农业利用和污水处理的双重目的及意义。但污水灌溉时要对灌溉水量和浓度进行控制，否则污水会污染土壤和地下水。

（2）好氧生物处理法。利用好氧微生物（包括兼性微生物）在有氧气存在的条件下进行生物代谢以降解有机物，使其稳定、无害化的处理方法。微生物利用水中存在的有机污染物为底物进行好氧代谢，经过一系列生化反应，逐级释放能量，最终以低能位的无机物稳定下来，达到无害化的要求，以便返回自

然环境或进一步处理。可分为天然好氧生物处理法和人工好氧生物处理法两类。天然好氧生物处理法有氧化塘和土地处理等。人工好氧生物处理法采取人工强化措施来净化废水，该方法主要有活性污泥和生物滤池、生物转盘、生物接触氧化、序批式活性污泥及氧化沟等。

（3）厌氧生物处理法。是有机物在无氧的条件下，借助专性厌氧菌和兼性厌氧菌的作用，将大部分有机物转化为甲烷等简单小分子有机物与无机物，从而使污水得到净化的方法。厌氧技术在养殖场粪污处理领域中较为常用。对于养殖场高浓度的有机废水，必须采用厌氧消化工艺，才能将可溶性有机物大量去除（去除率可达 85%～90%），而且可杀死病菌，有利于防疫。

（4）厌氧-好氧联合处理法。一般地说，活性污泥好氧处理法，其化学需氧量（COD）、5 日生化需氧量（BOD_5）、悬浮物含量（SS）去除率较高，可达到排放标准，但 N、P 去除率低，且工程投资大，运行费用高；自然生物处理法，其 COD、BOD_5，SS、N、P 去除率高，可达到排放标准，且成本低，但占地面积太大，周期太长，在土地紧缺的地方难以推广；厌氧生物法可处理高浓度有机质的污水，自身耗能少，运行费用低，且产生能源，但高浓度有机污水经厌氧处理后，往往水中的 BOD_5 还有 500～1 000mg/L，甚至更多，难以达到现行的排放标准。此外，在厌氧处理过程中，有机氮转化为氨氮，硫化物转化为硫化氢，使处理后的污水仍有一定的臭味，需要做进一步的好氧生物处理。而厌氧-好氧联合处理，既克服了好氧生物处理能耗大与土地面积紧缺的不足，又克服了厌氧生物处理达不到排放标准的不足，具有投资少、运行费用少、净化效果好、能源环境综合效益高等优点，特别适合产生高浓度有机废水的养驴场的污水处理。

根据废水资源化的利用途径，厌氧-好氧联合处理法可有多种组合形式，如经厌氧处理后的污水可作为农田液肥、农田灌溉用水和水产养殖肥水。在没有上述利用条件及水资源紧缺的情况下，经深度处理（过滤等）和严格消毒后，可作为畜禽场清洗用水。

（5）生态工程-沼气工程处理法。沼气发酵是沼气微生物在厌氧条件下，将有机质通过复杂的分解代谢，最终产生沼气和污泥的过程。由于沼气发酵要求厌氧，要求水中有机质的含量和种类、环境的温度和酸碱度等条件相对稳定，而且发酵时间较长，因此发酵装置的容量为日污水排放量的 2～4 倍，一次性投资较大。但是，沼气发酵能处理含高浓度有机质的污水，自身耗能少，运行费用少，而且沼气是极好的无污染的燃料，有较好的经济效益。

沼气发酵菌群因适宜温度不同，可分为高温、中温和常温发酵，高温发酵温度为 50～60℃；中温发酵温度为 30～35℃；常温发酵即变温发酵，发酵温度受季节（气温）影响。温度不同，沼气的产气率和有机质的消化率也不同。由于有机质含量在 1 000mg/L 以下的污水沼气发酵效率不高，即使是高温发酵，污水中有机质的去除率也不可能达到 100％，因此对沼气发酵后的污水，应再进行好氧处理。

第十章

| 中国的驴文化

　　我国最早解释词义和名物的专著《尔雅》中就有"驴"字。东汉许慎《说文解字》对驴的词义做了具体说明："驴，长耳，从马。骡，驴子也。"驴文化的起源和驴文字的创立是同步的，围绕这个"驴"字，"驴文化"已经融入了无穷博大的中华文化中。本章就驴文化内容专门进行了梳理，以期人们对驴文化有所了解，更希望人们重视今天的驴文化，并通过驴文化的繁荣促进现代驴业发展。

　　就速度和力气而言，驴确实不如马，正因为此世人对于驴有很多贬辱、不恭的说法，如蠢驴、犟驴、呆驴、笨驴、死驴、秃驴等，驴的形象总是被人说得非常不好。甚至怒人骂街，也常捎上个"驴"字。其实驴没有那么糟糕，驴在为人们奉献的同时，在各个朝代、不同的地域形成了丰富多彩的驴文化。尤其是伴随着农耕文明最为发达的时代，驴文化和中华文化相伴相生。

一、驴与饮食文化

　　在饮食方面，驴肉肉质紧密、细嫩、香美，通过烧、煮、腌、炖、烩等烹调方法，加入卤、酱等原料，能用来制作成各种美食。西汉时，人们利用"脯炙"的烹饪方法，将驴肉加工成"塞脯"。北魏时期，人们懂得用"作肉法"对驴肉进行加工，制成干肉及肉酱。唐代，驴肉烧烤极为盛行。明代，人们懂得利用香油、蒜、醋烹饪各式驴肠。驴肉既可作为卤菜凉食，也可配以素菜烧、炖和煮汤。长期以来，在鲁西、鲁东南、晋东南、豫西北、皖北、皖西、陕北、河北一带许多地方形成了独具特色的驴肉传统食品和地方名吃，如"青州府夹河驴肉""肥东石塘训字驴肉""莒南老地方驴肉""高唐老王寨驴肉""河间驴肉烧饼""广饶肴驴肉""保定漕河驴肉火烧""曹记驴肉""上党腊驴肉""焦作闹汤驴肉"，以及各地的"熏驴肉""卤驴肉""五香驴肉""椒盐驴肉""驴肉灌肠""驴熏肠""焖悬蹄"和"驴肉汤"等，驴肉最终获得"天上龙肉，地上驴肉"的美名。

驴肉火烧起源于河北省保定市。保定驴肉，源自漕河。漕河驴肉发祥地为徐水漕河一带，迄今已有600余年历史。驴肉大块成形，色泽红润，香味浓郁，表里如一，酥软适口。更多的当地人以此为业，卖驴肉火烧，使得漕河驴肉的知名度不断扩大。康熙下江南途径漕河，曾将驴肉火烧带至宫中，享誉京城。

广饶驴肉，始创于清同治十二年（1873年），由当地武举崔万庆推荐到北京兵部差务府，专供武士享用。广饶大地未见走驴，然桌上有驴肉飘香，所以当地老百姓常说"天上龙肉，地上驴肉"。

保店驴肉，山东德州独特的美食。为当地练武之人必备食物，并随着江湖艺人传到四面八方，美名远扬。保店驴肉原产地是宁津保店镇，有"长官包子、大柳面，要吃驴肉上保店"之说。其特点是肉质细嫩，瘦而不柴，烂而不散，香味四溢。

首届"中国（河间）驴肉火烧文化旅游节"于2017年4月29日在河北省河间市开幕。同日，由首越（北京）影视文化传媒有限公司和首越（深圳）新媒体有限公司联合出品的《厨神归来》系列影片——《驴肉火烧》举行开机仪式，该影片以"青春、情感、励志、喜剧"为一体、实现了"驴肉火烧"与各地文化的大融合。

二、驴与农耕文化

驴是重要的役用家畜，在世界农耕文明中扮演了重要角色。驴作为役畜已经有至少5000年的历史，在欧洲、亚洲、非洲和南美洲的部分地区以及我国的部分丘陵山区，驴仍然是家庭的生命线。

驴"性能就磨"，擅长挽拉碓、砻、碾、石转磨等，是农家粮食加工的重要动力。驴用于粮食加工始于东汉年间。宋代，宫廷和民间都大量使用驴磨面。如宋真宗景德年间，都曲院每年磨小麦4万石，用驴600头；民间一般家庭都要养驴，有的甚至养数十头。如京师人徐大郎养驴经营磨坊扩大再生产，一次性买了数十头驴，开了3处粮食作坊，进行连锁经营。

在农田排灌、耕种中，驴发挥了重要作用。宋元时期的驴转筒车，"凡临坎井或积水渊潭，可用，浇灌园圃，胜于人力汲引"，使得灌溉效率大大提高。唐宪宗元和十二年（817），洛阳地区的耕牛被国家征用殆尽，民户"多以驴耕"。元代燕赵地区的人们把驴子用于粟的中耕环节，《王祯农书》中有驴拉镂锄的记述："撮苗后，用一驴带笼嘴挽之；初用一人牵之，惯熟不用，止一人轻扶，入之二三寸，其深痛过锄力三倍。"

如今在一些山区，梯田和驴的耕作仍是紧密联系在一起的（图10-1）。河北涉县旱作梯田系统的形成和维护，以及由此形成的"驴-花椒-石堰"农业

生产模式，驴在其中就起了关键作用。耕地、播种、运输，每一个生产环节都能看到驴的身影。由此，村民对驴持有特殊情感。驴死后村民并不食其肉，而是将其好好掩埋。每到春种秋收时节，广大农民赶着毛驴在一弯弯梯田上辛勤劳作，形成了一道独特的田园景观，充分体现了传统农耕文明，形成了深山里典型的"驴文化"。2014年，河北涉县旱作梯田农业系统被认定为中国重要农业

图 10-1　驴与牛和套拉犁
（资料来源：杨再）

文化遗产，被联合国粮食计划署的专家誉为"世界一大奇迹""中国第二长城"。其唇齿相依的生态格局、人驴共作的生产方式及情感交织产生的共命运文化心态，构成了旱作梯田系统的农业生产模式与村落生活状态。村落日常生活中有关毛驴的牲口买卖、驯化教育、疾病防治、文化仪式等文化形式，塑造和延续着旱作梯田系统。

三、驴与交通运输

驴能够翻山越岭，负重致远，用其驮载货物能节约民力，提高效率，是交通运输的重要工具。汉武帝时期，驴开始进入中原各地，逐渐成为城市中的交通工具。王莽篡汉，建立新莽政权，当时年少的刘秀在长安太学读书，与同学韩子合钱买驴，从事驴出租业，以解决读书的费用问题。

东汉时期在中原地区的庄园里驴的饲养已很普遍，皇室也养驴。汉灵帝特别喜欢驴。南北朝的《金楼子》说，汉灵帝养驴数百头，他喜欢骑着驴，不循轨道，不避车辆、行人，飞驰在洛阳城中。有时，他用四驴驾车，进入洛阳市场中。当时的洛阳，交通非常繁忙。《后汉书·皇后记》称，"车如流水，马如游龙。"班固《东都赋》说，"千乘雷起，万骑纷纭。"为了管理都城交通，东汉初年政府就成立了相关机构，制定了严格的管理制度，比如车马要循规而行等。汉灵帝的所作所为，影响了城市交通。建初三年（公元78年），汉章帝听从邓训关于修建山西漕运的建议，"更用驴辇，岁省费亿万计，全活徒士数千人。"这一史例说明"驴辇"曾经是大规模运输的主力。

驴乘坐舒适，且廉价易得，是普通百姓日常骑乘的最佳出行工具。由于驴的市场需求大，因此对外租驴发展为一种行业。唐玄宗时期，从宋州（今河南商丘）、汴州（今河南开封），经洛阳、长安两京，到岐州（今陕西凤翔），是唐代最重要的驿道，店肆多有驿驴，全国其他驿道也是如此。唐代还一度规

定，商人和没有功名的人，不准骑马。在唐代，马贵而驴贱，因此驴是当时最普遍的交通工具。宋代，"京师赁驴，涂之人相逢，无非驴也"。从北宋张泽端的《清明上河图》中可以看出驴在交通运输中占有重要位置。

"天津桥上醉骑驴，一锦囊诗一束书"。这是南宋爱国诗人陆游的名句，他追忆的是天津桥曾经的盛世风景。天津桥又称洛阳桥，是隋唐洛阳城跨洛河大桥，是洛阳城的文化地标。大唐盛世，每一个来洛阳的诗人，必到天津桥，这里有清风明月，有兰舟白帆，还有美酒鲜花，可以对酒高歌，也可以曼声咏吟。他们有骑马来的，但更多的是骑驴来的。

隋唐时期，驴进入游驿系统，驿馆的任务繁多，既负责国家公文书信的传递，又兼管接送官员等各种事务，有时还管理贡品的运输。在驿馆中有驿马和驿驴，驿馆的驿马、驿驴只能用于公务，不能违规带私物，否则将重罚。

唐代驿传是由驿、坊、馆等构成的全国交通通信网。驿道除供官府公务使用外，也是商家贩运货物和民间来往的通道。驿道上有许多为旅客服务的民营店肆，配置有供客商租赁的驴。《册府元龟卷》记载，"开元二十九年（公元741年），京兆府奏，两京之间，多有百姓僦驴，俗谓之驿驴。往来甚速，有同驿骑。"

驴较早地用于商业运输。《盐铁论·力耕第二》："骡驴馲駝，衔尾入塞；禅䅳騠马，尽为我畜"，反映了汉代西北方向的商业经营以织品交换牲畜的情形，驴是丝路贸易交通的一道风景。唐代《定私盐科罪奏》有"所有犯盐人随行钱物，驴畜等，并纳入官"的记载。可见，当时驴被商人用来当作贩卖私盐的运输工具。

至今在民间，一些经济不发达的偏远山区驴还是挽车、拉磨的主要工具之一。20世纪五六十年代，毛驴车在新疆南疆地区是一道独特的风景。作为家家都有的交通工具，毛驴和南疆百姓的生活紧紧贴合在一起。今天，驴作为一种特有的运输工具骑乘或拉车也加入旅游业，为"驴友"文化增添了新的内涵。如河北涉县王金庄以驴为主题搭建"驴友乐园"，主打"亲子游＋民俗游＋艺术风情游"（图10-2）。

图10-2 驴拉车
（资料来源：庞有志）

四、驴与军事及外交

驴的交通运输作用在战争年代主要体现在行军打仗和外交方面。过去由于

战争频繁，马匹有时严重不足，驴在军事上成为马的重要补充，承担军队粮草运输等。汉武帝即位以后，从公元前133年到公元前119年，多次对匈奴发动战争，其中的漠南之战、河西之战、漠北之战均取得了重大胜利。战争取得胜利后，汉军会携马驴等战利品而归，充实国家牧苑，以备日后战争运输之需。《史记》卷一二三《大宛列传》记载，汉武帝太初三年（公元前102年），益发军再击大宛"岁余而出敦煌者六万人，负私从者不与。牛十万，马三万余匹，驴骡橐它以万数"。说明驴骡等西方"奇畜"在交通运输与军事战争中已表现出相当重要的作用。东汉时北边"建屯田"，"发委输"供给军士，并赐边民，亦曾以"驴车转运"。汉灵帝中平元年（公元184年），甘肃北地、枹罕等地的羌民反叛，夜晚起义军营"驴马尽鸣"，说明驴是军事主要运输动力（郭建新等，2019）。赵与东晋的战争中，石勒部将刘夜唐曾用1 000头驴运送军粮。唐武德年间，幽州遭遇灾荒，罗艺"发兵三千人，车数百乘、驴马千余匹，请粟于（高）开道"。宋代由于少数民族的侵犯，马匹奇缺，因此驴便被用于军队草粮运输、私人骑乘、粮食加工、餐饮医药等诸多方面。北宋仁宗时期对西夏的一次战役，就动用官驴7 500头。元丰四年（公元1081年），宋廷在讨伐西夏的一次战斗中丧失官驴3 000头。官方在河东向民间大规模扩驴，"愿出驴者，三驴当五夫。五驴别差一夫驱喝。一夫雇直约三十千以上，一驴约八千"。民户差出3头或5头驴者，国家都给予相应的经济补偿。康定元年（公元1040年）宋政府讨伐元昊，下令从开封府、京东西、河东等地征括驴子5万头，靖康之变，金军占领开封索要犒师之物，仅驴就达1万头。两宋时期，为保障驴在军事上的需要，国家严禁杀驴。即便如此，不少人知法犯法杀驴食肉，有些官员因此丢了官职。

在金宋重要的交通驿道上驴是金宋史臣骑乘和牵引车辆的重要畜力。在一些驿道交通不便的条件下，金宋使臣可以骑驴通过，由15头驴拉的"细车"可以运载金宋使节及其携带的物品，驴为双方使节按时完成使命做出了贡献。

在近代中国革命时期，陕北毛驴支前、运粮、运物、运伤员，献生命，为中国革命事业做出了重要贡献。

五、相驴术及其饲养管理技术

驴能够在中国传播，离不开国人的精心饲养和管理。在此过程中，人们在良种鉴定、饲养繁育、疾病诊治等方面积累了一系列技术和经验。驴的优劣与人们的出行和生产劳作密切相关，优质驴的挑选技能很早就受到人们关注，相驴术由此产生。起源于先秦时期的相驴术，受相马术的影响而发展起来，到南北朝时期日臻完善，明清时期发展成熟。在挑选良马时，人们很早就懂得了既要从整体观看马的外形，又要近察局部组织、器官，此种由表及里的方法为遴选良种驴提供了参考。北魏时，人们在鉴定优质驴时，采取观察其体型外貌、身体各部位的结构形态的方法。明代，人们不仅观察驴的外表，还听其声音、察其动作和精神状态，形体、声音、动作共同构成了系统的衡量标准体系，形成了朴素的相驴理论。"驴以鸣数多者强。耳似翦（剪）、蹏（蹄）似钟、尾似刷、一连三滚者有力也"。《三农记》中相驴法："宜面纯耳劲，目大鼻空，颈厚胸宽，胁密肷狭，足紧蹄圆。轻走轻快，臀满尾重者可致远；声大而长，连鸣九声者善走，不合其相者，非良物也。"同书相骡法："骡性顽劣，取纯者良。头须乘而配身，面须善而有肉，目须大而和缓，耳须大而无黑稍。四肢欲端，四蹄欲圆，鬃尾欲重，皮毛欲润，行走欲轻，动止欲稳者良。最忌者，面无肉而耳软，目陷闷而偷视。"可见古人对驴和骡的鉴定，不仅重视外貌各部位的结构形态，而且还注意其体重和气质。这些都可以为我们今天选择种驴提供借鉴。现代在牲口交易市场中，流行的"远看一张皮，近瞧四个蹄；上前先晃眼，然后再瞅齝""两石（两个睾丸大而匀称）、四斗（四蹄如斗）和八升（连叫八声）"之类的谚语，即是对相驴术的传承和应用，既抓住了优质驴的主要特点，又便于人们在短时间内对驴的好坏做出判断。

在繁殖技术上，人类很早以前就用马和驴繁殖骡。在公元前2000多年，巴比伦的史诗中就有关于骡的记载。我国古代把公驴配母马生的杂种称为"赢"，后人称骡或马骡，把公马配母驴生的杂种称为"𫘨𫘧"，又称驴骡。《说文解字》从理论上较早地揭示了马和驴杂交产生骡和𫘨𫘧的事实。早在北魏时期人们就知道骡子有两种，并总结出马与驴相配生骡的技术。《齐民要术》有："驴覆马生骡则准常。以马覆驴，所生骡者，形容壮大，弥复胜马，然必选七八岁草驴，骨目正大者。母长则受驹，父大则子壮。草骡不产，产无不死。养草骡，常须防勿令杂群也。"这里不仅总结出公驴母马相配能生产优势的骡，而且认识到，只要母驴好，与壮实的公马交配，也能生产优良的𫘨𫘧来，并且指出防止母骡乱群的必要性。用公驴配母马容易受胎生骡，用公马配母驴生𫘨𫘧，要比马大，必须选择壮龄母驴，骨盆大的，体躯长的易受胎，公马大驹子才能壮大。草骡即母骡，不能生殖，即使能产驹，也不易养活。母骡虽不能繁殖，但发情，所以养母骡须防混群乱配。在发情鉴定方面，人们总结出了众多谚语，如"驴浪闹、马浪落，母牛要配门门叫""马浪吓吓叫，牛浪哞哞叫，驴浪呱嗒嘴""驴叫十八声，个个不落空""老配头，少配尾"等，体现出民间对驴子发情特征和配种能力的科学认识。

在饲养管理方面，《齐民要术》载："驴、骡，大概类马，不复别起条端。"

说明人们很早就按照养马的方法饲养驴。但也意识到驴与马在管理方面的区别，如"骡驴宜解兜放，夜喂草上料二遍，常以绳约其腰，勿令睡"。在长期饲养管理过程中，古人总结出了对不同年龄、不同体格驴的饲养方法和标准，不少为后世所沿袭。唐代的官营牧场每年在农历四月初四以后，将驴以分群的方式牧养，70头为一群，"群有牧长、牧蔚"。进入冬季则将驴赶入圈舍中饲养，具体由役丁负责，牲畜饲草喂量因畜别不同而区别对待。考虑到不同年龄、体格的驴对草料的需求量不同，哺乳幼驹、幼犊按例每5头给一围禾秆。《唐六典》中系统而全面地记载了唐代官营军马场各种家畜的饲养标准，被称为我国最古老、最原始的"饲养标准"（杨诗兴等，1964）。对于家畜的繁殖和死耗唐代也有一些量化标准，如规定马、驴每百匹每年取驹60匹，多取有赏，不足则有罚。规定骡的死亡率为6%，驴、牛的为10%等。宋代放牧时，牧人令驴群环绕马群，并以"记"旗代表驴群与马群分开。明清时期传入中国的美洲作物玉米、番薯、花生等的茎叶为喂养驴子提供了多种饲料选择。

饲养管理过程中人们逐渐认识到环境和管理因素对驴繁殖率和种群质量的影响。《齐民要术》载："凡驴，马驹初生，忌灰气，遇新出炉者，辄死""凡受胎即停役，一月后胎固，如常役，六月后减役，临产一月乃停役，尤其勤料"。这些经验对当今驴的饲养管理均有一定启发。官营牧场创造出"合群-分栏"，即3—5月将母驴放至公驴群中，5月以后分栏。《齐民要术》又载："三月收合龙驹，合驴马之牝牡，此月三日为上""季春之月，乃合骡、牛、驴、马，游牝于牡。仲夏之月，游牝别群，则絷腾驹"。此种方法既把握了驴群交配的最佳时间，又可以起到保护孕畜、保护幼驹的作用。

六、驴与中医药文化

（一）驴药用价值的开发

驴全身是宝，驴肉、乳、皮及其副产品均具有较高的药用价值。《本草纲目》记载驴肉具有安神定志、补血养颜、益精壮阳、滋阴补肾、利肺、健脑等多种功能。驴乳的药用价值在唐代《千金要方》中称，其味甘寒，能治疗消渴、黄疸、风热赤眼、小儿惊痫、蜘蛛咬伤、急性心绞痛等疾病。《本草纲目》称驴乳味甘、冷利、无毒，主治小儿热急黄等，多服使利、疗大热、止消渴、小儿热、急惊邪赤利、小儿痫疾。频热饮之，治气邪，解小儿热毒，不生痘疹。浸黄连取汁，点风热赤眼。医疗实践证明，驴乳对许多疾病，如慢性支气管炎、肺结核、口腔和消化道溃疡、习惯性便秘、产后或重病后二次贫血等，都有一定的医疗康复作用。驴皮药用价值开发得最早，也最全面、最深入。东汉时，人们便用驴皮熬制阿胶，治疗女子下血、腰腹痛、四肢酸疼等病症。

东晋时，人们采取"驴驹衣烧灰，酒服之"的方法来戒酒，用"驴矢绞取汁"治疗卒心痛。唐宋时，人们用乌驴头方治疗老人中风、头晕目眩等症，《养老奉亲书》载有："以煮令烂熟，细切。空心，以姜醋五味食之。渐进为佳，极除风热，其汁如醽酒，亦医前患尤效。"宋代，驴皮常用来制作阿胶。临床应用上阿胶与其他重药一起可配置成阿胶散、阿胶丸、达阿胶丸、黄连阿胶丸等。除阿胶外，人们对驴的其他副产品，如驴肝、驴脂、驴乳、乌驴头、驴涎、驴尾下轴等的药用价值进行了开发和应用，为传统的中医药发展做出了巨大贡献。《本草纲目》将驴肉、头肉、脂、髓、血、乳、驹衣、皮、毛、骨等不同部位的药用价值进行了总结，列出了具体的炮制方法，体现了中医对驴产品的加工利用已达到较高水平。

现代科学研究证明，阿胶含蛋白质、多肽、氨基酸及微量元素等成分，具有止血补血、抑瘤增效、增强免疫等药理活性，不仅用于治疗功能性子宫出血、先兆流产等妇产科疾病，还可用于循环、消化、血液、神经、呼吸、泌尿等系统多种疾病的治疗。阿胶的加工过程也变得现代化和精细化。阿胶的制法包含有十几道工序，依次为泡皮、刮皮、焯皮、化皮、靠汁打磨、过滤、沉淀、出胶、切胶、晾胶、翻胶、擦胶等。东阿阿胶集团整个炼胶过程都采用机械化模拟人工操作、模拟量控制和数字化显示，炼胶集控过程技术已实现全过程842个工艺质量控制点在线测控和自动化运行。东阿阿胶集团开发的阿胶产品有九朝贡胶、东阿阿胶、真颜小分子阿胶、复方阿胶浆和真颜阿胶糕等。

驴皮是制作阿胶的基本原料，驴皮的产量与质量直接决定着阿胶的产量与质量。在人们对阿胶产量、质量提出更高要求的今天，如何建立规模化、规范化的养殖基地，保证驴皮产量与质量，满足生产需求，已经成为急需解决的重要问题。"把毛驴当药材养"，将驴皮作为药材纳入《中国药典》，建立驴皮GAP生产基地，发展以产皮为目标的养驴业，是促进阿胶产业发展的根本途径。

（二）阿胶在古代本草医籍中的记载及其演变

胶是农耕时期的黏合剂，在古代用途广泛，如黏物、绘画、制墨等，入药也在其中。阿胶始载于《神农本草经》并以"阿胶"作为正名，同时载有异名"傅致胶"。此后历代本草，如《名医别录》《雷公炮炙论》《神农本草经集注》《新修本草》《本草图经》《证类本草》《珍珠囊药性赋》《本草品汇精要》《本草蒙筌》《本草纲目》等，均以"阿胶"作为正名予以记载。除"傅

致胶"外，阿胶的本草异名还有"盆覆胶""驴皮胶"等。诸多方书也是多以"阿胶"之名直接开处方的，如《外台秘要》"伏龙肝方"、《伤寒论》"黄连阿胶汤"等。

制作阿胶的原料并非只有驴皮，各种动物，如牛、驴、猪、马、骡、驼皮，旧皮具、皮鞋、动物骨头、含有胶质的鱼鳔均可制胶。北魏《齐民要术·煮胶》："沙牛皮、水牛皮、猪皮为上，驴、马、驼、骡皮为次。"阿胶最先用牛皮煮成，《名医别录》："生东平郡，煮牛皮作之。出东阿。"唐代已用驴皮做阿胶，《本草拾遗》载："凡胶，俱能疗风、止泄、补虚。驴皮胶主风为最。"唐宋时期牛皮、驴皮均可作为阿胶的原料，宋代以后驴皮与牛皮、马皮混用制胶，明代后阿胶制作由乌驴皮所替代。清代至今各大医学书籍均明确：阿胶应以乌驴皮制成，而把牛皮、马皮等其他动物皮制成的胶当作伪品。《中国药典》将驴皮制成的胶称为阿胶，牛皮制成的称为黄明胶，以示区别。阿胶原料从牛皮、马皮到驴皮的转变，可能是牛、马价值较高以及农业社会和军事需要禁杀牛、马的缘故，或许因为驴较牛、马通灵，驴知时刻，驴不仅夜鸣应更，且昼鸣协时，驴知阴知阳，鸣在子午，驴胶则燮理阴阳。黑色属水入肾，如乌鸡、乌鸦、乌蛇之类，补肝肾壮筋骨。李时珍："阿胶大要只是补血与液，故能清肺益阴而治诸症。"《本草纲目》中强调"阿胶之甘，以补阴血"，而使今人把阿胶归为补血药，不少医学资料也把黑（乌）驴皮作为制胶的上等原料。《中国药典》（2010年版）规定，阿胶为驴的干燥皮或鲜皮经煎煮、浓缩制成的固体胶。《中国药学大辞典》强调"每年春季，选择纯黑无病健驴，饲以狮耳山之草，饮以狼溪河之水。至冬宰杀取皮……"

在古代本草与医籍中，"阿胶"既代表药材正名在本草中得以记载，又代表饮片在处方直接或炮制后应用，即"阿胶"既是药材名，也是饮片名。纵观《中国药典》历史，自1963年版记载阿胶以来，历经7次修订，阿胶始终以药材、饮片或制剂的身份载入其中。现在一般认为，阿胶是饮片更科学些，而制作阿胶的驴皮是药材，这也是"把毛驴当药材养"的原因。

（三）阿胶药用理论的形成与研究

1. "取象比类"说 阿胶药用理论起源于农耕生活中胶的制作与应用过程，而阿胶应用于人体不过像胶作为传统黏合剂那样，取象比类而已。因为坚固胶着而能坚筋骨、养胎安胎，治疗五劳七伤及摔打导致的脏腑形体松散脆弱、气血崩散等；因其固敛而治疗崩、带、吐、鼻出血、便血及二便滑脱之证。因其涩滑流利，故又用以养窍，通利大小便，下燥胎，使胎滑易产。现在对阿胶补益的着意追求使原本用牛皮熬制的阿胶演变为用黑驴皮熬制，同时在熬制中加入补益之药，逐渐将养窍通利和坚固凝练的鲜活生动囿于补益的胶块之中。从养肝气、轻身益气着意于养阴，由止血变为补血，或胶中加入补益之药。从胶到阿胶、从牛皮到黑驴皮的转变，从固敛滑通到补益的偏倚，即是阿胶药用理论的起源与演变（耿尊恩等，2016）。

2. 必需氨基酸和微量元素学说　现代技术分析，阿胶的药理作用主要是多种氨基酸和微量元素多种营养成分协同作用的结果。但从必需氨基酸学说看，不能解释阿胶的补血、补益作用优于其他生物食品。从微量元素学说看，除了铁、铜等几种元素已证明具有治疗某些营养缺乏性贫血外，其他多数研究局限于种类繁多的酶活性方面，而且这种作用与微量元素存在的方式、机体对吸收的调控有密切关系；微量元素摄入过多，还会产生明显的毒性作用。这两方面都难以解释阿胶的广泛药理药效作用。

3. "聚负离子基"结构学说　多年的实验研究发现，阿胶的药效和其特有的"聚负离子基"（polyanionic group）结构有关。负离子基是指生物大分子中含有的羧基、硫酸酯基、硫酸基、磷酰基等基团。阿胶的这种结构形成和阿胶的成分关系密切，阿胶中性氨基酸和酸性氨基酸含量高，这样具备了"聚负离子基"结构形成的物质基础。阿胶制备过程中疏水性的胶原蛋白在温度、水分、时间的作用下变成"亲水性胶体"，形成独特的"聚负离子基"结构。研究表明，阿胶在熬制过程中降解的氨基酸和多糖类大分子均有"负离子活性"，即有很好的吸水性，有利于溶于水，与金属离子结合，这种大分子不必进入细胞内部，仅通过细胞外间质的代谢来调节细胞的功能，改善细胞微环境，参与生理与病理过程（郭成浩等，1999）。阿胶药理作用的"聚负离子基"结构学说，结合氨基酸和微量元素学说较圆满地解释了阿胶的神奇功效，为中西医结合研究提供了一条思路和科学依据。

随着分析技术的发展，阿胶的药用机理不断提出新的论点。有研究认为，阿胶的功效与血清白蛋白的存在有关，因为驴真皮中血清白蛋白的含量最高。有研究认为，阿胶在加工过程中发生了物质的质变，出现了一些非天然的糖肽，是这些糖肽物质发挥了保健作用。

（四）驴兽医的发展丰富了中兽医学

驴与马的生理结构及生物学特性基本相似，古代的中兽医就认为驴为马属家畜，"（驴）染症与马同治"。因此，兽医们在给驴诊断时多参考马病的临床经验。唐代《司牧安骥集》中详细记载了治疗马驴骡所患慢肺痛、膈前痛、通心经等20余种病症的配方。宋代陈师道《后山谈丛》记载："马、骡、驴阳类，起则先前，治用阳药；羊、牛、驼阴类，起则先后，治用阴

药。故兽医有两种。"这时人们对驴骡疾病的治疗经验已有相当的积累和发展。此后的《元亨疗马集》《马书》之类的马病治疗专著，同时也是驴病诊治的重要文献。针对驴的一些特殊病症，人们摸索出了一些治疗方法，如北魏《齐民要术》中记载有治驴漏蹄方；东晋《肘后备急方》中有驴马胞转欲死方；明代《农政全书》中收录治驴打磨破溃方，《本草纲目》中记载了治驴躁蹄病药方。这些都为我国中兽医学的发展奠定了深厚的文化和实践基础。

七、驴与诗词文化

驴与文学结缘可追溯到秦汉时期的诗赋创作中，如《楚辞·七谏·谬谏》，"驾蹇驴而无策兮，又何路之能极？"《楚辞·九怀·株昭》，"骥垂两耳兮，中坂蹉跎，蹇驴服驾兮，无用日多。"将驴称为蹇驴，对其不堪重用持鄙视态度。由此可见，驴在文化史上的命运可谓坎坷，它一进入文学作品，就受到文人的轻贱，后来由于偶然的机缘境况才渐渐改变。

驴与诗人结下了不解之缘。大诗人李白有过华阴县骑驴的经历，杜甫也有"骑驴三十载"的自白。唐诗宋词中，李白、杜甫、白居易都有"驴诗""驴词"。据统计，《全唐诗》中含有"驴"的诗近70首。《全宋词》中含"驴"的词达33首，《全宋诗》中"驴"字出现了1 000多次，《全元散曲》中含"驴"的小令套曲达56首，而在清代诗集《晚晴簃诗汇》中含"驴"的诗有163首。

古代文人骑着驴去办公事，或骑驴云游，或作诗者则有更多记载。魏晋时期，名士阮籍为东平太守，"便骑驴迳到郡"，十余日之后，又骑驴而去，悠哉悠哉，很是潇洒。

此外，古代诗人孟浩然、郑綮、李白、杜甫、贾岛、李贺、潘阆、孙定、王安石、苏轼、陆游等都有骑驴的故事或经历。诗人骑驴现象以唐代为盛。然而，初盛唐的诗人很少骑驴，即使有，也只是魏晋风流的接续和发扬。孟浩然终身未仕，风流自赏，其"访人留后信，策蹇赴前程"，写的是闲适的隐逸生活，但其骑驴踏雪寻梅的故事却为后世文学作品提供了素材。盛唐的李白即是魏晋风流的继承者，他对阮籍推崇备至。在其诗文中曾写道："阮籍为太守，乘驴上东平。剖竹十日问，一朝风化清。偶来佛衣去，谁测主人情？"中晚唐以后，文人骑驴的形象逐渐多了起来，杜甫、李贺、贾岛便是其中的典型代表。由此形成了唐代"诗人骑驴"的文化现象。

天宝十四载冬，杜甫探视寄居在奉先的妻子，便写出"此意竟萧条，行歌非隐沦。骑驴三十载，旅食京华春。"

唐代"诗鬼"李贺，也是骑着驴四处转悠，寻找灵感，如得到一佳句，就在驴背上写下来，放入一只破锦囊中。

唐代苦吟诗人贾岛骑着一头驴为"鸟宿池中树，僧推月下门"一句用"推"字还是用"敲"字，一路低头推敲，此时驴竟撞了高官韩愈的仪仗队，韩愈问明缘由，便和贾岛一起推敲起来，并认为"敲"比"推"好，"推敲"的典故亦由此而来。

此外，唐代其他诗人，如元稹、张籍、王建等诗句中也有关于诗人骑驴的描写。可见骑驴觅诗在某种程度上已成为诗人的一种标准形象，《韵府群玉》中记载："孟浩然尝于霸水，冒雪骑驴寻梅花，曰：'吾诗思在风雪中驴子背上'"。晚唐相国郑綮被人问起是否有新作时，答曰："诗思在灞桥风雪中驴子上"。冒着风雪骑驴在灞桥上酝酿诗思、捕捉灵感，孟浩然、郑綮骑驴踏雪觅诗，在中国古代已成为广为流传的佳话。此时的驴已经成为失意文人文学创作的主要"载体"，不仅体现在其诗文作品当中，更是其日常生活的真实写照。

受唐代"诗人骑驴"文化的影响，一些唐人骑驴的形象便固定下来，成为宋人文学作品的典故。如苏轼的《赠写真何充秀才》写道："雪中骑驴孟浩然，皱眉吟诗肩耸山。"引用的是孟浩然骑驴踏雪寻梅的故事。而苏轼的《续丽人行》中则引用了杜甫穷困骑驴的故事："杜陵饥客眼常寒，蹇驴破帽随金鞍。"此外，一些文人也遭遇了与唐人类似的人生经历，如北宋思想家王安石罢相之后，骑驴悠然山水间，放浪形骸之外。南宋大将韩世忠政治失意，常"跨驴携酒，从一二奚童，纵游西湖以自乐"。陆游从抗金前线怅然回蜀，路过剑阁门时，写下《剑门道中遇微雨》一诗："衣上征尘杂酒痕，远游无处不销魂，此身合是诗人未？细雨骑驴入剑门。"可以看出诗人壮志未酬的深沉遗憾和不幸的遭遇，"诗人骑驴"现象正是诗人骑驴苦吟或政治落拓的真实写照（冯淑然等，2006）。而作为文学意向的驴则成为唐宋失意文人、政客笔下抒发个人情感、讽刺当下的重要工具。唐宋时期的驴文化在中国驴文化史上占有重要地位。随后元明清时期的驴文化便深受其影响，主要体现在戏剧、小说、诗歌等方面。

"中国古代诗人骑驴主要有4种文化内涵：苦吟、落拓、任诞和参禅"。驴不争于世，不以赞毁挠怀，同样布衣文人不问政治，行吟于田园山水之间闲适自在。驴的文化符号在此恰与无意于功名利禄、投身山林、寄情诗画的文人骚客相契合。因而驴的边缘化文化形象被纳入作诗、绘画的表现范围，贬义被淡泊旷达、与世无争、求仙访道以及失意落魄、消极避世的文化内涵所取代。驴子入诗、入画自然就成为清高孤洁、避世脱俗、笑傲江湖的智者、隐士的化身。

当然"诗人骑驴"有其社会的和自然的合理因素。其一，以驴代步，劣于马而胜于无。其二，驴和人的步行速度大体相同，以驴代步，舒适稳当。其三，驴作为诗人的坐骑，似乎又为诗人的创作提供了一种特殊的条件。

关于驴与诗词还可以列出许多，可以看出多是描写诗人的低落心情，而正面歌颂驴子的不多。但南朝袁淑的《驴山公九锡文》确称得上一篇地道的赋驴、赞驴的妙文。不仅将驴的外貌写真呈现在了世人面前，还对驴的作用大加赞赏，最后竟将驴封为了"庐山公"。南朝臧道颜在其《吊驴文》中也为驴歌功颂德，其中有言："体质强直，禀性沉雅，聪敏宽详，高歌远畅，真驴氏之名驹也。"

八、驴与绘画

驴文化表现在作画方面，或骑驴出行，见山画山，见水画水，或者直接以驴为题材作画，驴在中国画中基本一直扮演着坐骑的角色。驴子和画家联系在一起，应该是起源于王维所画的《孟浩然骑驴图》。灞桥、风雪、驴子背，简单几个词构成的画面极有意境，因此出现了《灞桥风雪图》《驴背行吟图》和《驴背吟诗图》等充满诗意的画作。骑驴形象成为中国画中一种特有的文化现象，尤其在中国山水画中有其鲜明的主题。

（一）驴代表了田园生活情调

驴的形象带有乡土味、人情味，与庄稼人简朴生活和千古不变的农家岁月相吻合。北宋张泽端的《清明上河图》，画面上用驴的场面很多，有驮物、乘骑、拉车等，反映了宋代驴在民间交通中的主力地位。关全《山溪待渡图》绘一策驴行人正在召唤渡者，一叶小舟系在对岸，于溪流拍击下摇荡着。南宋马远的《晓雪山行图》，更是以策驴为主题的古画。画面山石下笔爽利果断，树枝简括劲健，一位猎主带着山野鸡和两头驴满载而归。

北宋郭熙《雪山行旅图轴》，画中展现是巨嶂高壁，长松乔木，峰峦秀拔，境界雄阔而又灵动缥缈。明代唐寅对《雪山行旅图》形容：

寒雪朝来战朔风，万山开遍玉芙蓉。

酒深尚觉冰生脚，何事溪桥有客踪。

南宋刘松年《秋山行旅图》，作者于秋天的山林间，向小桥走近，像是倦游归来的样子，一派闲情逸趣，不减文人雅致。

在中国，最富有人情味的便是骑着毛驴悠然而行，若换成马自然便没有了田园生活的情调和感觉。

（二）骑驴代表简单、闲适的生活方式

像"诗人骑驴"一样，驴所代表的清高、避世、逍遥的人生为许多隐退文人所效仿，骑驴形象成了文人寄托情感的载体。明代唐寅《骑驴归思图》，描绘的是奇峰杂木，山坞人家；溪水湍流，穿行山涧，绿树迎风，舞姿婆娑（图10-3）。一人骑驴行进在山路上，正朝深山中的草堂院落奔去。近处山崖险峻，左方栈道盘曲，山下深涧又有流水木桥，一樵夫正担柴过桥。在艺术表现上，山石用带水长逸，非常湿润。画家自题七言绝句一首"乞求无得束书归，依旧骑驴向翠微。满面风霜尘土气，山妻相对有牛衣"，用简洁淡远的艺术语言，借骑驴者来表达他愿骑驴返山林，放浪林泉之间，选择简单闲适的生活方式，循世独处的愿望。

明代张路《骑驴图》轴，画一老者骑驴而行，老者稳坐驴背，悠然自得，任驴子快步嘶叫，耐人回味（图10-4）。

图10-3 （明）唐寅《骑驴归思图》
（资料来源：寒涧，2016.金秋）

图10-4 （明）张路《骑驴图》
（资料来源：新少年，2016）

（三）骑驴代表山水的可居、可游性

骑驴形象作为山水背景的附属而出现，把人与自然美妙地连接起来，是文人隐退、啸傲林泉的理想形象。《溪山行旅图》中的驴队被有条有理又真实自然地组织在一个艺术整体中，林中的小径显示了山林的可游之趣，增加了人文色彩。画面仿佛让人在感受北方山川雄伟壮美的同时，又听到了在寂静山野之中潺潺流水声和驴蹄声，体现了一种隐逸出世的情趣，呈现出闲淡悠远的意境。以骑驴表征山水的可居、可游性，使山水变得温暖亲和，士人回归到轻松、自然、本真的生命状态。即使在今天的旅游景区，能有几头驴供客人骑乘，也大大增加了景区的可居、可游性。

（四）驴背上的诗意

诗人骑驴既有意境又有诗兴，是文人骚客颇感兴趣的话题。唐代以后表现诗人游山涉水寻诗觅句的题材逐渐为画家所青睐。王维画的《孟浩然骑驴图》，历代文士，多有咏者。孟浩然无求仕之心，远离官场，头戴浩然巾，在风雪中骑驴过灞桥，踏雪寻梅，不仅成为我国古代诗人的佳话，也成为中国古代绘画的传统题材。"灞上驮归驴背雪，桥边拾得醉时诗。销金帐里膏粱客，此味从来不得知。"（沈周《灞桥风雪图轴》提跋）。骑头毛驴在山间游玩的心态是那种在销金帐里整天过着骄奢淫逸生活的人所无法体会到的。文人策蹇咏雪的题材也从狭小的空间扩展到广阔的山水世界中，成为文人画中的点景人物，广泛流行于画坛。

古代画家中，骑驴作画者数不胜数，可在当今的名副其实的画驴人就数黄胄大师了。黄胄先生也是真正把驴从坐骑中解放出来的画家。黄胄20多岁时，他画的毛驴就已经相当出色了。他的恩师著名画家赵望云先生曾夸奖说："黄胄画的驴能踢死人。"其代表作有《画驴真迹图片》《双驴图》《三驴图》《九驴图》（图10-5）等。他画的驴不仅画出了毛驴的憨态可掬，更画出了驴的美德，并为数百年来受人们歧视的毛驴正了名，他曾赞叹毛驴"平生历尽坎坷路，不向人间诉不平"。在黄胄的笔下，驴摆脱了那种负重、孤独、倔强的感觉，而是寄予了作者的一种活泼、自由与生机的感觉。除黄胄外，当

图10-5　黄胄《九驴图》
（资料来源：顾轼，2019）

代一些年轻画家胡玉才、陈联喜、邵江城、刘兴泉以及著名主持人赵忠祥笔下的驴子各具特色，栩栩如生。

九、驴与宗教文化

驴在古代被视为神灵怪物。中国古代传说中有驴仙，《初学记》卷二十九引《符子》："有驴仙者，享五百岁，负乘而缀，历无定主，大驿于天下。"这是古代传说中的驴仙，在道教中转化为神仙的坐骑，与现实中达官贵人以马为坐骑成了有趣的对比。道教中张果老倒骑白驴，日行数万里，休息时即将驴折叠，收入囊中。李贺《苦昼短》诗中亦有："谁似任公子，云中骑碧驴。"任公子是传说中骑驴升天的仙人。

唐代的立国之本是儒学，但在思想领域是儒、释、道三家并存。玄宗亲注《孝经》《道德经》和《金刚经》三经并颁天下。佛教在唐代有很大发展，出现了众多教派，特别是禅宗，在当时影响已经很大。社会上"参禅"的风气十分浓厚。李宏翼《仰山光涌长老铭》记载："石亭有'似驴'之问，涌公有'非佛'之对"的佳话，驴在当时成为唐人参禅的媒介。

佛教中有《驴驮经》、安公驮庙和驴鸣故事，禅宗公案中有"新妇骑驴阿家牵"的禅机和"佛手驴脚生缘"的妙语。可见佛教中驴与人的缘分很深，骑驴甚至成为一种形象，修雅《闻诵（法华经）歌》有："今日亲闻诵此经，始觉驴乘非端的"之句。著名的骑驴诗人贾岛在屡试不第后亦出家为僧，每天骑驴寻诗。

《宋高僧传》第二十卷载，唐真定府普化禅师见临济宗的玄公时，对作驴鸣。敦煌佛学文献《降魔变文》："驴骡负重登长路，方知可得比龙鳞"把善于负重的毛驴比作龙鳞。《续传灯录》第七卷载：蒋山赞元觉海禅师也喜欢作驴鸣，慈明法师称赞他："真法器耳！"模仿驴鸣成为禅机妙语的精神解读。随着驴意象的经典化，驴不仅成为禅机妙语的精神解读，还直接成为神仙的坐骑，"骑驴"成为宗教文化的独特景观。

十、驴与语言文化

驴的语言文化与人们日常生活相关。常说某人脾气倔强是驴脾气；也常把自己任劳任怨地工作戏谑为"干活像驴似的"；称背信弃义的老板或上司是卸磨杀驴，等等，在中国语言文化中以贬低驴的语言居多。但驴在世界各国文化中的形象可谓复杂多样，人们的评价褒贬不一，不是笨、蠢二字所能概括的。

（一）难听的驴叫和悦耳的驴鸣

驴爱叫，其声音洪亮，气势宏大，尤其是公驴见到母驴发情时的叫声更是歇斯底里。驴叫声广为人知，然而在不同的文化背景中，人们对此却有不同的看法。有人认为驴叫难听刺耳。中国有"驴鸣似哭，马啸如笑"的对比。有的地方有"猫叫春、驴叫槽、饿锅铲子、锉锯条"的"四最难听"顺口溜。阿拉伯有《古兰经》对驴鸣如同地狱般恐怖的贬低，认为驴鸣是"最讨厌的声音"。也有人对驴鸣喜爱有加，《世说新语·伤逝》里记载有两则人学驴鸣的故事。其一是王粲去世后，曹丕率领百官赴灵堂学驴叫哭灵，"王仲宣好驴鸣，既葬，文帝临其丧，顾语同游曰：'王好驴鸣，可各作一声以送之'。赴客皆一作驴鸣。"其二是孙楚吊唁好友王济时，学驴鸣以慰亡灵，"……哭毕，向灵床曰：'卿常好我作驴鸣，今我为卿作'。"王粲、王济生前喜好驴鸣，其生前好友曹丕、孙楚竟学驴鸣以吊之。不仅是现在，即使在当时看来，也是惊世骇俗的。但他们的态度是认真严肃的，以故友素爱来为其送行，足见友情之深厚、真挚。魏晋时期驴被赋予了丰富的文化内涵，这或许是魏晋风流的一种表现。驴有在夜晚换更时鸣叫的习性，中国古代将驴视为知更懂事有灵性的动物；驴鸣声响遏行云，痛快淋漓。中亚有古波斯人利用驴气势磅礴的长鸣吓到敌人的戏剧性战例。驴叫声难听还是悦耳，不同时代、不同地域、不同人有不同的评判。

（二）愚笨的驴和聪明的驴

驴性情温驯，听从使役，上了套就顺着拉磨拉车，或老老实实被人骑。驴生性执拗、胆小，直向前难后退，很固执。驴的这些性格特点，在不同文化背景中呈现出不同的形象。有人憎恶驴的呆笨，诋毁驴的无能。中国有"骐骥不能与罢驴为驷，凤凰不与燕雀为群"的"蹇驴"；有"世有一等愚，茫茫恰似驴"的"蠢驴"；有唐代文学家柳宗元的寓言故事《黔之驴》；在印度有一再相信豺狼和狮子最终落入狮口的"呆驴"；法国有面对数几垛谷草不知先吃哪垛而活活饿死的"傻驴"。也有人赞扬驴的智慧、喜欢驴的耐劳。中国文化里张果老倒骑毛驴走天下，驴沾有了仙气；阿凡提笑骑毛驴游四方，驴充满了幽默和智慧。《伊索寓言》中驴子和狼的故事，驴的智慧助它逃过狼口，《驴子和农夫》的故事里驴的智慧和坚韧救了自己。驴愚笨、驴聪明全在于人们各自的看法和用途。

（三）骂人的代名词和形象的标志

驴的声誉低下多是来自与马的比较。驴在汉代及之前，作为"奇畜"和

"宠物"确实风光一阵子。但短暂的辉煌之后，更多的时候驴的身价比马贱得多。马是社会地位的标志，古代骑马之人非显达即富贵。在唐代，骑马、骑驴与官阶和身份地位挂钩，马常常是富贵者、王侯的坐骑，官阶七品以上才能骑马，官阶低于七品只能骑驴。士人中了状元进士，要跨马游街，做了官要走马上任。马是英雄的象征，"所向无空阔，真堪托死生"（杜甫《房兵曹胡马》）。一马当先、马到成功均是对马的颂扬。长期以来"赞马贬驴"成为主流观点，驴被认为是平庸无能之物而受到轻视，成为身份地位低微的符号，马则成为寄托文人志向高远的象征。至唐代柳宗元作《三戒》，黔驴形象正式形成，驴成为被讽刺的主角，成为逞强无能、无才无德的比喻之物。世间对驴不论大小、不论强弱，一概称之为"小毛驴"，似有不屑一顾之意。翻检词书，驴为我们创造并驮载了许多民间"品牌文化"，驴甚至是骂人的代名词。中文讽刺人的无能有成语"黔驴技穷""黔驴之计"等。日常用语中比喻人表情淡漠用"拉长了驴脸"，嘲笑答非所问用"驴头不对马嘴"，比喻胡说八道用"驴唇马嘴"，比喻把曾经为自己出过力的人一脚踢开用"卸磨杀驴"。"驴生戟角"比喻不可能发生的事；"驴鸣犬吠"比喻文章的鄙俗；"驴前马后"贱称仆役、随从，讥笑人自甘落后。"驴王"指凶残恶狠的人；"驴年"意味着不知哪年哪月，比喻没有期限，因为中国古代以生肖纪年，十二生肖中没有驴。"驴打滚"说的是一种高利贷，规定到期不还，利息加倍，以后越滚越多，像驴翻身打滚一样。说某人"驴肝肺"，意思是狼心狗肺、坏心眼，"好心当作驴肝肺"也有类似的含义。其他骂人的话还有，"驴种""驴颓""蠢驴""笨驴""犟驴""死驴"等，不胜枚举。英文中有许多以"驴"喻"笨"的语句。如"as stupid as donkey"（像驴一样笨），"as obstinate as a donkey"（顽固之极），"donkey act"喻指愚蠢的举动。

当然，世界上不乏喜欢驴的国家和民族，驴还是不少地区形象的标志。在美国，驴成为民主党徽记标志的图案；在意大利，驴被称为"人类最好的朋友"；在西班牙加泰罗尼亚人以"驴的传人"自居。墨西哥举办一年一度的驴子节，人扮成驴，颇像我国农村的跑旱船的打扮，庆祝活动中，还有学驴叫和驴踢球活动；在埃塞俄比亚驴是人们心中的圣物，也是女子最好的陪嫁；在我国陕北一带，驴是人的牲灵，当地有给驴驹"出满月"的习俗；在河北涉县王金庄村每年的冬至日都是驴的生日，在这一天，家家户户都会为家里的驴专门准备素杂面吃。用当地栽种的小麦、玉米、大豆磨成面粉制作的杂面条是对毛驴一年辛苦劳作的奖赏。

十一、驴与娱乐文化

驴鞠就是唐代最独特的体育娱乐活动。在唐代人们将驴子引入击鞠运动，

形成骑驴打球的娱乐活动——驴鞠，受到上至皇室贵族，下至黎民百姓的欢迎。据《旧唐书·敬宗纪》记载："宝历二年六月甲子，上御三殿，观两军、教坊、内园分朋驴鞠、角抵。戏酣，有碎首折臂者，至一更二更方罢。"由于驴子的形体小，容易驾驭，驴鞠活动吸引了众多女子参与，剑南节度使、成都尹郭英义经常"聚女人骑驴击鞠"。宋人孟元老在《东京梦华录·驾登宝津楼诸军呈百戏》中，描写了北宋都城驴鞠活动的热闹场面和竞赛规则，展示出驴鞠运动盛极一时的景象。驴还被用于杂技艺术表演中。宋代的开封、临安等地的集市上流行"驴舞柘枝"的表演，表演者坐在驴背上发号施令，驴则随着音乐跳跃摇摆，给民众带来欢乐。

至今流传的与驴有关的娱乐活动还有不少，如陕北大秧歌、东北大秧歌，拟人化的"驴"都扮演着马戏小丑一样的重要的角色。它滑稽的表演，令人喷饭，让人捧腹。陕西宝鸡一带的《高跷赶犟驴》，榆林一带的《靖边跑驴》都是以驴为题材的民间舞蹈，现均已列入陕西省非物质文化遗产名录。《高跷赶犟驴》是受北宋著名思想家、哲学家、关学宗师张载"厚德载物，注重教化"的影响，将农村日常娱乐生活片段高跷跑驴题材升华为一个富有生活情趣和很强的伦理教化色彩的民间舞蹈，起自明代初，每年正月十五前后都会在民间表演，深受当地群众欢迎。节目融秦腔、眉户、眉县道情为一体，极富地域特色，剧情幽默诙谐、跌宕起伏、引人入胜，人、驴艺术形象生动逼真，驴极富人性化（图10-6）。

图10-6　高跷赶犟驴

（资料来源：音乐天地，2020）

《靖边跑驴》是据"张果老倒骑毛驴"的民间故事和明代成化年间"跑竹马"创编而成，节目将"驴"拟人化，表演时传神、传情、诙谐、幽默，展现出诱人的民俗文化艺术魅力。

十二、伴侣动物

驴最早是宫廷皇家贵族豢养的珍爱的玩伴动物。在汉代之前，驴刚进入中原时，数量很少，当时被视为"手中之珍"，五帝之时，它被视为"奇畜"，放养在皇帝的花园——上林苑。到汉代初期，才有少数驴进入内地，到达中原，成为上层人物的"手中之珍"。《新语》中将驴与琥珀、珊瑚、翠玉、珠玉并列为宝。东汉灵帝时，驴成为王宫贵族的宠物，价与马齐。上层人物爱驴，无非是为了消遣。汉灵帝感到宫中生活腻烦，想寻求刺激，便心血来潮，在宫中"驾四白驴，躬身操辔，驱驰周旋，以为大乐"（《后汉书·五行志一》）。皇帝爱驴，臣子仿效，如此一来，朝廷上下掀起一股"驴热"。《后汉书》上记载，一个士大夫的母亲，平日"喜驴鸣，常学之以娱乐"，以及前面提到《世说新语·伤逝》里两则人学驴鸣的故事，不仅仅是个人的喜好问题，更说明人们对驴的宠爱，正如今天有人给家养的犬和猫取个姓名并当作自己的孩子宠爱一样。汉昭帝平陵的丛葬坑中曾出土 10 匹系有铁链的驴的骨骼，大概驴是作为宠物来陪葬的（王子今，2015）。随着人类文明的进步，活驴陪葬越来越少，达官贵人的墓葬中多有"驴文物陪葬"。如 1956 年西安出土的蓝釉陶驴（公元618—907 年）（图 10 - 7）。

图 10 - 7　蓝釉陶驴（唐　高 23.5cm，长 26.5cm）

（资料来源：中国国家博物馆馆刊，2020）

陶驴全身施蓝釉，鞍鞯勒饰俱全。形态生动，虽未提腿扬蹄，但它那昂首的姿态及抖擞的精神，似乎正引颈长嘶，备鞍待发。最为珍贵的是它全身施蓝

釉。在唐代三彩陶器中，黄、绿、白三种釉色最为常见，蓝釉器则少见，蓝釉俑就更少了。蓝釉出现于盛唐时期，其氧化呈色金属主要是钴。在当时作为陪葬品说明人与驴的关系密切，即便是人去世后也要有驴来陪葬。

以驴作为伴侣休闲娱乐，现在国内还不多见，而在欧洲、北美洲已把矮驴作为玩伴，其中母驴更为适合，最受欢迎。温驯的驴可以成为儿童、老年人、康复病人的良好伴侣。

国外有专家提出体高在85cm以下称微型驴。我国川西、川西北、滇西北素有饲养和繁殖适合当地生态条件的山地矮驴的习惯，其饲养管理较粗放，自由放牧，自然交配。这种山地矮驴对寒冷气候适应性较强，驮载能力较强。成年公驴体高不到110cm，毛色以灰、粉黑为主，有"三别征"，可引入内地，放在公园或游乐园，陪伴人们玩耍。

十三、当前"驴文化"发展

（一）"驴文化"的发展阶段与特征

习近平总书记指出"文化自信是更基础、更广泛、更深厚的自信，是更基本、更深沉、更持久的力量。坚定文化自信，是事关国运兴衰、事关文化安全、事关民族精神独立性的大问题"。新时代，"驴文化"事关驴产业的兴衰、安全和发展。2019年是中华人民共和国成立70周年，随着时代变迁，驴文化也发生了历史性的转变（表10-1）。总体上讲，几千年来，驴文化伴随性地跟着社会需要慢行，最近20年，丰富的驴文化和衰落的驴产业发生了交叉错位、分离、分裂，脱实而虚。微弱的驴文化和驴产业分离，没有直接支撑产业发展。驴动物文化、驴企业文化、驴行业文化、驴产业文化、驴社会文化等，还没有反哺驴产业发展。驴文化创新缺失是养驴业萎缩的内在原因，以"吃"主导的驴文化为例，"食文化"没有促使"驴消费"的转型。目前，驴产业内部的驴文化似乎只剩下单一的"食文化"，驴肉、驴乳、驴皮，所谓的全身都是宝，集中在一个"吃"字，这是单一文化，从根本上削弱了驴文化的多样性。但是"天上龙肉，地下驴肉"并不被社会文化广泛认可，"龙肉"世界上根本就没有，这反而会落入虚无主义的文化陷阱。关键是"吃"的驴文化和其他畜禽的饮食文化还没有出现替代效应，也没有经济竞争优势，驴文化竞争优势也就无法建立起来。

中国第一个驴文化节出现很晚。2009年8月，山西大同举办首届画眉驴文化节，此后就没有办下去，而其他的驴文化节不温不火，也没有形成预期的社会影响力，其根本原因是文化氛围不足，文化创意产品匮乏。驴产业、社会"驴文化"让社会感到驴不值钱，没有价值，也就是传统驴文化的共产力不足。

表 10-1　新时代驴文化发展

（资料来源：杨怀伟，2019）

产业阶段	时间	驴产业发展特征	驴文化核心
快速发展期	1949—1955 年	驴为运输、耕作动力。养驴起点低，花费少，起步快，小农经济投入积极性高，规模在 1 000 万头以上。1954 年为 1 270.1 万头，为中国历史上最高存栏量	传统颠覆期：非军事、实用型、生活化。结合家庭，集体认同，方便日常生活、生产
快速收缩期	1956—1965 年	小农经济效应的减退与农业合作化、人民公社发展紧密相连，规模从 1 200 万头下降到 600 万头	灾荒救济期：适应新的生产生活方式，驴的耕、役、骑、车等功能减弱，变成肉食救生之物
恢复发展期	1966—1976 年	快马加鞭，懒驴不少，集体养驴绝对化，规模在 800 万头	错误期："驴文化"几乎灭绝，贬义的、消极的"懒驴型驴文化"转型定性
持久发展期	1977—1990 年	欣欣向荣，默默无闻，蓬勃发展，规模从 700 万头增加到 1 000 万头。无竞争则补缺，有竞争则让位	恢复转型期：经济先导，混杂性小农经济"驴文化"复活，新文化嫩芽弱势萌发
持续下降期	1991—2016 年	持续"负增长"，规模从 1 000 万头下降至 200 万头，再到 2016 年的 259.26 万头，创造百年新低纪录	新"驴文化"酝酿期：驴文化节诞生，"驴文化"独立，"驴子文学"量产，驴脱实而虚
触底反弹期	2017 年至现在	文化、旅游、文创、美食、医药等，多用途特色需求，供给侧改革深入，规模在 200 万头	复兴创新期："驴文化"方兴未艾，社会上驴子文化创意不断增加，融入"驴友"文化

（二）创新"驴文化"，兴旺驴产业是今后"驴文化"的发展方向

进入新时代，社会主要矛盾已经转化为人民日益增长的美好生活需要和不平衡不充分的发展之间的矛盾。美好生活需要对于养驴意味着什么？衣食住行，美好生活，养驴业如何满足人类需要？本质上是如何继承"驴文化"和创新"驴文化"的问题。

1. 创新"驴文化"，就要爱驴、夸驴、以驴为友　"驴文化"缺位是造成养驴业萎缩的根本原因，兴旺驴产业，必须高度重视创新"驴文化"。首先，业内重视；其次，企业重视；最后，全社会重视。对于驴子有爱如友，如艾青所言，"驴子啊，你是北国人民最亲切的朋友。"黄胄、胡玉才、陈联喜、赵忠祥、姜昆等一批现代文人不仅画驴还夸驴，让人们对驴的热爱和赞扬通过作

261

诗、作画和作文在全社会得到认可。将旅游产业融入"驴友"文化，实现旅游业和养驴业发展融合，是创新"驴文化"的生长点。在旅游景区以阿胶养生文化为底蕴、以阿胶驴肉美食为标志、以驴肉美食品牌企业为主导，荟萃国内外特色驴肉美味，把养生文化与驴肉养生内涵紧密结合起来，做好驴肉美食规范化、标准化的生产加工体系、品牌发展体系；将讲驴经典故事、扮驴神话人物、授驴产品营养知识、尝驴肉特色知味、购驴特色产品等有机整合包装，使其发展成为旅游特色和休闲观光农业的新宠。

2. 创新"驴文化"，就要弘扬"驴子"之美 不少地方把毛驴、驴称为"驴子"别有新意，艾青的诗《驴子》也是满含深情。"子"在这里多少是含有敬意的。驴子全身是宝，当然也是一种美，是实用之美，而全驴宴是美食之美，楚辞汉赋唐诗宋词元曲中的驴子是文学文艺之美，"驴子文物"是历史之美、创造之美、时间之美。"驴文化"一定要"服务以文化人的时代任务"，为人类美好生活增光添彩。"驴文化"创新一定要全维度发展文化、旅游、文创、美食、医药等，满足人们的多用途特色需求，形成持久伦理文化的发展动力。

3. 创新"驴文化"就是与现实文化相融相通 "驴文化"的核心价值是助力"农耕文明"的传承和发展，驴产业的现代化必然要整合传统驴产业走出小农经济陷阱，使得现代"驴文化"与传统文化相互作用，实现几千年"驴文化"的传承和"驴文化"新文化的创意整合，这个"驴文化转基因"必须尽早开始！2002年，在山东省东阿县成立了以中药阿胶历史文化为主题的中国阿胶博物馆；2018年，在山东省东阿县又建成了世界上首座以毛驴为主题的中国驴文化博物馆。驴文化博物馆的建成是对驴文化最好的继承和发展。相信今后在进一步整理和挖掘驴文化资源，以驴文化带动驴产业，以及拓展驴产业科研、生产、教育及国内外交流平台等方面，驴文化博物馆将发挥重要的引领和示范作用。驴文化曾经在维护传统村落社会秩序和道德秩序上发挥过重要的作用，是维护旱作梯田系统活态存续与协调发展的重要力量。今天在脱贫攻坚和产业振兴的路上，毛驴作为综合开发的"活体经济"，又回归在我国广大的农村和偏远山区，为脱贫攻坚发挥重要作用。相信"驴文化"在扶贫攻坚、生态文明和乡村振兴中，形成自身的潮流，彰显应有的作用。

主要参考文献

敖冉，赵雪聪，戎平，等，2016. 驴肉在低温成熟过程中色泽变化研究 [J]. 食品科技，41 (4)：149-151.

敖冉，赵雪聪，田晨曦，等，2016. 驴肉在低温成熟过程中理化指标的变化 [J]. 肉类研究，30 (5)：11-14.

敖冉，赵雪聪，王伟，等，2016. 驴肉在低温成熟过程中质构变化研究 [J]. 食品工业，37 (7)：126-128.

白俊艳，董智豪，庞有志，等，2020. 河南毛驴的体重和体尺性状对年龄的回归分析 [J]. 中国驴产业 (5)：43-47.

北京农业大学，2000. 家畜繁殖学 [M]. 2版. 北京：中国农业出版社.

毕兰舒，肖海霞，臧长江，等，2017. 疆岳驴催乳素受体基因多态性及其与泌乳性状间的相关性分析 [J]. 中国畜牧兽医，44 (1)：180-185.

卞有生，金冬霞，2004. 规模化畜禽养殖场污染防治技术研究 [J]. 中国工程科学，6 (3)：53-57，90.

常洪主编，2009. 动物遗传资源学 [M]. 北京：科学出版社.

陈存仁，1956. 中国药学大词典 [M]. 北京：人民卫生出版社.

[日] 村松晋著，1988. 动物染色体 [M]. 郭荣昌，译. 黑龙江：黑龙江人民出版社.

党启峰，李俊峰，2018. 规模化养殖场生物安全体系构建 [J]. 畜禽业 (1)：30-31.

董正心，孙志诚，白旭明，等，1986. 榆中北山驴屠宰试验 [J]. 草与畜杂志 (1)：23-26.

逯兴堂，张晓赢，朱延旭，等，2019. 牙齿鉴别法鉴定辽西驴年龄实践 [J]. 现代畜牧兽医 (3)：26-31.

段彦斌，张瑞雪，1988. 陕西省驴的品种形成及其生态变异规律初探 [J]. 生态学杂志，7 (5)：41-45.

樊克雅，2019. 行旅题材绘画中"驴"的审美形象及文化内涵探究 [J]. 美术界 (7)：86-87.

范艳娜，2018. 驴夜眼（chestnut）转录组学及蛋白组学的研究 [D]. 济南：山东师范大学.

冯淑然，韩成武，2006. 古代诗人骑驴形象解读 [J]. 深圳大学学报：人文社会科学版，23 (5)：82-88.

冯玉龙，陈水广，曲洪磊，等，2017. 驴卵泡发育规律的研究 [J]. 中国畜牧杂志，53 (8)：55-57.

冯志华，1984. 老驴肥育屠宰报告［J］. 山西农业科学（5）：21.

傅丽娜，张玉梅，2013. 试论昌黎地秧歌《跑驴》的文化审美价值［J］. 北京舞蹈学院学报（3）：69-72.

甘肃农业大学主编，1981. 养马学［M］. 北京：中国农业出版社.

高行宜，谷景和，1989. 马科在中国的分布与现状［J］. 兽类学报，9（4）：269-274.

高雪，史明艳，侯文通，等，2003. 我国主要驴品种亲缘关系研究［J］. 西北农林科技大学学报，31（2）：33-35，40.

高耀西，1983. 关中驴的生态环境和生产性能［J］. 畜牧与兽医（2）：13-14.

葛庆兰，雷初朝，蒋永青，等，2007. 中国家驴 mtDNA D-loop 遗传多样性与起源研究［J］. 畜牧兽医学报，38（7）：641-645.

耿尊恩，刘雪怡，步瑞兰，2016. 阿胶药用理论的形成与演变［J］. 山东中医药大学学报，40（6）：507-509.

郭成浩，金毅，张辉，等，1999. 阿胶药理作用的结构学说［J］. 中国中药杂志，24（1）：54-56.

郭建新，惠富平，2019. 中国驴子畜牧史考述［J］. 农业考古（1）：158-163.

郭新海，2012. 规模化养殖与环境污染［J］. 农村养殖技术（11）：6-7.

国家畜禽遗传资源委员会，2011. 中国畜禽遗传资源志　马驴驼志［M］. 中国农业出版社.

韩国才主编，2017. 马学［M］. 北京：中国农业出版社.

韩俊彦，崔香淳，宫庆森，1982. 驴的屠宰试验［J］. 中国畜牧杂志（4）：20-21.

郝志明，景兆国，沈鸿武，2018. 驴人工授精技术的研究进展［J］. 中国草食动物科学，38（4）：58-61.

河南省家畜家禽品种志编辑委员会，1986. 河南地方优良畜禽品种志［M］. 郑州：河南科学技术出版社.

洪燕子，杨再，邵克福，等，1986. 中国驴的生殖生理与生态环境的关系［C］//中国家畜生态研究会第一次学术讨论会论文选集. 郑州：河南科技出版社.

洪子燕，杨再，1981. 驴牙齿的发生、更换、磨损及依其规律性作年龄鉴定的研究［J］. 科研汇刊（2）：48-53.

洪子燕、薛邦群、汪立甫，等，1989. 河南省驴肉品质及其经济性状的研究［J］. 河南农业科学（4）：28-30.

侯浩滨，李海静，张莉，2019. 德州驴 NCAPG-DCAF16 基因区域多态性与生长性状的关联分析［J］. 畜牧兽医学报，52（2）：302-313.

侯浩滨，李海静，张莉，2018. 驴遗传育种现状与发展趋势［J］. 草食家畜（3）：1-8.

侯浩滨，李海静，张莉，2018. 马、驴主要经济性状功能基因研究进展［J］. 中国畜牧兽医，45（10）：2670-2680.

侯文通，2016. 不同年龄和营养水平下驴肥育性能测定［J］. 草食家畜（2）：21-29.

侯文通，2016. 对我国当前驴产业工作的看法和建议［J］. 草食家畜（6）：1-4.

侯文通，卢文龙，1983. 关中驴生长发育的初步研究［J］. 畜牧兽医杂志（1）：26-33.

侯文通，2016. 浅议杂交不等于改良和横交也难于固定的遗传学背景 ［J］. 新疆畜牧业 （9）：78-81.

侯文通主编，2019. 驴学 ［M］. 北京：中国农业出版社.

胡建国，1989. 滚沙驴屠宰试验 ［J］. 中国畜牧杂志，25（6）：36-37.

华旭，阿敏，阿英，等，2018. 驴的起源、中国驴品种和驴的产出 ［J］. 当代畜禽养殖业 （3）：14-16.

黄世琼，张伟，彭娅，等，2016. 驴皮的真伪鉴别 ［J］. 海峡药学，28（4）：50-53.

江波涛，2017. 标准化驴场环境控制与卫生防疫要求 ［J］. 当代畜禽养殖业（7）：41.

江波涛，2017. 规模化驴舍建筑与设计技术 ［J］. 畜禽业（5）：53，55.

江春雨，李步轮，魏益龙，2015. 日粮精粗比对驴盲肠微生物木聚糖酶活性的影响 ［J］. 畜牧与饲料科学（5）：36-37.

焦凤翔，2009. 蹇驴何处鸣春风——驴之文化意蕴探寻 ［J］. 甘肃高师学报，14（3）：107-110.

金鹏，1992，驴皮的质量与真伪鉴别 ［J］. 中药材，15（10）：21-23.

荆增况，王百文，1985，关中驴耕地性能的观测 ［J］. 畜牧兽医杂志（4）：45.

雷初朝，陈宏，杨公社，等，2005. 中国驴种线粒体 DNA D-loop 多态性研究 ［J］. 遗传学报，32（5）：481-486.

雷天富，段彦斌，1983. 佳米驴肉用性能的测定 ［J］. 畜牧兽医杂志（3）：26-29.

李福昌，杨金三，1993. 德州驴和华北小驴肉质物理化学性状的比较研究 ［J］. 山东农业大学学报，24（2）：202-206.

李禾尧，2017. 农事与乡情：河北涉县旱作梯田系统系统的驴文化 ［J］. 中国农业大学学报（社会科学版），34（6）：103-110.

李杰，王玉斌，2019. 我国驴业发展现状、问题及对策 ［J］. 中国畜牧杂志，55（5）：159-162.

李景芳，王燕，陆东林，2018. 驴的肉用性能和驴肉的营养价值 ［J］. 新疆畜牧业，33（12）：11-16，19.

李群，李士斌，1986. 中国驴骡发展历史概述 ［J］. 中国农史（4）：60-67.

李时珍，2002. 本草纲目 ［M］. 北京：人民卫生出版社.

李文强，陈曦，曲洪磊，等，2017. 饲粮精饲料水平对生长期德州驴生长、屠宰性能及器官指数的影响 ［J］. 饲料研究（6）：17-21，30.

李秀，杨燕，Dauda Saadu Abiola，等，2019. 不同部位驴肉风味物质差异分析 ［J］. 食品与发酵工业，45（12）：227-234.

李艳红，董文甫，张桂贤，2006. 马属动物的细胞遗传学特征 ［J］. 中国畜牧杂志，42（23）：47-49.

林杰，徐文轩，杨维康，等，2011. 亚洲野驴生态生物学研究现状 ［J］. 生态学杂志，310（10）：2351-2358.

林靖凯，刘桂芹，格日乐其木格，等，2019. 驴肉品质及其影响因素的研究进展 ［J］. 中

国畜牧兽医，46（6）：1873 - 1880.

刘东花，徐苹，黄洁萍，等，2012. 新疆驴和青海驴 MSTN 基因多态性分析［J］. 家畜生态学报，33（3）：28 - 32.

刘桂芹，曲洪磊，稽传良，2015. 复方阿胶浆药渣对驴肉品质的影响［C］. 首届中国驴业发展大会高层论坛论文汇编，中国畜牧业协会驴业分会：13 - 19.

刘桂芹，曲洪磊，种肖玉，等，2017. 性别对生长驴生产性能、屠宰性能及器官指数的影响［J］. 饲料工业，38（3）：61 - 64.

刘建斌，杨博辉，郎霞，等，2010. 中国 9 个家驴品种 mtDNA D - loop 部分序列分析与系统进化研究［J］. 中国畜牧杂志，16（3）：1 - 5.

刘瑞娟，2012. 从陆游的诗歌看古代诗人骑驴［J］. 黄冈师范学院学报，32（4）：64 - 66.

刘宪斌，王仁虎，秦绪岭，等，2015. 驴主要传染病的研究进展［C］//首届驴业发展大会论文集. 中国畜牧业协会驴业分会：59 - 64.

刘义庆，邵士梅，2007. 世说新语［M］. 西安：三秦出版社.

卢长吉，谢文美，苏锐，等，2008. 中国家驴的非洲起源研究［J］. 遗传，30（3）：324 - 328.

陆东林，张丹凤，刘朋龙，等，2006. 驴乳的化学成分和营养价值［J］. 新疆农业科学，43（4）：335 - 340.

陆东林，周小玲，李景芳，等，2020. 新疆疆岳驴培育和研究进展［J］. 中国驴产业（4）：84 - 90.

农冰惠，2019. 驴文化形象比较——以《黔之驴》《驴皮本生》《披着狮皮的驴子》为例［J］. 发明与创新（3）：43 - 44.

庞有志，董智豪，白俊艳，等，2020. 河南地方毛驴品种的体重和体尺性状的影响因素分析［J］. 中国驴产业（5）：48 - 50.

庞有志，杨再，洪子燕，2021. 驴的起源与我国古代养驴业［J］. 中国草食动物科学，41（6）：53 - 56，81.

庞有志，杨再，洪子燕，2021. 骡子生育的遗传学和生理学基础［J］. 中国驴产业（5）：58 - 68.

彭鹏，2009. 中国山水画中骑驴形象解读［J］. 艺术探索，23（4）：15 - 17.

任晓凡，2018. 浅析德州跑驴舞蹈的"和"文化内涵［J］. 黄河之声（23）：138.

任秀娟，赵一萍，萨茹拉，等，2017. 马属动物进化特征概述［J］. 畜牧兽医学报，48（3）：385 - 392.

邵喜成，赵芳成，李忠杰，等，2011. 西吉驴遗传资源调查报告，中国畜禽种业（2）：67 - 69.

孙熠，张家松，吕静，2003. 苏北毛驴资源现状及利用调查［J］. 中国草食动物，23（3）：46 - 47.

汤培文，王墨清. 1993. 凉州驴产肉性能及肉质分析［J］. 甘肃农业大学学报（1）：5 - 9.

腾先森，2001. 驴与中国传统文化［J］. 文史杂志（5）：60 - 61.

王惠刚，2017. 骑马与骑驴 [J]. 山西师大学报（社会科学版），44（4）：77-82.

王立之，李德远，李鸿文，等，1984 泌阳驴的屠宰试验 [J]. 河南农林科技（7）：34-35.

王培基，赵芸君，王文奇，等，2007. 新疆驴的现状、品种特性及发展对策 [J]. 山东畜牧兽医，28（4）：15-16.

王全喜，陈建兴，闵令江，等，2012. 中国家驴品种遗传多样性及母系起源研究 [J]. 内蒙古农业大学学报，33（2）：7-11.

王世泰，马元，周国乔，等，2019. 凉州驴的形成历史、生产性能、养殖现状及建议 [J]. 甘肃畜牧兽医，49（10）：5-8.

王维婷，柳尧波，王守经，等，2018. 预冷方式影响驴肉成熟过程品质变化的机理研究 [J]. 肉类工业（7）：26-29.

王文丰，2012. 中国画之驴文化趣谈 [J]. 老年教育：书画艺术（2）：26-27.

王孝华，2011. 驴在金代交通工具中的作用初议 [J]. 北方文物（3）：69-75.

王颜颜，托乎提·阿及德，肖海霞，等，2011. 新疆良种驴 DGAT2 基因第 3 内含子 PCR. SSCP 多态性与体尺性状的相关性分析 [J]. 石河子大学学报（自然科学版），29（1）：40-44.

王艳萍，高帅，刘迥，等.2017. 年龄、部位对新疆驴皮中 I 型胶原蛋白表达影响的研究 [J]. 中国畜牧杂志，53（12）：41-44.

王占彬，董发明，2004. 肉用驴 [M]. 北京：科学技术文献出版社.

王子今，2015. 论汉昭帝平陵从葬驴的发现 [J]. 南都学坛（人文社会科学学报），35（1）：1-5.

魏子翔，陈远庆，曲洪磊，等，2018. 驴营养需要综述 [J]. 聊城大学学报（自然科学版），31（3）：106-110.

吴晟，2014. 中国古代私人骑驴的文化解读 [J]. 文学与文化（3）：107-115.

肖国亮，姜锋韬，吕长鹏，等，2007. 新疆驴成年母驴体重及体尺性状的相关关系 [J]. 畜牧与饲料科学（6）：55-56.

肖国亮，周小玲，陈根元，等，2015. 疆岳驴泌乳特性和产乳性能分析 [J]. 中国奶牛（1）：16-20.

肖海霞，托乎提·阿及德，石国庆，等，2012. 基于 R 语言的吐鲁番驴体尺和体质量相关分析 [J]. 河南农业科学，41（10）：153-157.

肖海霞，玉山江，帕热哈提江·吾甫尔，等，2014. 应用 R 语言分析新疆 3 个产区驴体尺和体重的相关性 [J]. 中国畜牧兽医摘（11）：50-52，53.

邢敬亚，曲洪磊，种肖玉，等，2019. 生长期公母驴生产性能、血清生化指标、胴体性状和肉品质的比较 [J]. 动物营养学报，31（6）：2727-2734.

闫续瑞，任正，2015. 中国"驴文化"考论 [J]. 史志学刊（6）：41-44.

严思欣，2012. 唐代文学中的驴意象研究 [J]. 神州民俗（188）：20-25.

杨福泉，2009. 西行茶马古道 [M]. 上海：上海人民出版社.

杨经华，2014. 贵州民族形象的百年误读——从《黔之驴》文化现象的传播异化谈起 [J].

原生态民族文化学刊，6（3）：124-128.

杨静茜，胡郜明，凌文风，等，2013. 茶马古道风情录［M］. 西安：世界图书出版公司.

杨诗兴，1964. 我国古代的家畜饲养标准［J］. 甘肃农业大学学报（2）：40-49.

杨月欣，王光亚，潘兴昌，2002. 中国食物成分表［M］. 北京：北京大学医学出版社.

杨再，范松武，1991. 中国养驴的一些史料［J］. 豫西农专学报，11（1）：10-13.

杨再，洪子燕，2002. 北方养肉驴前景广阔［N］. 中国畜牧报，8：18.

杨再，洪子燕，1989. 中国驴的地理生态和种群生态［J］. 生态学杂志，8（1）：40-42.

杨再，洪子燕著，2013. 六十年的畜牧经［M］. 北京：首都师范大学出版社.

杨再，1993. 家畜生产学［M］. 成都：四川科学技术出版社.

杨再，1991. 生态环境对野驴及家驴影响的比较［J］. 家畜生态（1）：29-31.

杨再，1990. 野驴的分布及习性［J］. 养马杂志（2）：13.

尤娟，罗永康，张岩春，等，2008. 驴肉主要营养成分及与其他畜禽肉的比较［J］. 肉类研究（7）：22.

玉山江，托乎提·阿及德，肖海霞，等，2016. 驴体况评分及营养需要的研究进展［J］. 黑龙江畜牧兽医（9）：53-58.

袁丰涛，郭振川，2014. 庆阳驴的品种特征与保种建议［J］. 甘肃畜牧兽医，44（2）：28-31.

原振清，刘树林，李胤豪，等，2020. 德州驴不同部位肌肉组织中氨基酸含量的比较［J］. 中国驴产业（5）：202-208.

张汉平，2004. 唐诗中的驴意象研究［J］. 渭南师范学院学报，19（6）：50-53.

张磊，王燕华，刘畅，等，2018. 驴皮胶及鹿皮胶的化学品质分析与评价［J］. 食品科学，39（22）：57-63.

张莉，杜立新，2015. 对我国驴产业发展的思考与建议［J］. 草食家畜（5）：1-5.

张显运，2008. 简论宋代牧驴业及其社会效益［J］. 内蒙古农业大学学报（社会科学版），10（3）：282-284.

张秀，2015. 驴的人工授精技术［J］. 畜禽业（12）：52-53.

张岩春，尤娟，罗永康，2008. 驴乳的主要成分及与其它乳的分析比较［J］. 中国食品与营养（10）：54-55.

张云生，王小斌，雷初朝，等，2009. 中国5个家驴品种 *mtDNA Cytb* 基因遗传多样性及起源［J］. 西北农业学报，18（6）：9-11，38.

张喆，胡晶红，李佳，等，2014. 阿胶基本属性管见［J］. 中成药，36（9）：2000-2001.

赵振民，支德娟，王敏强，等，2002. 公骡精母细胞的减数分裂［J］. 动物学报，48（1）：69-74.

郑丕留，严炎，王孝鑫，等，1964. 提高公马配母驴受胎率的研究［J］. 畜牧兽医学报，7（1）：7-13.

郑生武，高行宜，2000. 中国野驴的现状、分布区的历史变迁原因探讨［J］. 生物多样性，8（1）：81-87.

中国畜牧业协会驴业分会，2020. 2019 年我国驴产业发展报告与 2020 年展望 [J]. 畜牧产
业（7）：41-51.

周楠，韩国才，柴晓峰，等，2015. 驴的产肉、理化指标及加工特性比较研究 [J]. 畜牧
兽医学报，46（12）：2314-2321.

周楠，谢鹏，郑世学，等，2014. 不同年龄改良德州母驴屠宰性能、肉品理化指标及加工
特性研究 [J]. 黑龙江畜牧兽医（5）：102-104.

朱文进，苏咏梅，关学敏，等，2011. 德州驴生长激素基因的克隆与序列分析 [J]. 中国
农学通报，27（3）：329-332.

朱文进，张美俊，葛慕湘，等，2006. 中国 8 个地方驴种遗传多样性和系统发生关系的微
卫星分析 [J]. 中国农业科学，39（2）：398-405.

朱裕鼎，1965. 母驴发情及滤泡发育异常现象的观察 [J]. 中国畜牧杂志（1）：1-4.

Abitbol M，Legrand R，Tiret L，2014. A missense mutation in melanocortin 1 receptor is as-
sociated with the red coat colour in donkeys [J]. Animal Genetics，45（6）：878-880.

Abitbol M，Legrand R，Tiret L，2015. A missense mutation in the agouti signaling protein
gene（ASIP）is associated with the no light points coat phenotype in donkeys [J]. Genet-
ics Selection Evolution，47（1）：28-31.

Beja-Pereira A，England P R，Ferrand N，et al.，2004. African origins of the domestic
donkey [J]. Science，304（5678）：1781.

Benirschke K，Low R J，Brownhill L E，e al.，1964. Chromosome studies of a donkey-
Grevy Zebra Hybrid [J]. Chromosoma（Ber.），15：1-13.

Bordonaro S，C Dimauro，A Criscione，et al.，2012. The mathermatical modeling of the
1actation curve for dairy traits of the donkey（*Equus asinus*）[J]. Journal of Dairy Sci-
ence，96：4005-4014.

Burden F，2012. Practical feeding and condition scoring for donkeys and mules [J]. Equine
Veterinary Education，24（11）：589-596.

Carbone L，Nergadze S G，Maganai E，et al.，2006. Evolutionary movement of centromeres
in horse，donkey and zebra [J]. Genomics，87（6）：777-782.

Chen J X，Song Z H，Rong M J，2009. The association analysis between Cytb polymorphism
and growth traits in three Chinese donkey breeds [J]. Livestock Science，126（1/2/3）：
306-309.

Cosenza G，Pauciullo A，Annunziata A L，et al.，2010. Identification and characterization
of the donkey CSN1S2 Ⅰ and Ⅱ cDNAs [J]. Italian Journal of Animal Science，9（2）：
206-211.

Haase B，Rieder S，Leeb T，2015. Two variants in the KIT gene as candidate causative mu-
tations for a dominant white and a white spotting phenotype in the donkey [J]. Animal
Genetics，46（3）：321-324.

Han H，Chen N，Jordana J，et al.，2017. Genetic diversity and paternal origin of domestic

donkeys [J]. Animal Genetics, 48 (6): 708 – 711.

Hernández – Briano P, Ramirez – Lozano R G, Carrillo – Muro O, et al. , 2018. Gender and live weight on carcass and meat characteristics of donkeys [J]. Cinêcia Rural, 48 (4): 1 – 7.

Huang J L, Zhao Y P, Bai D Y, et al. , 2015, Donkey genome and insight into the imprinting of fast karyotype evolution [J]. Scientific Reports, 5: 14106.

Izraely H, Choshniak I, Stevens C E, et al. , 1989. The donkey: coping with low quality feed [J]. Asian Australasian Journal of Animal Sciences, 2 (3): 289 – 291.

Jônsson H, Schubert M, Seguin – orlondo, et al. , 2014. Speciation with gene flow in equids despite extensive chromosomeal plaspicity [J]. Proc Natl Acad Sci USA, 111 (52): 18655 – 18660.

Kurt B, Lydia E, 1962, Somatic chromosomes of the horse, the donkey and their hybrids, the mule and the hinny [J]. Journal of Reproduction Fertility, 4 (3): 319 – 326.

Legrand R, Tiretl L, Abitbol M, 2014. Two recessive mutations in FGF5 are associated with the long – hair phenotype in donkeys [J]. Genetics Selection Evolution, 46: 65 – 71.

Musilova P, Kubickova S, Horin P, et al. , 2009. Karyotypic relationships in Asiatic asses (kulan and kiang) as defined using horse chromosome arm – specific and region – specific probes [J]. Chromosome Research, 17: 783 – 790.

Musilova P, Kubickova S, Vahala J, et al. , 2013. Subchromosomal karyotype evolution in Equidae [J]. Chromosome Research, 21 (2): 175 – 187.

Musilova P, Kubickova S, Zrnova E, et al. , 2007. Karyotypic relationships among *Equus grevyi*, *Equus burchelli* and domestic horse defined using horse chromosome arm – specific probes [J]. Chromosome Research, 15 (6): 807 – 813.

Polidori P, Ariani A, Micozzi D, et al. , 2016. The effects of low voltage electrical stimulation on donkey meat [J]. Meat Science, 119 (12): 160 – 164.

Polidori P, Beghelli D, Cavallucci C, et al. , 2011. Effects of age on chemical composition and tenderness of muscle Longissimus thoracis of Martina Franca donkey breed [J]. Food and Nutrition Sciences, 2 (3): 225 – 227.

Ryder O A, Epel N C, Benirschke K, 1978. Chromosome banding studies of the Equidae [J]. Cytogenetics and Cell Genetics, 20 (1 – 6): 323 – 350.

Scollan N, Hocquetie J F, Nuernberg K, et al. , 2006. Innovations in beef production systems that enhance the nutritional and health value of beef lipids and their relationship with meat quality [J]. Meat Science, 74 (1): 17 – 33.

Selvaggi M, Darico C, 2013. Analysis of two single – nucleotide polymorphisms (SNPs) located inexon1 of kappa – casein gene (CSN3) in Martina Franca donkey breed [J]. Afican Journal of Biotechnology, 10 (26): 5118 – 5120.

Smet S D, Raes K, Demeyer D, 2004. Meat fatty acid composition as affected by fatness and genetic factors: a review [J]. Animal Research, 53 (2): 81 – 98.

Sun T, Li S, Xia X, et al., 2017. ASIP gene variation in Chinese donkeys [J]. Animal Genetics, 48 (3): 372 – 373.

Utzeri V J, Bertolini F, Ribani A, et al., 2016. The albinism of the feral Asinara white donkeys (*Equus asinus*) isdetermined by a missense mutation in a highly conserved position of the tyrosinase (TYR) gene deduced protein [J]. Animal Genetics, 47 (1): 120 – 124.

Wood S J, Smith D, Morris C J, 2005. Seasonal variation of digestible energy requirements of mature donkeys in the UK [J]. Pferdeheilkunde, 21: 39 – 40.

Xia X, Yu J, Zhao X, et al., 2019. Genetic diversity and maternal origin of Northeast African and SouthAmerican donkey populations [J]. Animal Genetics, 56: 266 – 270.

Zhang Y S, Yang X Y, Wang X B, et al., 2010. Cytochrome b genetic diversity and maternal origin of Chinese domestic donkey [J]. Biochemical Genetics, 48 (7/8): 636 – 646.

Zong E, Fan G, 1988. The variety of sterility and gradual progression to fertility in hybrids of the horse and donkey [J]. Heredity, 62: 393 – 406.